수학 좀 한다면

디딤돌 초등수학 기본 3-2

펴낸날 [개정판 1쇄] 2023년 11월 10일 [개정판 2쇄] 2024년 1월 29일 | **펴낸이** 이기열 | **펴낸곳** (주)디딤돌 교육 | **주소** (03972) 서울특별시 마포구 월드컵북로 122 청원선와이즈타워 | **대표전화** 02-3142-9000 | **구입문의** 02-322-8451 | **내용문의** 02-323-9166 | **팩시밀리** 02-338-3231 | **홈페이지** www.didimdol.co.kr | **등록번호** 제10-718호 | 구입한 후에는 철회되지 않으며 잘못 인쇄된 책은 바꾸어 드립니다. 이 책에 실린 모든 삽화 및 편집 형태에 대한 저작권은 (주)디딤돌 교육에 있으므로 무단으로 복사 복제할 수 없습니다. Copyright © Didimdol Co. [2402130]

내 실력에 딱!
최상위로 가는 '맞춤 학습 플랜'

STEP 1 On-line

나에게 맞는 공부법은?
맞춤 학습 가이드를 만나요.

교재 선택부터 공부법까지! 디딤돌에서 제공하는 시기별 맞춤 학습 가이드를 통해 아이에게 맞는 학습 계획을 세워 주세요. (학습 가이드는 디딤돌 학부모카페 '맘이가'를 통해 상시 공지합니다. cafe.naver.com/didimdolmom)

STEP 2 Book

맞춤 학습 스케줄표
계획에 따라 공부해요.

교재에 첨부된 '맞춤 학습 스케줄표'에 맞춰 공부 목표를 달성합니다.

STEP 3 On-line

이럴 땐 이렇게!
'맞춤 Q&A'로 해결해요.

궁금하거나 모르는 문제가 있다면, '맘이가' 카페를 통해 질문을 남겨 주세요. 디딤돌 수학쌤 및 선배맘님들이 친절히 답변해 드립니다.

STEP 4 Book

다음에는 뭐 풀지?
다음 교재를 추천받아요.

학습 결과에 따라 후속 학습에 사용할 교재를 제시해 드립니다. (교재 마지막 페이지 수록)

 ★ 디딤돌 플래너 만나러 가기

수학 좀 한다면

초등수학
기본

상위권으로 가는 기본기

3
2

개념 학습으로 잡는 올바른 공부 습관!

HELP!
공부했는데도
중요한 개념을 몰라요.

1 이 단원에서 꼭 알아야 할 핵심 개념!

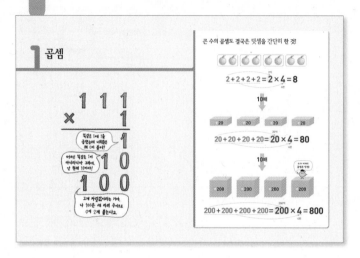

이 단원의 핵심 개념이 한 장의 사진
처럼 뇌에 남습니다.

HELP!
개념을 생각하지 않고
외워서 풀어요.

2 한 눈에 보이는 개념 정리!

개념 강의로 어렵지 않게 혼자
공부할 수 있어요.

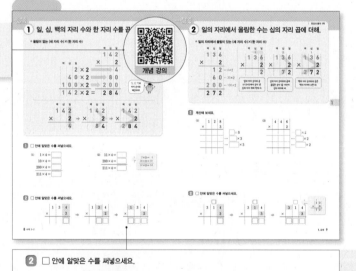

글만 줄줄 적혀 있는 개념은 이제
그만! 외우지 않아도 개념이 한눈에
이해됩니다.

문제를 외우지 않아도 배운 개념들이
떠올라요.

3 개념으로 문제 해결!

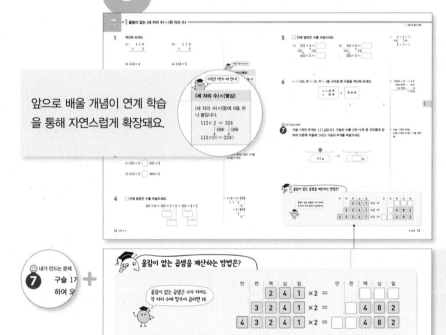

치밀하게 짜인 연계학습 문제들을 풀
다보면 이미 배운 내용과 앞으로 배
울 내용이 쉽게 이해돼요.

앞으로 배울 개념이 연계 학습
을 통해 자연스럽게 확장돼요.

개념 이해가 완벽한지 확인하는 방법!
내가 문제를 만들어 보기!

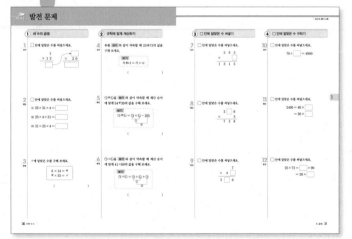

4 발전 문제로 개념 완성!

핵심 개념을 알면 어려운 문제는 없
습니다!

이 책의 **차례**

1 곱셈

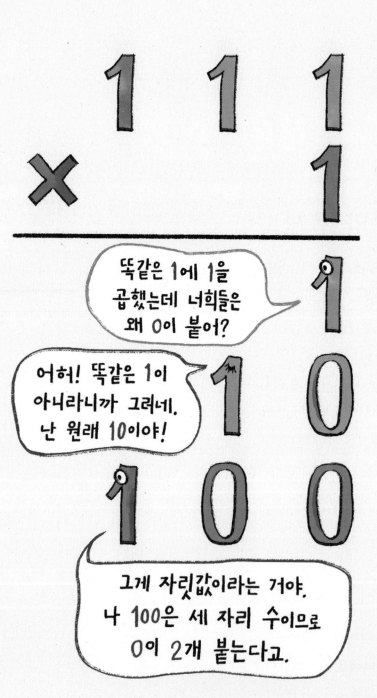

큰 수의 곱셈도 결국은 덧셈을 간단히 한 것!

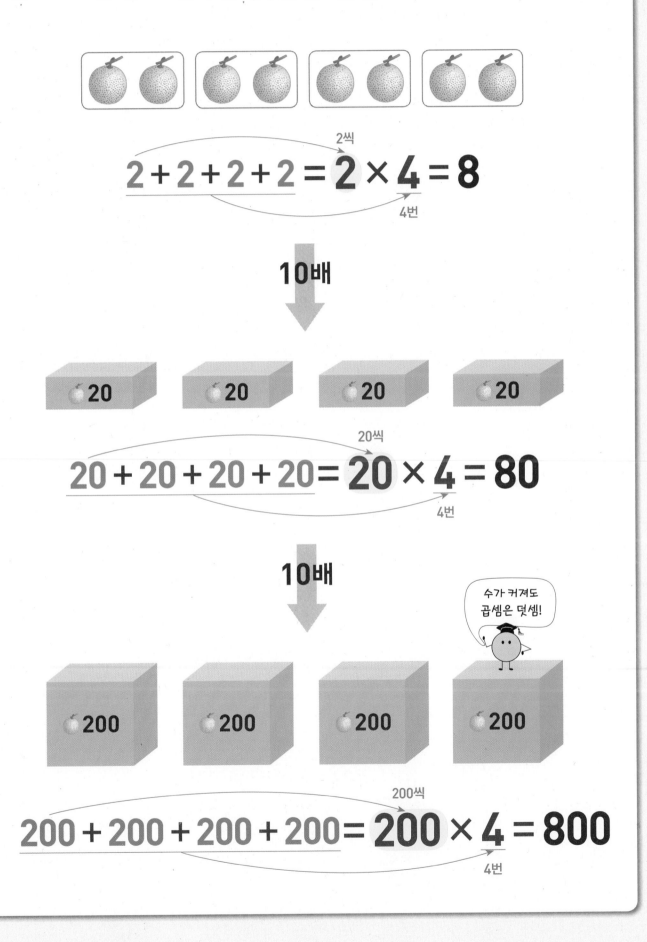

$$2 + 2 + 2 + 2 = 2 \times 4 = 8$$

2씩 4번

10배

$$20 + 20 + 20 + 20 = 20 \times 4 = 80$$

20씩 4번

10배

수가 커져도
곱셈은 덧셈!

$$200 + 200 + 200 + 200 = 200 \times 4 = 800$$

200씩 4번

1 일, 십, 백의 자리 수와 한 자리 수를 곱해.

개념 강의

● 올림이 없는 (세 자리 수)×(한 자리 수)

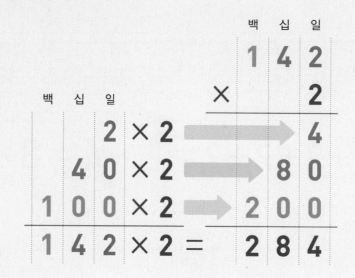

일, 십, 백의
자리 순서로
계산하자!

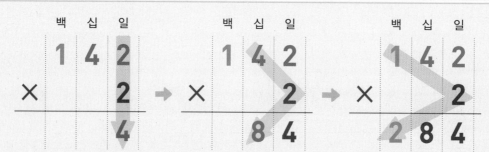

---

1 □ 안에 알맞은 수를 써넣으세요.

(1)
$1 \times 4 =$ □
$10 \times 4 =$ □
$200 \times 4 =$ □
―――――――
$211 \times 4 =$ □

(2)
$11 \times 4 =$ □
$200 \times 4 =$ □
―――――――
$211 \times 4 =$ □

$2 \times 2 = 4$
$30 \times 2 = 60$
$32 \times 2 = 64$

---

2 □ 안에 알맞은 수를 써넣으세요.

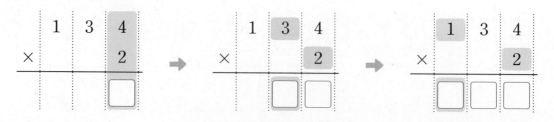

2 일의 자리에서 올림한 수는 십의 자리 곱에 더해.

● 일의 자리에서 올림이 있는 (세 자리 수)×(한 자리 수)

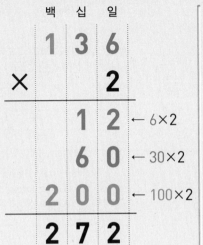

	백	십	일	
	1	3	6	
×			2	
		1	2	← 6×2
	6	0	0	← 30×2
2	0	0		← 100×2
	2	7	2	

일의 자리 숫자의 곱
6×2=12에서 숫자 1은
십의 자리 위에 작게 써.

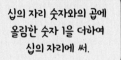

십의 자리 숫자와의 곱에
올림한 숫자 1을 더하여
십의 자리에 써.

백의 자리 숫자와의 곱은
백의 자리에 쓰면 돼.

1

1 계산해 보세요.

(1)
```
      1  2  8
   ×        3
```
… ☐ ×3
… ☐ ×3
… ☐ ×3

(2)
```
      4  4  6
   ×        2
```
… ☐ ×2
… ☐ ×2
… ☐ ×2

2 ☐ 안에 알맞은 수를 써넣으세요.

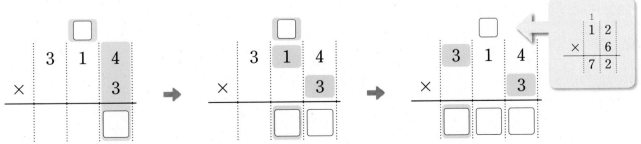

3 십의 자리에서 올림한 수는 백의 자리 곱에 더해.

● 십의 자리에서 올림이 있는 (세 자리 수)×(한 자리 수)

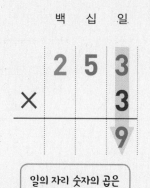

일의 자리 숫자의 곱은
일의 자리에 써.

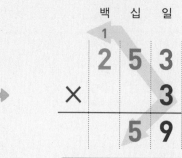

십의 자리 숫자와의 곱
5×3=15에서 숫자 1을
백의 자리 위에 작게 써.

백의 자리 숫자와의 곱에
올림한 숫자 1을 더하여
백의 자리에 쓰면 돼.

● 올림이 여러 번 있는 (세 자리 수)×(한 자리 수)

3×4=12에서 숫자 1을
십의 자리 위에 작게 써.

6×4=24, 24+1=25에서
숫자 2를 백의 자리 위에 작게 써.

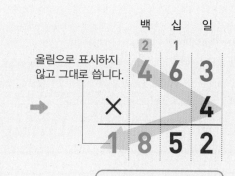

올림으로 표시하지
않고 그대로 씁니다.

4×4=16, 16+2=18에서
숫자 1은 천의 자리에 쓰면 돼.

1 계산해 보세요.

(1)
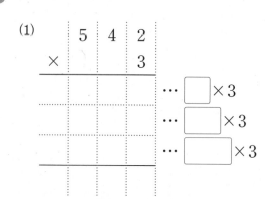

(2)
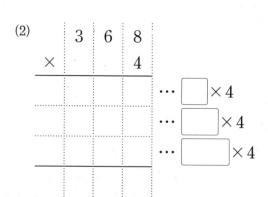

2 □ 안에 알맞은 수를 써넣으세요.

(1) $3 \times 3 = \boxed{}$

$80 \times 3 = \boxed{}$

$100 \times 3 = \boxed{}$

$183 \times 3 = \boxed{}$

(2) $83 \times 3 = \boxed{}$

$100 \times 3 = \boxed{}$

$183 \times 3 = \boxed{}$

$$\begin{array}{l} ● \times ♥ \\ ■\,0 \times ♥ \\ ▲\,0\,0 \times ♥ \\ \hline ▲\,■\,●\,\times\,♥ \end{array}$$

3 □ 안에 알맞은 수를 써넣으세요.

(1)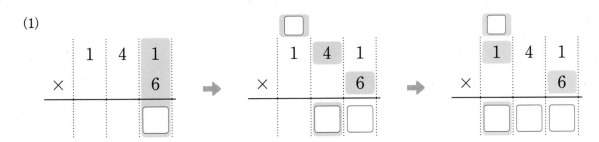

(2)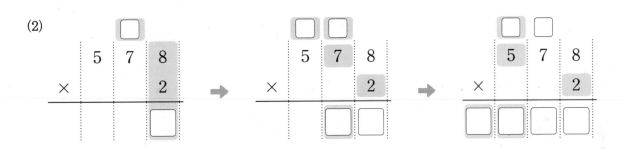

곱하는 수를 가르기 해 봐.
$2 \times 5 = 2 \times 3 + 2 \times 2$

4 □ 안에 알맞은 수를 써넣으세요.

(1) $241 \times 7 = \boxed{241 \times 2} + \boxed{241 \times 5}$

$= \boxed{} + \boxed{}$

$= \boxed{}$

(2) $241 \times 7 = \boxed{241 \times 3} + \boxed{241 \times 4}$

$= \boxed{} + \boxed{}$

$= \boxed{}$

5 □ 안에 알맞은 수를 써넣으세요.

(1)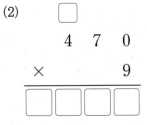

$$\begin{array}{r} 1\ 9\ 2 \\ \times\qquad 3 \\ \hline \square\ \square\ \square \end{array}$$

(2)

$$\begin{array}{r} 4\ 7\ 0 \\ \times\qquad 9 \\ \hline \square\ \square\ \square\ \square \end{array}$$

(3)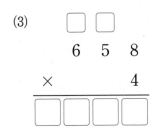

$$\begin{array}{r} 6\ 5\ 8 \\ \times\qquad 4 \\ \hline \square\ \square\ \square\ \square \end{array}$$

1 올림이 없는 (세 자리 수)×(한 자리 수)

1 계산해 보세요.

(1)
```
    1 1 0
  ×     2
```

(2)
```
    1 1 0
  ×     3
```

(3) 110×4

(4) 110×5

➕ 계산해 보세요.

(1)
```
    1 3 1
  ×   2 0
```
□0

(2)
```
    1 3 1
  ×   3 0
```
□0

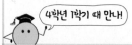

(세 자리 수)×(몇십)

(세 자리 수)×(몇)에 0을 하나 붙입니다.

$$112 \times 2 = 224$$
10배 ↓ ↓ 10배
$$112 \times 20 = 2240$$

2 덧셈식을 곱셈식으로 나타내고 계산해 보세요.

(1) $232 + 232 + 232$ ➡ ....

(2) $120 + 120 + 120 + 120$ ➡ ....

▶ ●를 ▲번 더한 값은 ●×▲와 같아.

$$\underbrace{● + ● + \cdots + ●}_{▲번} = ● × ▲$$

3 곱의 크기를 비교하여 ○ 안에 >, =, <를 알맞게 써넣으세요.

(1) 321×2 ◯ 321×3

(2) 413×2 ◯ 404×2

▶ 계산하지 않아도 곱의 크기를 비교할 수 있어.

4 □ 안에 알맞은 수를 써넣으세요.

$$101 \times 8 = 101 \times 2 \times 4 = 101 \times 4 \times 2$$

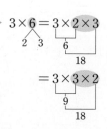

$3 \times 6 = 3 \times 2 \times 3$

$= 3 \times 3 \times 2$

5 ☐ 안에 알맞은 수를 써넣으세요.

(1) 221 × 4 = ☐
     ×2 ↓   ↑ ×2
     442 × 2 = ☐

(2) 101 × 6 = ☐
     ×3 ↓   ↑ ×3
     303 × 2 = ☐

▶ 3 × 4 = 12
   ×2 ↓   ↓ ×2
   6 × 2 = 12

6 ▲ = 100, ■ = 10, ● = 1을 나타낼 때 다음을 계산해 보세요.

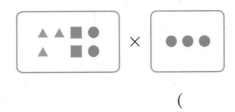

(   )

▶ 100이 ▲개 → ▲ 0 0
   10이 ■개 →　　■ 0
   1이 ●개 →　　　　●
   ─────────────
   　　　　　　　▲ ■ ●

 내가 만드는 문제

7 구슬 1개의 무게는 111 g입니다. 구슬의 수를 2개~9개 중 자유롭게 정하여 오른쪽 저울에 그리고 구슬의 무게를 써넣으세요.

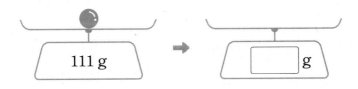

111 g ➡ ☐ g

▶ 구슬 ★개의 무게는 (구슬 1개의 무게)×★를 하면 돼.

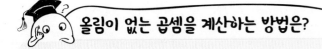 올림이 없는 곱셈을 계산하는 방법은?

올림이 없는 곱셈은 수가 커져도 각 자리 수에 맞추어 곱하면 돼.

만	천	백	십	일		만	천	백	십	일
		2	4	1	×2 =			☐	☐	☐
	3	2	4	1	×2 =		☐	4	8	2
4	3	2	4	1	×2 =	☐	☐	4	8	2

8 계산해 보세요.

▶ 올림 표시를 잊은 건 아니지?

(1)
```
    3 1 8
 ×     3
```

(2)
```
    4 3 7
 ×     2
```

(3) 115×6

(4) 229×3

9 ☐ 안에 알맞은 수를 써넣으세요.

▶
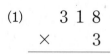
$3 \times 2 = 6$
$3 \times 3 = 9$
$3 \times 5 = 15$

(1)
214×2 = ☐
214×2 = ☐
214×4 = ☐

(2)
113×2 = ☐
113×3 = ☐
113×5 = ☐

10 사다리를 타고 내려가 빈 곳에 계산 결과를 써넣으세요.

(1)
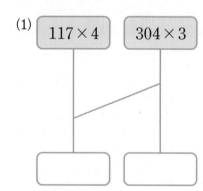
117×4   304×3

(2)
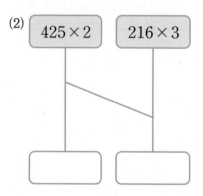
425×2   216×3

11 ☐ 안에 알맞은 수를 써넣고 계산 결과를 비교하여 ○ 안에 >, =, < 를 알맞게 써넣으세요.

▶ 두 수를 바꾸어 곱해도 계산 결과는 같아.
■×● = ●×■

300×3 = ☐
20×3 = ☐
5×3 = ☐
325×3 = ☐

○

3×300 = ☐
3× 20 = ☐
3× 5 = ☐
3×325 = ☐

12 ◻ 안에 알맞은 수를 써넣으세요.

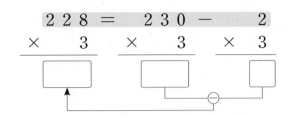

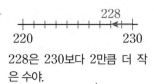

228은 230보다 2만큼 더 작은 수야.

13 ◻ 안에 알맞은 수를 써넣으세요.

(1) $108 \times 4 = \boxed{} \times 2$

$108 \times 6 = \boxed{} \times 3$

(2) $103 \times 6 = \boxed{} \times 2$

$103 \times 9 = \boxed{} \times 3$

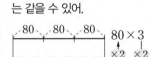

곱하는 수가 달라도 계산 결과는 같을 수 있어.

 내가 만드는 문제

14 각각의 도형은 한 변의 길이가 106 cm이고, 모든 변의 길이가 같습니다. 4개의 도형 중 1개를 골라 모든 변의 길이의 합은 몇 cm인지 구해 보세요.

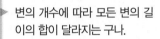

변의 개수에 따라 모든 변의 길이의 합이 달라지는구나.

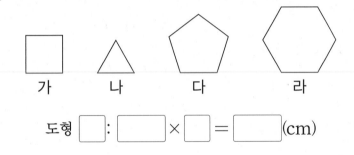

가　　　나　　　다　　　라

도형 $\boxed{}$: $\boxed{} \times \boxed{} = \boxed{}$ (cm)

올림이 없는 경우와 올림이 있는 경우의 곱셈 계산 순서는?

• 올림이 없는 경우

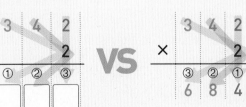

➡ 계산 순서와 상관없이 결과가 같습니다.

• 올림이 있는 경우

한 자리 수로 써야 해.

➡ 반드시 일의 자리부터 계산해야 합니다.

15 계산해 보세요.

(1)
$$\begin{array}{r} 2\ 7\ 3 \\ \times\ \ \ \ \ 3 \\ \hline \end{array}$$

(2)
$$\begin{array}{r} 6\ 1\ 4 \\ \times\ \ \ \ \ 5 \\ \hline \end{array}$$

(3) 452×3

(4) 561×6

16 수직선을 보고 ☐ 안에 알맞은 수를 써넣으세요.

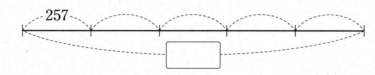

257

⬤ 뛰어 세기 한 것은 곱셈식으로
나타낼 수 있어.

3 3 3 3

$3 \times 4 = 12$

17 ☐ 안에 알맞은 수를 써넣으세요.

(1) 142×8

$= 142 \times \boxed{} \times 4$

$= \boxed{} \times 4$

$= \boxed{}$

(2) 213×9

$= 213 \times \boxed{} \times 3$

$= \boxed{} \times 3$

$= \boxed{}$

⬤ 11×6
$= 11 \times 2 \times 3$
$= 22 \times 3$
$= 66$

18 ☐ 안에 알맞은 수를 써넣으세요.

(1) $751 \times 2 + 751 = 751 \times \boxed{}$

$751 \times 3 + 751 = 751 \times \boxed{}$

$751 \times 4 + 751 = 751 \times \boxed{}$

(2) $342 \times 8 - 342 = 342 \times \boxed{}$

$342 \times 7 - 342 = 342 \times \boxed{}$

$342 \times 6 - 342 = 342 \times \boxed{}$

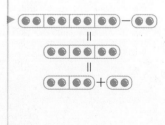

19 서울에 살고 있는 초등학생인 은지는 학교에서 시청으로 버스를 한번 타고 견학을 가려고 합니다. 은지네 반 6명이 학교에서 시청까지 가는 데 필요한 교통요금은 모두 얼마인지 구해 보세요.

지역	구분	교통요금
	일반인	1300원
서울특별시	청소년	1000원
	초등학생	450원

(   )

☺ 내가 만드는 문제

20 싱가포르 돈 1달러는 우리나라 돈 863원과 같다고 합니다. 기념품 한 가지를 사려고 할 때, 원하는 기념품과 기념품 값으로 내야 하는 금액은 우리나라 돈으로 얼마인지 구해 보세요.

●■달러는 1달러의 ●■배야.

초콜릿	자석	카야잼	열쇠고리
5달러	3달러	7달러	4달러

기념품 (   ), 금액 (   )

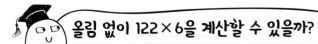

올림 없이 122×6을 계산할 수 있을까?

●122씩 2번, 4번 뛰어 세기

122

$122 \times 2 =$ ☐
$122 \times 4 =$ ☐
$122 \times 6 =$ 732

●122씩 3번, 3번 뛰어 세기

122

$122 \times 3 =$ ☐
$122 \times 3 =$ ☐
$122 \times 6 =$ 732

곱하는 수를 가르기 하여 더하면 올림이 없을 수 있어.

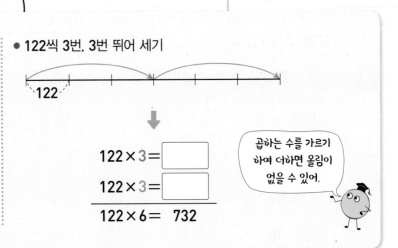

4 두 수의 0의 개수만큼 0을 붙여.

개념 강의

● **(몇십)×(몇십)**

$$2 \times 3 = 6$$

$\times 10$ $\times 10$ $\times 100$

$$20 \times 30 = 600$$

	십	일
	2	0
×	3	0
	0	0

→

	백	십	일
		2	0
×		3	0
	6	0	0

● **(몇십몇)×(몇십)**

$$12 \times 4 = 48$$

$\times 10$ $\times 10$

$$12 \times 40 = 480$$

	십	일
	1	2
×	4	0
		0

→

	백	십	일
		1	2
×		4	0
	4	8	0

---

1 ☐ 안에 알맞은 수를 써넣으세요.

(1) $4 \times 2 =$ ☐

$\times 10$ $\times 10$ $\times 100$

$40 \times 20 =$ ☐

(2) $3 \times 5 =$ ☐

$\times 10$ $\times 10$ $\times 100$

$30 \times 50 =$ ☐

2 ☐ 안에 알맞은 수를 써넣으세요.

(1) $6 \times 4 =$ ☐

$60 \times 4 =$ ☐

$6 \times 40 =$ ☐

$60 \times 40 =$ ☐

(2) $42 \times 3 =$ ☐

$420 \times 3 =$ ☐

$42 \times 30 =$ ☐

$30 \times 42 =$ ☐

5 ▲■×●와 ●×▲■는 같아.

● 올림이 있는 (몇)×(몇십몇)

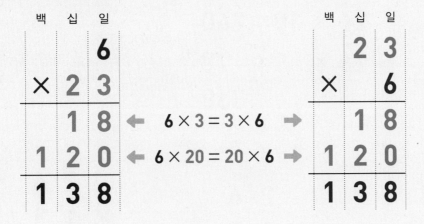

1 ☐ 안에 알맞은 수를 써넣으세요.

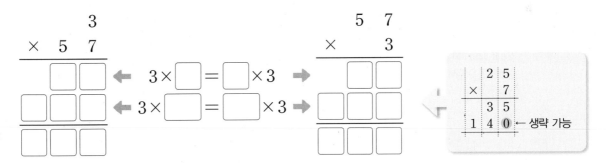

2 7×24를 계산하려고 합니다. ☐ 안에 알맞은 수를 써넣으세요.

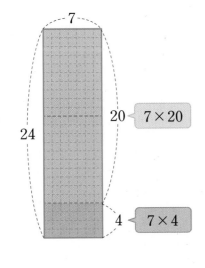

(1) 주황색으로 색칠된 모눈의 수를 곱셈식으로 알아보면

$7 \times 20 =$ ☐ 입니다.

(2) 초록색으로 색칠된 모눈의 수를 곱셈식으로 알아보면

$7 \times 4 =$ ☐ 입니다.

(3) 색칠된 전체 모눈의 수는

$7 \times 20 =$ ☐
$7 \times \ 4 =$ ☐
$7 \times 24 =$ ☐ 입니다.

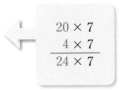

6 (몇십몇)×(몇십몇)은 곱셈을 두 번 하는 거야.

● 올림이 한 번 있는 (몇십몇)×(몇십몇)

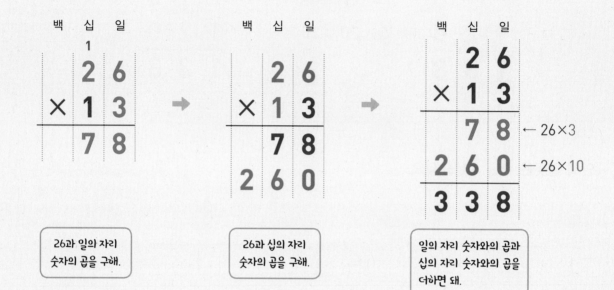

$$26 \times 13 \begin{cases} 26 \times 10 = 260 \\ 26 \times 3 = 78 \end{cases}$$

➡ 26×10과 26×3의 곱을 더합니다.

338

백	십	일
	1	
	2	6
×	1	3
	7	8

26과 일의 자리 숫자의 곱을 구해.

➡

백	십	일
	2	6
×	1	3
	7	8
2	6	0

26과 십의 자리 숫자의 곱을 구해.

➡

백	십	일
	2	6
×	1	3
	7	8	← 26×3
2	6	0	← 26×10
3	3	8

일의 자리 숫자와의 곱과 십의 자리 숫자와의 곱을 더하면 돼.

---

1 ☐ 안에 알맞은 수를 써넣으세요.

(1) 42×20 = ☐
　　 42× 4 = ☐
　　 42×24 = ☐

(2) 63×10 = ☐
　　 63× 3 = ☐
　　 63×13 = ☐

곱하는 수를 가르기 하여 곱한 후 더해.
$$3 \times 10 = 30$$
$$3 \times 2 = 6$$
$$3 \times 12 = 36$$

---

2 ☐ 안에 알맞은 수를 써넣으세요.

(1)
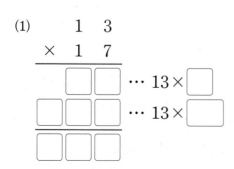

(2)
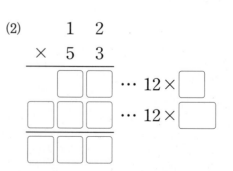

7 올림이 여러 번 있어도 곱셈을 두 번 하는 것은 같아.

● 올림이 여러 번 있는 (몇십몇)×(몇십몇)

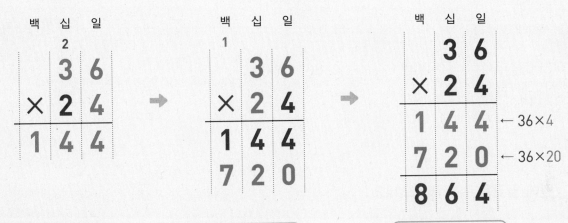

$$36 \times 24 \begin{cases} 36 \times 20 = 720 \\ 36 \times 4 = 144 \end{cases}$$

$$ 864$$

➡ 36×20과
36×4의 곱을 더합니다.

백	십	일
	2	
	3	6
×	2	4
1	4	4

36과 일의 자리
숫자의 곱을 구해.

➡

백	십	일
	1	
	3	6
×	2	4
1	4	4
7	2	0

36과 십의 자리
숫자의 곱을 구해.

➡

백	십	일
	3	6
×	2	4
1	4	4	← 36×4
7	2	0	← 36×20
8	6	4

일의 자리 숫자와의 곱과
십의 자리 숫자와의 곱을
더하면 돼.

1 ☐ 안에 알맞은 수를 써넣으세요.

(1) $93 \times 27 = \boxed{93 \times 20} + \boxed{93 \times }$

$ = \boxed{} + \boxed{}$

$ = \boxed{}$

(2) $54 \times 38 = \boxed{54 \times 30} + \boxed{54 \times }$

$ = \boxed{} + \boxed{}$

$ = \boxed{}$

2 ☐ 안에 알맞은 수를 써넣으세요.

(1)

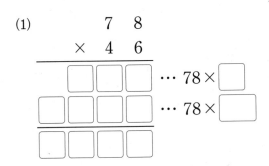

$$\begin{array}{r} 7\ 8 \\ \times\ 4\ 6 \\ \hline \boxed{\ }\boxed{\ }\boxed{\ } \cdots 78 \times \boxed{\ } \\ \boxed{\ }\boxed{\ }\boxed{\ } \cdots 78 \times \boxed{\ } \\ \boxed{\ }\boxed{\ }\boxed{\ }\boxed{\ } \end{array}$$

(2)

$$\begin{array}{r} 6\ 2 \\ \times\ 5\ 9 \\ \hline \boxed{\ }\boxed{\ }\boxed{\ } \cdots 62 \times \boxed{\ } \\ \boxed{\ }\boxed{\ }\boxed{\ } \cdots 62 \times \boxed{\ } \\ \boxed{\ }\boxed{\ }\boxed{\ }\boxed{\ } \end{array}$$

4 (몇십) × (몇십), (몇십몇) × (몇십)

1 계산 결과가 같은 것끼리 이어 보세요.

40×90 •   • 30×80

20×60 •   • 90×40

80×30 •   • 60×20

➕ 계산해 보세요.

(1) $300 \times 40 = \boxed{}000$

(2) $80 \times 200 = \boxed{}$

2 ☐ 안에 알맞은 수를 써넣으세요.

(1) $18 \times 60 = \boxed{}$

$\times 3 \downarrow \quad \uparrow \times 3$

$54 \times 20 = \boxed{}$

(2) $28 \times 60 = \boxed{}$

$\times 2 \downarrow \quad \uparrow \times 2$

$56 \times 30 = \boxed{}$

3 ☐ 안에 알맞은 수를 써넣으세요.

(1) $20 \times 30 = 20 \times \boxed{} \times 10$

$\quad = \boxed{} \times 10$

$\quad = \boxed{}$

(2) $40 \times 50 = 40 \times \boxed{} \times 10$

$\quad = \boxed{} \times 10$

$\quad = \boxed{}$

4 ☐ 안에 알맞은 수를 써넣으세요.

(1) $5 \times \boxed{} = 350$

$5 \times \boxed{} = 3500$

$50 \times \boxed{} = 3500$

(2) $6 \times \boxed{} = 180$

$6 \times \boxed{} = 1800$

$60 \times \boxed{} = 1800$

▶ $\blacksquare \times \bullet = \bullet \times \blacksquare$

4학년 1학기 때 만나!

(몇백) × (몇십)

(몇)×(몇)을 계산한 다음 두 수의 0의 개수만큼 0을 붙입니다.

$20 \times 4 = 80$

$20 \times 40 = 800$

$20 \times 400 = 8000$

$200 \times 40 = 8000$

▶ $\bigstar 0 = \bigstar \times 10$

$\bigstar 00 = \bigstar \times 100$

5 ☐ 안에 알맞은 수를 써넣으세요.

(1) $40 \times 10 = 40 \times 9 + \boxed{}$

$\qquad = 40 \times 8 + \boxed{}$

$\qquad = 40 \times 7 + \boxed{}$

(2) $12 \times 30 = 12 \times 31 - \boxed{}$

$\qquad = 12 \times 32 - \boxed{}$

$\qquad = 12 \times 33 - \boxed{}$

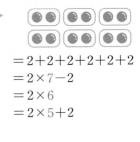

$= 2+2+2+2+2+2$
$= 2 \times 7 - 2$
$= 2 \times 6$
$= 2 \times 5 + 2$

6 곱이 가장 큰 것에 ○표 하세요.

| 68×40 | 89×30 | 63×50 | 42×70 |

▶ 곱해지는 수를 어림하여 계산해 봐.

 내가 만드는 문제

7 계산 결과가 3600이 되도록 빈칸에 자유롭게 숫자를 써넣으세요.

▶ 곱해서 36이 되는 두 수부터 찾아봐.

	0	×		0		=	3	6	0	0
	0	×			0	=	3	6	0	0
		×		0	0	=	3	6	0	0

🎓 계산 결과가 ■인 곱셈식은 어떻게 구할까?

● 계산 결과가 800인 곱셈식

$8 \quad \times 100$

$1 \times 8 \quad \Rightarrow \quad 1 \times 800$

$2 \times 4 \quad \Rightarrow \quad 2 \times 400$

$4 \times 2 \quad \Rightarrow \quad 4 \times \boxed{}$

$8 \times \quad 100$

$2 \times 50 \quad \Rightarrow \quad 16 \times 50$

$4 \times 25 \quad \Rightarrow \quad 32 \times 25$

$5 \times 20 \quad \Rightarrow \quad \boxed{} \times 20$

수를 가르기 하여 여러 가지 곱셈식을 만들 수 있어.

8 계산해 보세요.

(1)
$$\begin{array}{r} 4 \\ \times\ 1\ 4 \\ \hline \end{array}$$

(2)
$$\begin{array}{r} 2 \\ \times\ 1\ 6 \\ \hline \end{array}$$

(3) 4×53

(4) 9×22

9 ☐ 안에 알맞은 수를 써넣으세요.

곱하는 수가 ◆배이면 계산 결과도 ◆배가 돼.

(1) $3 \times 12 = 36$

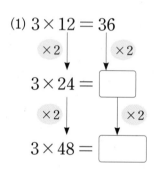

$3 \times 24 = \boxed{}$

$3 \times 48 = \boxed{}$

(2) $4 \times 11 = 44$

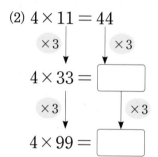

$4 \times 33 = \boxed{}$

$4 \times 99 = \boxed{}$

10 계산 결과가 180보다 작은 것을 찾아 기호를 써 보세요.

설마 다 계산하려고? 곱하는 수를 어림해 보면 알 수 있어.

| ㉠ 5×32 | ㉡ 9×21 | ㉢ 7×28 |

( )

11 이 상자를 채우려면 쌓기나무는 모두 몇 개 필요할까요?

쌓기나무를 세로와 가로에 각각 몇 개씩 채워야 하는지 세어 봐.

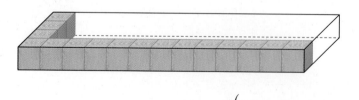

( )

12 ☐ 안에 알맞은 수를 써넣으세요.

(1) $4 \times 62 = 240 +$ ☐

= ☐

(2) $5 \times 37 = 150 +$ ☐

= ☐

> 2×13
> $= \boxed{2 \times 10} + \boxed{2 \times 3}$
> $= \boxed{20} + \boxed{6}$
> $= 26$

13 규칙에 맞게 빈칸에 알맞은 수를 써넣으세요.

3	45	4	60	5		6	

▶ 앞의 수와 뒤의 수의 어떤 관계가 있는지 찾아봐.

1

☺ 내가 만드는 문제

14 1부터 9까지의 수 중 ■, ◆에 두 수를 각각 자유롭게 정하여 계산해 보고 계산 결과를 비교하여 ○ 안에 >, =, <를 알맞게 써넣으세요.

 (몇십몇) × (몇)과 (몇) × (몇십몇)의 계산 결과는?

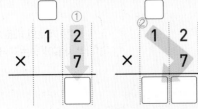 **VS**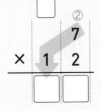

일의 자리 → 십의 자리 순서로 계산하는 건 변하지 않아.

➡ 12 × 7과 7 × 12의 계산 결과는 (같습니다 , 다릅니다).

15 계산해 보세요.

(1)
$$\begin{array}{r} 1\ 9 \\ \times\ 1\ 2 \\ \hline \end{array}$$

(2)
$$\begin{array}{r} 2\ 5 \\ \times\ 3\ 1 \\ \hline \end{array}$$

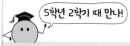

(소수) × (자연수)

두 수의 곱에 소수점을 그대로 내려 씁니다.

$$\begin{array}{r} 2\ 1 \\ \times\quad 3 \\ \hline 6\ 3 \end{array} \Rightarrow \begin{array}{r} 2.1 \\ \times\quad 3 \\ \hline 6.3 \end{array}$$

➕ 보기 와 같이 계산해 보세요.

보기

$$\begin{array}{r} 3.6 \\ \times\ 1\ 2 \\ \hline 4\ 3.2 \end{array}$$

(1)
$$\begin{array}{r} 4.8 \\ \times\ 1\ 2 \\ \hline \end{array}$$

(2)
$$\begin{array}{r} 5.1 \\ \times\ 1\ 3 \\ \hline \end{array}$$

16 ☐ 안에 알맞은 수를 써넣으세요.

(1) $25 \times 14 = 25 \times \boxed{} \times 7$

$= \boxed{} \times 7$

$= \boxed{}$

(2) $15 \times 18 = 15 \times \boxed{} \times 3$

$= \boxed{} \times 3$

$= \boxed{}$

▶ $15 \times 18 = \boxed{15 \times 9 \times 2}$
  $= \boxed{15 \times 2 \times 9}$
둘 중 어떤 계산이 쉽니?

17 ☐ 안에 알맞은 수를 써넣으세요.

$21 \times 15 = \boxed{} = 15 \times \boxed{}$

$21 \times 16 = \boxed{} = 16 \times \boxed{}$

$21 \times 17 = \boxed{} = 17 \times \boxed{}$

▶ 곱하는 수가 1씩 커지면 계산 결과는 곱해지는 수만큼 커져.

18 계산 결과가 큰 순서대로 기호를 써 보세요.

| ㉠ 38×13 | ㉡ 37×14 | ㉢ 37×13 |

( )

▶ $8 \times 5 > 6 \times 5$
  └ $8 > 6$ ┘

19 ☐ 안에 알맞은 수를 써넣으세요.

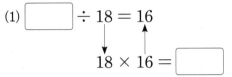

(1) ☐ ÷ 18 = 16   (2) ☐ ÷ 13 = 27

18 × 16 = ☐   13 × 27 = ☐

▶ $6 ÷ 2 = 3$

$2 × 3 = 6$

20 시영이네 과일 가게에서 5일 동안 판 사과 상자 수를 조사하여 나타낸 표입니다. 사과가 한 상자에 61개씩 들어 있다면 5일 동안 판 사과는 모두 몇 개일까요?

날 수(일)	1	2	3	4	5
팔린 상자 수(상자)	8	12	15	6	11

(   )

☺ 내가 만드는 문제

21 연우는 과녁의 같은 색깔에만 화살 12개를 맞혔습니다. 과녁의 각 색깔의 점수가 오른쪽과 같을 때 연우가 맞힌 과녁의 색깔을 정해 연우의 점수를 구해 보세요.

(   )

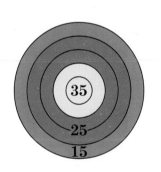

▶ 과녁의 같은 색깔 부분은 점수가 모두 같아.

 (몇십몇)×(몇십몇)의 계산은 왜 두 번 할까?

• 14×13의 계산 ➡ 14를 ☐ 번 더하기

➡ 14＋14＋14＋14＋14＋14＋14＋14＋14＋14＋14＋14＋14

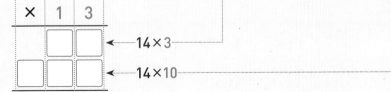

```
      1  4
   ×  1  3
   ┌──┬──┬──┐
   │  │  │  │  ◄── 14×3
   ├──┼──┼──┤
   │  │  │  │  ◄── 14×10
   ├──┼──┼──┤
   │  │  │  │
   └──┴──┴──┘
```

곱하는 수를 몇과 몇십으로 나누어 계산하기 때문이야.

22 계산해 보세요.

(1)
```
      5 2
  ×   2 6
```

(2)
```
      2 8
  ×   7 2
```

(3) 64 × 34

(4) 45 × 23

▶ 자리를 맞춰서 계산해 봐.

23 빈 곳에 알맞은 수를 써넣으세요.

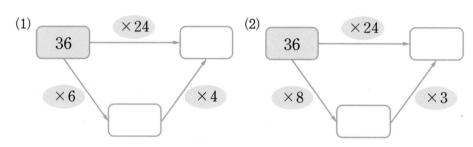

(1)

36 → ×24 → □

36 → ×6 → □ → ×4 → □

(2)

36 → ×24 → □

36 → ×8 → □ → ×3 → □

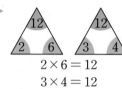

2 × 6 = 12
3 × 4 = 12

24 곱이 가장 큰 것에 ○표 하세요.

(1)

| 85 × 27 | 85 × 25 |
| 85 × 28 | 85 × 24 |

(2)

| 36 × 63 | 33 × 63 |
| 35 × 63 | 39 × 63 |

▶ 같은 수를 곱하는 경우는 계산을 안해도 곱의 크기를 비교할 수 있어.
●×14 < ●×41

25 □ 안에 알맞은 수를 써넣으세요.

(1) 28 × 5 × 9 = 28 × 9 × 5

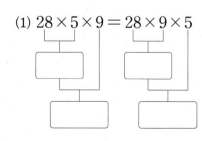

(2) 7 × 4 × 45 = 4 × 7 × 45

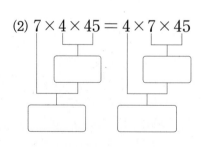

▶ 순서를 다르게 묶어 곱해도 결과는 같아.
● × ■ × ▲ = ● × ▲ × ■

26 장수풍뎅이는 힘이 매우 세서 자기 몸무게의 52배나 되는 물건도 밀 수 있다고 합니다. 무게가 37 g인 장수풍뎅이는 몇 g인 물건까지 밀 수 있을까요?

(   )

▶ 장수풍뎅이는 몸통과 다리가 굵어서 힘이 세.

무게의 단위

1 kg　　**1 g**
1 킬로그램　1 그램

➡ 1 kg = 1000 g

➕ 1 kg = 1000 g입니다. ☐ 안에 알맞은 수를 써넣으세요.

(1) 3 kg = ☐ g

(2) ☐ kg = 5000 g

27 <u>잘못</u> 계산한 부분을 찾아 바르게 계산해 보세요.

$$\begin{array}{r} 6\ 7 \\ \times\ 3\ 4 \\ \hline 2\ 6\ 8 \\ 2\ 0\ 1 \\ \hline 4\ 6\ 9 \end{array}$$ ➡

😊 내가 만드는 문제

28 보기 와 같은 방법으로 자유롭게 두 자리 수를 정해 (몇십몇) × (몇십몇)의 계산을 해 보세요.

보기

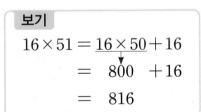

내가 만든 계산

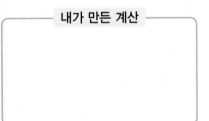

▶ 10×12
$= 10 \times 11 + 10$
$= 10 \times 10 + 10 + 10$
$= 10 \times 9 + 10 + 10 + 10$
　　　⋮

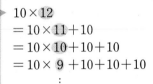

25 × 49를 계산하는 방법은?

방법 1 뺄셈을 이용해서 계산하기
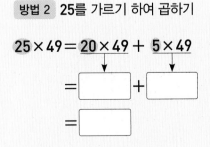

방법 2 25를 가르기 하여 곱하기

방법 3 49를 분해하여 곱하기
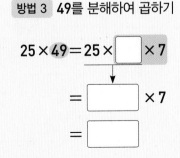

1 세 수의 곱셈

1 준비
□ 안에 알맞은 수를 써넣으세요.

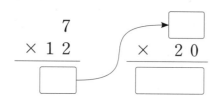

2 확인
□ 안에 알맞은 수를 써넣으세요.

(1) $25 \times 31 \times 4 =$ ☐

(2) $25 \times 4 \times 31 =$ ☐

(3) $31 \times 25 \times 4 =$ ☐

3 완성
★에 알맞은 수를 구해 보세요.

$6 \times 14 =$ ♥
♥ $\times 35 =$ ★

( )

2 규칙에 맞게 계산하기

4 준비
♣를 보기 와 같이 약속할 때 23♣72의 값을 구해 보세요.

보기
가♣나 $=$ 가 $\times$ 나

( )

5 확인
㉠♥㉡을 보기 와 같이 약속할 때 계산 순서에 맞게 54♥30의 값을 구해 보세요.

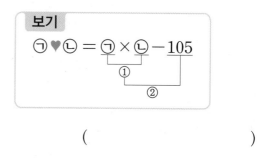

( )

6 완성
㉠★㉡을 보기 와 같이 약속할 때 계산 순서에 맞게 41★69의 값을 구해 보세요.

보기
㉠★㉡ $=$ ㉠ $\times$ ㉡ $+$ ㉠
　　　　　　　①
　　　　　　　②

( )

③ □ 안에 알맞은 수 써넣기

7 준비 □ 안에 알맞은 수를 써넣으세요.

$$
\begin{array}{r}
2\ 6\ 3 \\
\times\ \ \ \ \ \boxed{} \\
\hline
1\ 3\ 1\ 5
\end{array}
$$

8 확인 □ 안에 알맞은 수를 써넣으세요.

$$
\begin{array}{r}
2\ \boxed{}\ 6 \\
\times\ \ \ \ \ 3 \\
\hline
7\ 3\ 8
\end{array}
$$

9 완성 □ 안에 알맞은 수를 써넣으세요.

$$
\begin{array}{r}
7 \\
\times\ 4\ \boxed{} \\
\hline
3\ \boxed{}\ 6
\end{array}
$$

④ □ 안에 알맞은 수 구하기

10 준비 □ 안에 알맞은 수를 써넣으세요.

$$70 \times \boxed{} = 4900$$

11 확인 □ 안에 알맞은 수를 써넣으세요.

$$2400 = 40 \times \boxed{}$$
$$\ = 30 \times \boxed{}$$

12 완성 □ 안에 알맞은 수를 써넣으세요.

$$25 \times 72 = \boxed{} \times 90$$
$$\ = 30 \times \boxed{}$$

5 □ 안에 들어갈 수 있는 수 구하기

13 **준비** 1부터 5까지의 수 중에서 □ 안에 들어갈 수 있는 수에 모두 ○표 하세요.

$$\square \times 52 < 160$$

(1 , 2 , 3 , 4 , 5   )

14 **확인** □ 안에 들어갈 수 있는 자연수 중에서 가장 큰 수를 구해 보세요.

$$419 \times \square < 1300$$

(   )

15 **완성** □ 안에 들어갈 수 있는 자연수 중에서 가장 작은 수를 구해 보세요.

$$78 \times \square 0 > 5000$$

(   )

6 수 카드로 곱셈식 만들기

16 **준비** □ 안에 2장의 수 카드를 한 번씩만 사용하여 곱이 가장 큰 곱셈식을 만들고, 두 수의 곱을 구해 보세요.

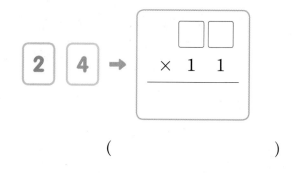

(   )

17 **확인** 3장의 수 카드를 한 번씩만 사용하여 곱이 가장 큰 곱셈식을 만들어 보세요.

| 5 | 2 | 7 | → | (곱셈식) |

18 **완성** 4장의 수 카드를 한 번씩만 사용하여 곱이 가장 큰 (두 자리 수) × (두 자리 수)의 곱셈식을 만들었습니다. 만든 곱셈식의 곱은 얼마인지 구해 보세요.

| 4 | 3 | 6 | 9 |

(   )

단원 평가

점수 | 확인

1 수 모형을 보고 □ 안에 알맞은 수를 써넣으세요.

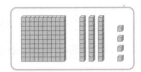 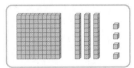

$$134 \times 2 = \boxed{}$$

2 □ 안에 알맞은 수를 써넣으세요.

$$8 \times 5 = 40$$
$$\times 10 \downarrow \quad \times 10 \downarrow \quad \times 100 \downarrow$$
$$80 \times 50 = \boxed{}$$

3 계산해 보세요.

(1)
```
    1 0 3
  ×     5
```

(2)
```
        8
  ×   9 4
```

4 □ 안에 알맞은 수를 써넣으세요.

$$350 \times 4 = \boxed{}$$

$$350 \times 5 = \boxed{}$$

$$350 \times 6 = \boxed{}$$

5 곱의 크기를 비교하여 ○ 안에 >, =, <를 알맞게 써넣으세요.

(1) 26×55 ◯ 26×53

(2) 32×41 ◯ 39×41

6 빈 곳에 알맞은 수를 써넣으세요.

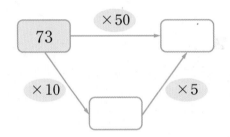

7 덧셈식을 곱셈식으로 나타내고 계산해 보세요.

$$218 + 218 + 218 + 218 + 218$$

➡ ....

8 □ 안에 알맞은 수를 써넣으세요.

$$9 \times 34 = 9 \times 30 + 9 \times 4$$
$$= \boxed{} + 36$$
$$= \boxed{}$$

9 <u>잘못</u> 계산한 부분을 찾아 바르게 계산해 보세요.

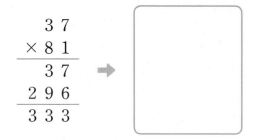

$$
\begin{array}{r}
3\ 7 \\
\times\ 8\ 1 \\
\hline
3\ 7 \\
2\ 9\ 6 \\
\hline
3\ 3\ 3
\end{array}
$$

10 ☐ 안에 알맞은 수를 써넣으세요.

(1) $848 = 424 \times \boxed{}$

      $= 212 \times \boxed{}$

      $= \boxed{} \times 2 \times \boxed{}$

(2) $1818 = 606 \times \boxed{}$

      $= 202 \times \boxed{}$

      $= \boxed{} \times 2 \times \boxed{}$

11 빈 곳에 알맞은 수를 써넣으세요.

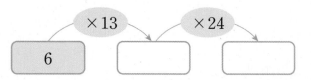

12 곱이 가장 큰 것은 어느 것일까요? (   )

① 38×60 ② 70×30

③ 52×45 ④ 61×34

⑤ 26×79

13 ▲ $= 100$, ■ $= 10$, ● $= 1$을 나타낼 때 다음을 계산해 보세요.

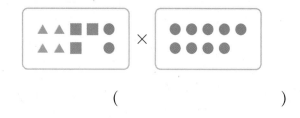

(   )

14 ☐ 안에 알맞은 수를 써넣으세요.

$$70 \times 40 = 70 \times 39 + \boxed{}$$

$$70 \times 40 = 70 \times 41 - \boxed{}$$

15 ㉠♠㉡을 보기 와 같이 약속할 때 계산 순서에 맞게 $123♠6$의 값을 구해 보세요.

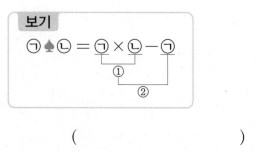

보기

$$㉠♠㉡ = \underset{②}{\underline{\underset{①}{\underline{㉠ \times ㉡}} - ㉠}}$$

(   )

16 □ 안에 알맞은 수를 써넣으세요.

(1) $75 \times 28 = 30 \times \boxed{}$

(2) $96 \times 50 = 80 \times \boxed{}$

17 □ 안에 알맞은 수를 써넣으세요.

$$
\begin{array}{cccc}
 & & 2 & \boxed{} \\
\times & & \boxed{} & 3 \\
\hline
 & & 8 & 1 \\
 & 2 & \boxed{} & 0 \\
\hline
 & 3 & 5 & 1 \\
\end{array}
$$

18 3장의 수 카드를 한 번씩만 사용하여 곱이 가장 작은 곱셈식을 만들고, 계산해 보세요.

$\boxed{9}$ $\boxed{3}$ $\boxed{5}$ →
$$
\begin{array}{cc}
 & \boxed{} \\
\times & \boxed{}\,\boxed{} \\
\hline
\end{array}
$$

(   )

19 대훈이는 매일 운동을 35분씩 합니다. 대훈이가 23일 동안 운동을 한 시간은 모두 몇 분인지 풀이 과정을 쓰고 답을 구해 보세요.

풀이 _____

_____

_____

답 _____

20 □ 안에 들어갈 수 있는 자연수 중에서 가장 큰 수를 구하려고 합니다. 풀이 과정을 쓰고 답을 구해 보세요.

$$52 \times \boxed{}3 < 4000$$

풀이 _____

_____

_____

답 _____

2 나눗셈

뺄셈을 하고 남은 것이 나머지야!

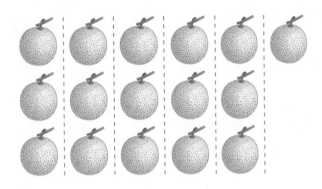

16개를 5군데로 똑같이 나누면 3개씩 놓이게 되고 1개가 남습니다.

몫   나머지

$$16 \div 5 = 3 \cdots 1$$

16개를 5개씩 덜어 내면 3묶음이 되고 1개가 남습니다.

$$16 - 5 - 5 - 5 - 1 = 0$$

5씩   3번

$$\rightarrow 16 \div 5 = 3 \cdots 1$$

1 (몇십)÷(몇)의 계산은 (몇)÷(몇)을 이용해.

● 내림이 없는 (몇십)÷(몇)

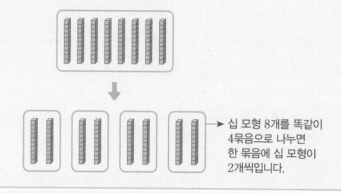

십 모형 8개를 똑같이 4묶음으로 나누면 한 묶음에 십 모형이 2개씩입니다.

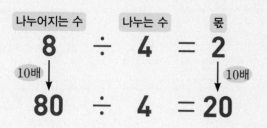

나누어지는 수 · 나누는 수 · 몫

$$8 \div 4 = 2$$

$$80 \div 4 = 20$$

● 나눗셈식을 세로로 쓰는 방법

$$80 \div 4 = 20 \Rightarrow \begin{array}{r} 2\,0 \\ 4\overline{)8\,0} \end{array}$$

몫

나누는 수

나누어지는 수

$$\blacksquare \div \bullet = \blacktriangle \Rightarrow \bullet \boxed{\dfrac{\blacktriangle}{\blacksquare}}$$

---

1 수 모형을 보고 ☐ 안에 알맞은 수를 써넣으세요.

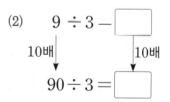

$$60 \div 3 = \boxed{}$$

$$6 \div 3 = 2$$

---

2 ☐ 안에 알맞은 수를 써넣으세요.

(1) $4 \div 2 = \boxed{}$

10배   10배

$40 \div 2 = \boxed{}$

(2) $9 \div 3 = \boxed{}$

10배   10배

$90 \div 3 = \boxed{}$

---

3 ☐ 안에 알맞은 수를 써넣으세요.

(1)

$80 \div 2 = 40 \Rightarrow \boxed{}\overline{)\boxed{}\,\boxed{}}$

(2) $\begin{array}{r} 1\,0 \\ 5\overline{)5\,0} \end{array} \Rightarrow \boxed{} \div \boxed{} = \boxed{}$

2 나눗셈은 곱하고 빼는 거야.

● 내림이 있는 (몇십)÷(몇)

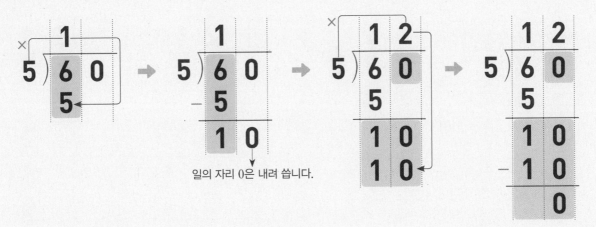

$$60 \div 5 = 12$$

확인 $5 \times 12 = 60$

(나누는 수) × (몫) = (나누어지는 수)

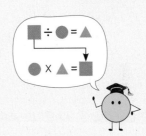

■ ÷ ● = ▲
● × ▲ = ■

---

1 □ 안에 알맞은 수를 써넣으세요.

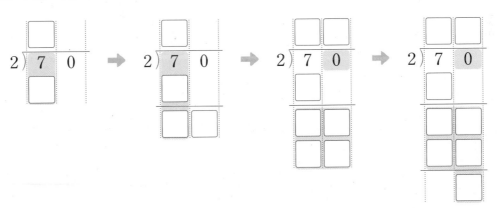

---

2 □ 안에 알맞은 수를 써넣으세요.

(1) $50 \div 2 = \boxed{}$

$2 \times \boxed{} = 50$

(2) $60 \div 4 = \boxed{}$

$4 \times \boxed{} = 60$

(나누는 수) × (몫)
= (나누어지는 수)

③ 몫이 두 자리 수이면 나눗셈을 2번 하는 거야.

● 내림이 없는 (몇십몇)÷(몇)

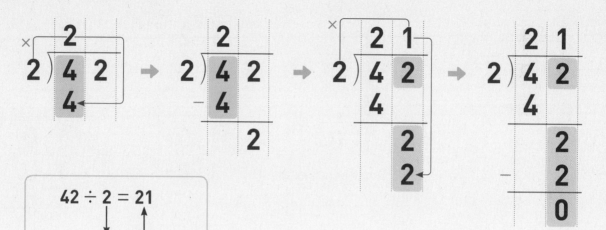

$42 \div 2 = 21$

확인 $2 \times 21 = 42$

1 ☐ 안에 알맞은 수를 써넣으세요.

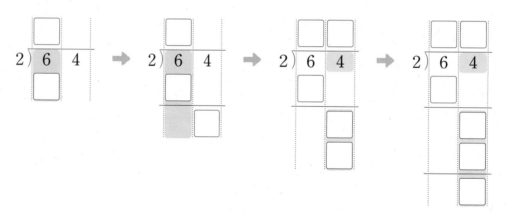

2 계산해 보고 맞게 계산했는지 확인하려고 합니다. ☐ 안에 알맞은 수를 써넣으세요.

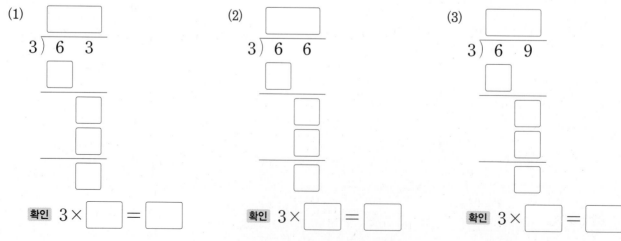

(1)
$3 \overline{)6\ 3}$

(2)
$3 \overline{)6\ 6}$

(3)
$3 \overline{)6\ 9}$

확인 $3 \times \boxed{} = \boxed{}$

확인 $3 \times \boxed{} = \boxed{}$

확인 $3 \times \boxed{} = \boxed{}$

4 십의 자리 계산에서 남은 수는 내림하여 계산해.

● 내림이 있는 (몇십몇)÷(몇)

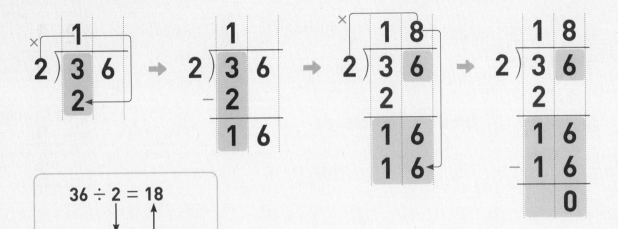

$$36 \div 2 = 18$$

확인 $2 \times 18 = 36$

---

1 ☐ 안에 알맞은 수를 써넣으세요.

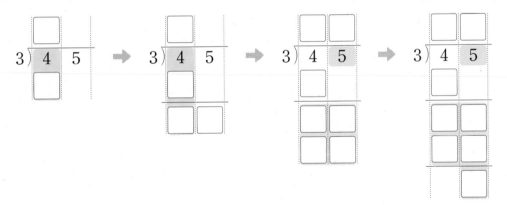

---

2 계산해 보고 맞게 계산했는지 확인하려고 합니다. ☐ 안에 알맞은 수를 써넣으세요.

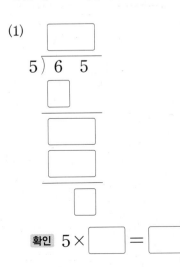

(1)

$$5 \overline{)6\ 5}$$

확인 $5 \times \boxed{} = \boxed{}$

(2)

$$5 \overline{)7\ 5}$$

확인 $5 \times \boxed{} = \boxed{}$

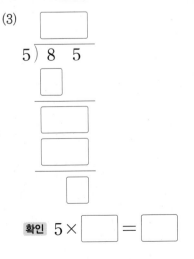

(3)

$$5 \overline{)8\ 5}$$

확인 $5 \times \boxed{} = \boxed{}$

1 내림이 없는 (몇십)÷(몇)

1 ☐ 안에 알맞은 수를 써넣으세요.

(1) $5 \div 5 =$ ☐

$50 \div 5 =$ ☐

$500 \div 5 =$ ☐

(2) $4 \div 2 =$ ☐

$40 \div 2 =$ ☐

$400 \div 2 =$ ☐

➕ 보기 를 보고 ☐ 안에 알맞은 수를 써넣으세요.

보기

$150 \div 30 = 5$

$15 \div 3 = 5$

$320 \div 80 =$ ☐

$32 \div 8 =$ ☐

▶ ● ÷ ★ = ▲
  ↓10배   ↓10배
  ●0 ÷ ★ = ▲0
  ↓10배   ↓10배
  ●00÷ ★ = ▲00

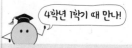 4학년 1학기 때 만나!

(세 자리 수)÷(몇십)

$120 \div 30 = 4$ $30\overline{)120}$
                          $\underline{120}$
$12 \div 3 = 4$ 0
                            4

2 ☐ 안에 알맞은 수를 써넣으세요.

(1) $80 \div 4 =$ ☐
    ↓   ↑
$4 \times$ ☐ $=$ ☐

(2) $50 \div 5 =$ ☐
    ↓   ↑
$5 \times$ ☐ $=$ ☐

▶ $4 \div 2 = 2$
  $2 \times 2 = 4$

3 ☐ 안에 알맞은 수를 써넣으세요.

(1)   3 0
    $2\overline{)}$ ☐ 0

(2)   3 0
    $3\overline{)}$ ☐ 0

▶   ▲0
  $★\overline{)}$■0
  ➡ ★ × ▲ = ■

4 유칼립투스는 그리스어로 '아름답다'와 '덮인다'의 합성어로 꽃이 피기 전에 꽃받침이 꽃의 내부를 완전히 둘러싸는 것에서 비롯된 이름이라고 합니다. 열대 지역에서 유칼립투스는 7년 동안 70 m나 자란다고 합니다. 유칼립투스 나무는 1년에 몇 m씩 자라는 셈인지 구해 보세요.

▶ 유칼립투스는 코알라의 주 먹이이기도 해.

(   )

5 빈 곳에 알맞은 수를 써넣으세요.

90 ➡ ÷3 ➡ ☐ ➡ ÷3 ➡ ☐

6 몫이 다음과 같이 되는 (몇십)÷(몇)을 만들어 보세요.

▶ ▲0 ÷ ★ = ■0
➡ ▲ ÷ ★ = ■

(1) ☐☐ ÷ ☐ = 10

☐☐ ÷ ☐ = 10

(2) ☐☐ ÷ ☐ = 20

☐☐ ÷ ☐ = 20

😊 내가 만드는 문제

7 나누어지는 수와 나누는 수에서 수를 하나씩 골라 (몇십)÷(몇)을 만들고 계산해 보세요.

▶ ■ ÷ ● = ▲
(나누어지는 수) ÷ (나누는 수) = (몫)

2

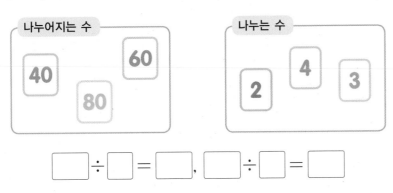

☐ ÷ ☐ = ☐ , ☐ ÷ ☐ = ☐

🎓 60÷3의 계산은 왜 6÷3의 계산을 이용할까?

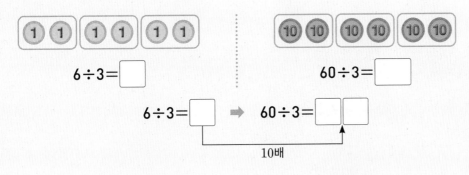

6÷3 = ☐

60÷3 = ☐

6÷3 = ☐ ➡ 60÷3 = ☐☐

10배

60은 6의 10배이니까 같은 수로 나눈 몫도 10배가 돼.

8 계산해 보세요.

(1)
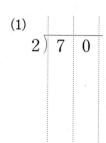

(2)
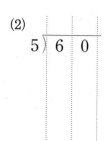

9 계산하지 않고 몫의 크기를 비교하여 ○ 안에 >, =, <를 알맞게 써넣으세요.

(1) $70 \div 5$ ◯ $80 \div 5$

(2) $90 \div 5$ ◯ $90 \div 6$

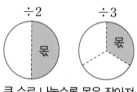

큰 수로 나눌수록 몫은 작아져.

10 그림에서 한 칸의 크기는 모두 같습니다. ☐ 안에 알맞은 수를 써넣으세요.

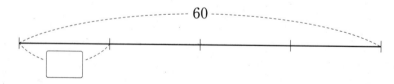

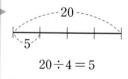

$20 \div 4 = 5$

11 ☐ 안에 알맞은 수를 써넣으세요.

(1) $30 \div 2 =$ ☐
2배 ↓   ↓2배
$60 \div 2 =$ ☐

(2) $30 \div 2 =$ ☐
3배 ↓   ↓3배
$90 \div 2 =$ ☐

12 저울에 있는 구슬의 무게가 각각 모두 같을 때 구슬 한 개의 무게는 몇 g 인지 구해 보세요.

(1)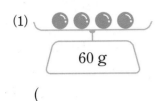

60 g

(   )

(2)

80 g

(   )

▶ ☐☐ ➡ (전체 무게)÷2

☐☐☐ ➡ (전체 무게)÷3

⋮

13 한 봉지에 10개씩 들어 있는 마스크 6봉지를 5명에게 똑같이 나누어 주려고 합니다. 한 명에게 마스크를 몇 개씩 줄 수 있을까요?

(   )

▶ 마스크를 쓰면 병균이나 먼지 등을 막아 줄 수 있어.

🙂 내가 만드는 문제

14 보기 와 같이 수를 가르기 하여 나눗셈을 해 보세요.

보기

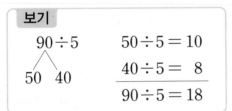

$$90 \div 5$$

$$50 \quad 40$$

$$50 \div 5 = 10$$
$$40 \div 5 = 8$$
$$\overline{90 \div 5 = 18}$$

$$70 \div 2$$

▶ 60÷3에서 60을 3으로 나눌 수 있는 수로 가르기 해야 해.

50÷3	30÷3
10÷3	30÷3
60÷3	60÷3

 90÷2에서 90을 가르기 하여 계산하는 방법은?

방법 1 90을 80과 10으로 가르기	방법 2 90을 70과 20으로 가르기	방법 3 90을 60과 30으로 가르기
$80 \div 2 = 40$	$70 \div 2 = \boxed{}$	$60 \div 2 = \boxed{}$
$10 \div 2 = \boxed{}$	$20 \div 2 = \boxed{}$	$30 \div 2 = \boxed{}$
$90 \div 2 = \boxed{}$	$90 \div 2 = \boxed{}$	$90 \div 2 = \boxed{}$

15 계산해 보세요.

(1)
```
2 ) 6  8
```

(2)
```
3 ) 9  6
```

16 ☐ 안에 알맞은 수를 써넣으세요.

(1) $22 \div 2 = $ ☐

4배 ↓   4배 ↓

$88 \div 8 = $ ☐

(2) $24 \div 2 = $ ☐

2배 ↓   2배 ↓

$48 \div 4 = $ ☐

▶ $12 \div 4 = 3$
2배 ↓   2배 ↓
$24 \div 8 = 3$

17 ☐ 안에 알맞은 수를 써넣으세요.

(1) $66 \div 1 = $ ☐

$66 \div 2 = $ ☐

$66 \div 3 = $ ☐

(2) $84 \div 1 = $ ☐

$84 \div 2 = $ ☐

$84 \div 4 = $ ☐

▶ $8 \div 4 = 8 \div 2 \div 2$

18 계산 결과에 맞게 가는 길을 찾아 선을 그어 보세요.

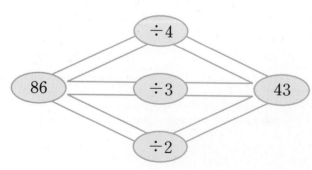

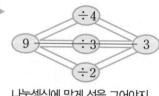

나눗셈식에 맞게 선을 그어야지.

19 오른쪽은 네 변의 길이의 합이 88 cm인 정사각형입니다.
이 정사각형의 한 변의 길이는 몇 cm일까요?

(   )

▶ 정사각형은 네 변의 길이가 모두 같아.

5학년 1학기 때 만나!

직사각형의 넓이

➕ 직사각형의 넓이가 36 cm²일 때 직사각형의 가로는 몇 cm일까요?

3 cm

(직사각형의 넓이) = (가로) × (세로)이므로
(가로) = (직사각형의 넓이) ÷ (세로)

$$= \boxed{} \div \boxed{} = \boxed{} \text{(cm)}$$

$1\,\text{cm}^2$: 한 변의 길이가 $1\,\text{cm}$인 정사각형의 넓이

10 cm

7 cm

(직사각형의 넓이)
= (가로) × (세로)
= $10 \times 7 = 70(\text{cm}^2)$

😊 내가 만드는 문제

20 공 2개를 골라 공에 적힌 수를 한 번씩만 사용하여 만든 두 자리 수를 2로 나눈 몫을 구해 보세요.

(   )

🎓 **2로 똑같이 나누어지는 수의 일의 자리 숫자는?**

● 2단 곱셈구구에서 일의 자리 숫자는 2, 4, 6, 8, 0입니다.

×	1	2	3	4	5	6	7	8	9
2	2	4	6	8	10	12	14	16	18

2, 4, 6, 8, 10은 모두 2로 똑같이 나눌 수 있습니다.

그럼 이렇게 큰 수 123948098974도 2로 똑같이 나누어지겠네?

➡ $20 \div 2 = \boxed{}$ $22 \div 2 = \boxed{}$ $24 \div 2 = \boxed{}$ $26 \div 2 = \boxed{}$ $28 \div 2 = \boxed{}$

21 계산해 보세요.

(1)
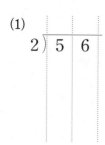

(2)
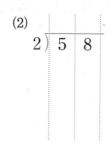

▶ 십의 자리를 계산하고 남은 수는 내림하여 함께 계산해.

22 계산하지 않고 몫의 크기를 비교하여 ○ 안에 >, =, <를 알맞게 써넣으세요.

(1) $45 \div 9$ ◯ $45 \div 3$

(2) $64 \div 4$ ◯ $76 \div 4$

23 빈 곳에 알맞은 수를 써넣으세요.

(1)
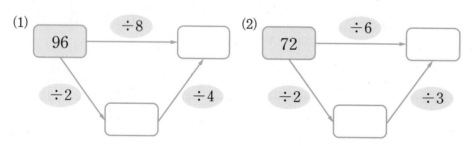

(2)

24 ☐ 안에 알맞은 수를 써넣으세요.

(1) $48 \div 2 =$ ☐

$48 \div 3 =$ ☐

$48 \div 6 =$ ☐

(2) $84 \div 2 =$ ☐

$84 \div 4 =$ ☐

$84 \div 6 =$ ☐

▶
$6 \div 2 = 3$
$6 \div 3 = 2$
$6 \div 6 = 1$

➡ 큰 수로 나눌수록 몫이 작아져.

4단원에서 만나!

분수만큼은 얼마인지 알아 보기

12의 $\dfrac{1}{4}$은 12를 똑같이 4묶음으로 나눈 것 중의 1묶음입니다. ➡ $12 \div 4 = 3$

➕ 그림을 보고 ☐ 안에 알맞은 수를 써넣으세요.

32의 $\dfrac{1}{2}$은 32를 똑같이 2묶음으로 나눈 것 중의 1묶음입니다.

➡ 32의 $\dfrac{1}{2}$은 $32 \div 2 =$ ☐ 입니다.

25 ●는 10, ▲는 1을 나타냅니다. 다음을 4로 나눈 몫을 구해 보세요.

(   )

▶ ●●가 2개, ▲가 3개라면?
↓
23

26 그림을 보고 단위에 주의하여 계산해 보세요.

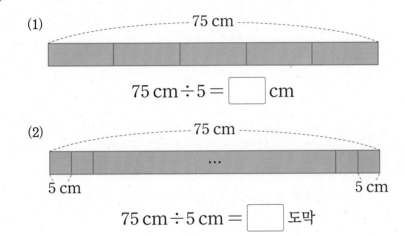

(1) 75 cm

75 cm ÷ 5 = [   ] cm

(2) 75 cm

5 cm   5 cm

75 cm ÷ 5 cm = [   ] 도막

▶ 10 cm ÷ 2

➡ 10 cm인 끈을 똑같이 2도막으로 나누면 한 도막의 길이는?

10 cm ÷ 2 cm

➡ 10 cm인 끈을 2 cm씩 자르면 몇 도막이 될까?

2

☺ 내가 만드는 문제
27 '='의 양쪽이 같게 되도록 나눗셈식을 만들어 보세요.

(1) 52 ÷ 4 ⊜ [   ][   ] ÷ [   ]   (2) 34 ÷ 2 ⊜ [   ][   ] ÷ [   ]

🎓 몫이 같은 나눗셈식을 만드는 방법은?

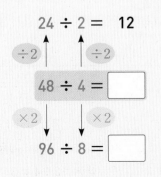

24 ÷ 2 = **12**

÷2   ÷2

48 ÷ 4 = [   ]

×2   ×2

96 ÷ 8 = [   ]

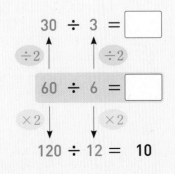

30 ÷ 3 = [   ]

÷2   ÷2

60 ÷ 6 = [   ]

×2   ×2

120 ÷ 12 = **10**

나누어지는 수와 나누는 수에 같은 수를 곱하거나 나누어 봐.

개념 강의

5 더 이상 나눌 수 없는 수가 나머지야.

● 내림이 없고 나머지가 있는 (몇십몇)÷(몇)

· 나머지가 있는 경우

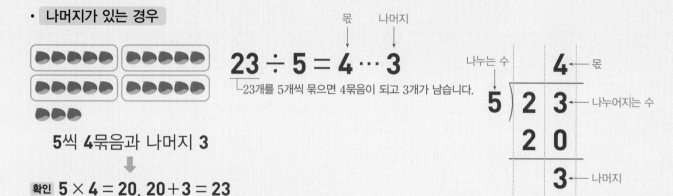

$$23 \div 5 = 4 \cdots 3$$

23개를 5개씩 묶으면 4묶음이 되고 3개가 남습니다.

5씩 4묶음과 나머지 3

확인 $5 \times 4 = 20$, $20 + 3 = 23$

· 나머지가 없는 경우 ── 나누어떨어진다고 합니다.

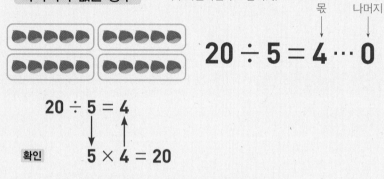

$$20 \div 5 = 4 \cdots 0$$

$$20 \div 5 = 4$$

확인 $5 \times 4 = 20$

---

1 그림을 보고 ☐ 안에 알맞은 수를 써넣으세요.

(1)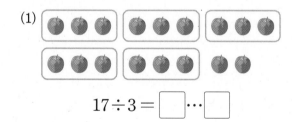

$$17 \div 3 = \boxed{} \cdots \boxed{}$$

(2)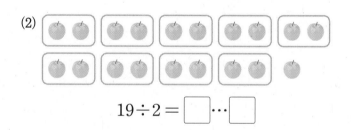

$$19 \div 2 = \boxed{} \cdots \boxed{}$$

2 계산해 보고 나눗셈이 나누어떨어지면 ○표, 나누어떨어지지 않으면 ×표 하세요.

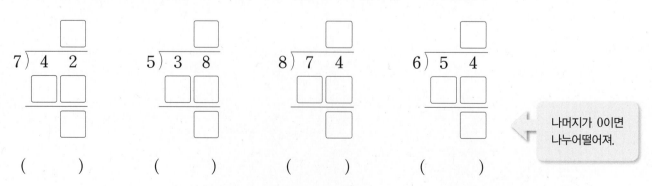

$7)\overline{4\ 2}$ $5)\overline{3\ 8}$ $8)\overline{7\ 4}$ $6)\overline{5\ 4}$

( )   ( )   ( )   ( )

나머지가 0이면 나누어떨어져.

6 나머지는 나누는 수보다 항상 작아야 해.

● 내림이 있고 나머지가 있는 (몇십몇)÷(몇)

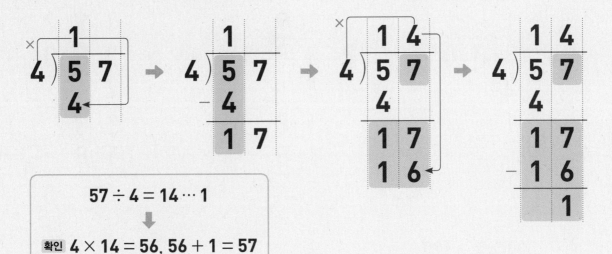

$$57 \div 4 = 14 \cdots 1$$

확인 $4 \times 14 = 56,\ 56 + 1 = 57$

1 □ 안에 알맞은 수를 써넣으세요.

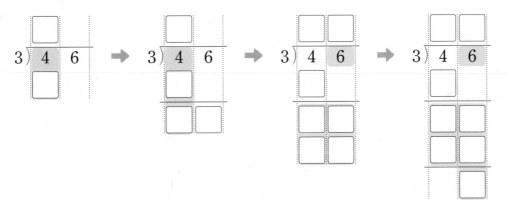

2 계산해 보고 맞게 계산했는지 확인하려고 합니다. □ 안에 알맞은 수를 써넣으세요.

(1)
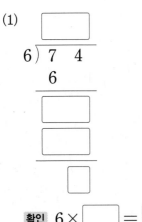

확인 $6 \times \boxed{} = \boxed{},\ \boxed{} + \boxed{} = 74$

(2)
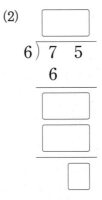

확인 $6 \times \boxed{} = \boxed{},\ \boxed{} + \boxed{} = 75$

7 백, 십, 일의 자리 순서로 몫을 구해.

● 나머지가 없는 (세 자리 수)÷(한 자리 수)

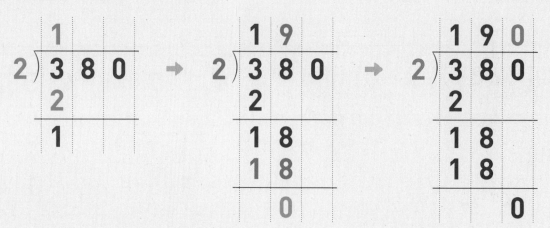

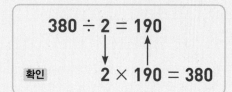

$$380 \div 2 = 190$$

확인 $2 \times 190 = 380$

380÷2는 38÷2에 0을 한 개
더 붙여서 계산하는 것과 같아.

---

1 □ 안에 알맞은 수를 써넣으세요.

(1)

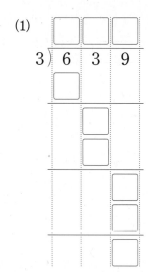

(2)

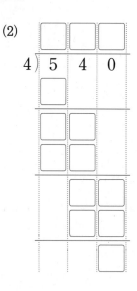

(3)

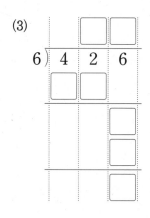

백의 자리에서 나눌
수 없으므로 몫의
백의 자리 수는 0
이야.

---

2 몫이 세 자리 수인 나눗셈에 모두 ○표 하세요.

$5\overline{)145}$ $3\overline{)438}$ $4\overline{)424}$ $6\overline{)528}$

( )   ( )   ( )   ( )

●)▲■◆
➡●<▲이거나
●=▲이면 몫은
세 자리 수가 돼.

8 나눌 수 없는 자리에는 0을 내려 써.

● 나머지가 있는 (세 자리 수)÷(한 자리 수)

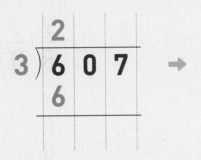 →  →

$$607 \div 3 = 202 \cdots 1$$

확인 $3 \times 202 = 606,\ 606 + 1 = 607$

1 ☐ 안에 알맞은 수를 써넣으세요.

(1)
$$6) \overline{5\ 7\ 3}$$

(2)
$$7) \overline{5\ 7\ 3}$$

(3)
$$8) \overline{5\ 7\ 3}$$

2 보기 와 같이 생략할 수 있는 부분을 생략하여 계산해 보세요.

보기
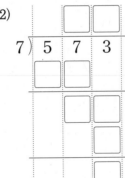

(1)
$$3) \overline{6\ 1\ 7}$$

(2)
$$5) \overline{5\ 3\ 4}$$

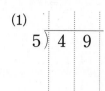
1 계산해 보세요.

(1)
$$5 \overline{\smash{)}4\;9}$$

(2)
$$7 \overline{\smash{)}6\;5}$$

2 나머지가 5가 될 수 없는 식을 모두 찾아 ○표 하세요.

$$□÷6 \quad □÷8 \quad □÷4 \quad □÷9 \quad □÷5$$

▶ 나머지는 나누는 수보다 항상 작아야 해.

3 □ 안에 알맞은 수를 써넣으세요.

(1) $21÷4 = □ \cdots □$
    $22÷4 = □ \cdots □$
    $23÷4 = □ \cdots □$
    $24÷4 = □ \cdots □$

(2) $48÷6 = □ \cdots □$
    $49÷6 = □ \cdots □$
    $50÷6 = □ \cdots □$
    $51÷6 = □ \cdots □$

▶ 나머지가 없는 경우에는 0을 생략하여 나타낼 수 있어.
$$25÷5 = 5 \cdots 0$$
$$\downarrow$$
$$25÷5 = 5$$

4 뺄셈식을 이용하여 나눗셈의 몫과 나머지를 구해 보세요.

(1) $30÷7 \Rightarrow 30-7-□-□-□ = □$

몫: □, 나머지: □

(2) $44÷8 \Rightarrow 44-8-□-□-□-□ = □$

몫: □, 나머지: □

▶ $15÷6$
$\Rightarrow 15-6-6 = 3$
         2번
$\Rightarrow$ 몫: 2, 나머지: 3

5 색칠한 부분의 길이는 몇 cm인지 구해 보세요.

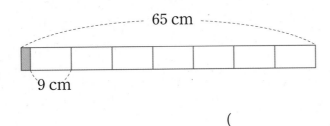

(   )

▶ 색칠한 부분은 65 cm를 9 cm 씩 자르고 남은 길이야.

6 일주일은 7일입니다. ☐ 안에 알맞은 수를 써넣으세요.

(1) 30일은 ☐주일과 ☐일입니다.

(2) 41일은 ☐주일과 ☐일입니다.

▶ 9일 ➡ 9÷7 = 1…2

일	월	화	수	목	금	토
1	2	3	4	5	6	7
8	9	10	11	12	13	14

➡ 1주일과 2일

😊 내가 만드는 문제

7 ☐ 안에 나머지가 될 수 있는 수를 하나만 써넣고 어떤 수를 구해 보세요.

> 어떤 수를 9로 나누면 몫은 6이고 나머지는 ☐입니다.
>
> 어떤 수는 얼마일까요?

(   )

▶ 나머지는 나누는 수 9보다 작아 야 해.

🎓 **나머지와 나누는 수와의 관계는?**

나머지는 나누는 수보다 항상 작아야 해.

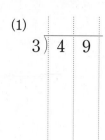
8 계산해 보세요.

(1)

$$3\overline{)49}$$

(2)

$$6\overline{)98}$$

9 나눗셈을 하여 □ 안에는 몫을, ○ 안에는 나머지를 써넣으세요.

(1) $40 \div 2 = \boxed{}$

$15 \div 2 = \boxed{} \cdots \bigcirc$

$\overline{55 \div 2 = \boxed{} \cdots \bigcirc}$

(2) $50 \div 5 = \boxed{}$

$28 \div 5 = \boxed{} \cdots \bigcirc$

$\overline{78 \div 5 = \boxed{} \cdots \bigcirc}$

▶ $10 \div 2 = 5$
$5 \div 2 = 2 \cdots 1$
$\overline{15 \div 2 = 7 \cdots 1}$

10 모양을 수로 생각하여 다음을 계산해 보세요.

$$\heartsuit = 63 \quad \diamondsuit = 77 \quad \clubsuit = 85 \quad \bullet = 3 \quad \bigstar = 5$$

(1) $\heartsuit \div \bigstar$

몫 (   )

나머지 (   )

(2) $\clubsuit \div \bullet$

몫 (   )

나머지 (   )

▶ $\diamondsuit \div \bullet = 77 \div 3$

11 정월 대보름의 전날에 논둑이나 밭둑에 불을 붙이고 돌아다니며 노는 놀이를 쥐불놀이라고 합니다. 진호는 쥐불놀이를 하는 데 사용할 깡통 65개를 한 명에게 4개씩 나누어 주려고 합니다. 깡통을 몇 명에 나누어 줄 수 있고, 남는 깡통은 몇 개인지 구해 보세요.

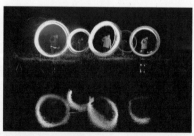

▶ 정월 대보름: 매년 음력 1월 15일로 밝은 달을 보며 한 해의 건강과 복을 기원하는 날

(   ), (   )

12 ●에 알맞은 수를 구해 보세요.

(1) ┌─────────────────┐
     │ ● ÷ 3 = 21 ⋯ 2 │
     └─────────────────┘

   (   )

(2) ┌─────────────────┐
     │ ● ÷ 6 = 15 ⋯ 5 │
     └─────────────────┘

   (   )

➕ 나눗셈이 나누어떨어지도록 ●에 알맞은 수를 보기 에서 모두 찾아 써 보세요.

┌─────────────────────────┐
│ 보기   │
│ 10   15   20   25   │
└─────────────────────────┘

┌──────────┐
│ 90 ÷ ● │
└──────────┘

   (   )

☺ 내가 만드는 문제

13 색 테이프를 8 cm씩 나눈 것입니다. 남은 부분의 길이를 자유롭게 써넣고 색 테이프의 전체 길이는 몇 cm인지 구해 보세요.

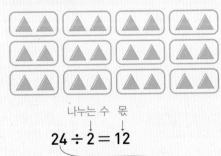

8 cm   □ cm

   (   )

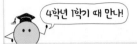

▶ $30 \div 7 = 4 \cdots 2$

$$\begin{array}{r} 7 \\ \times\ 4 \\ \hline 2\ 8 \end{array} \qquad \begin{array}{r} 2\ 8 \\ +\ 2 \\ \hline 3\ 0 \end{array}$$

4학년 1학기 때 만나!

(두 자리 수) ÷ (두 자리 수)

$60 \div 12 = 5$
$12 \times 5 = 60$

▶ 8 cm씩 나눈 거니까 남은 부분은 8 cm보다 짧겠지?

2

🎓 **나누어지는 수를 구하는 방법은?**

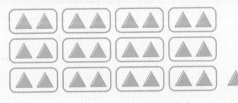

● 나머지가 없는 경우

$24 \div 2 = 12$
나누는 수 몫

$2 \times \boxed{} = 24$
나누는 수 몫 나누어지는 수

● 나머지가 있는 경우

$25 \div 2 = 12 \cdots 1$
나누는 수 몫 나머지

$2 \times 12 = 24,\ 24 + \boxed{} = 25$
나누는 수 몫   나머지 나누어지는 수

계산이 맞는지 확인하는 방법으로 구할 수 있어.

14 계산해 보세요.

▶ ■●▲÷★에서
· ■ > ★이면 몫은 세 자리 수
· ■ = ★이면 몫은 세 자리 수
· ■ < ★이면 몫은 두 자리 수

(1)
$$4 \overline{\smash{)}\,2\ 5\ 2}$$

(2)
$$6 \overline{\smash{)}\,6\ 7\ 2}$$

15 □ 안에 알맞은 수를 써넣으세요.

(1) $42 \div 2 = \boxed{}$

10배 ↓   ↓ 10배

$420 \div 2 = \boxed{}$

(2) $78 \div 6 = \boxed{}$

10배 ↓   ↓ 10배

$780 \div 6 = \boxed{}$

16 빈 곳에 알맞은 수를 써넣으세요.

(1)
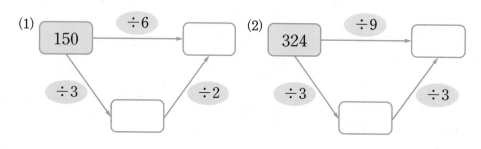

150 →÷6→ $\boxed{}$

÷3 ↘   ↗ ÷2

$\boxed{}$

(2)
324 →÷9→ $\boxed{}$

÷3 ↘   ↗ ÷3

$\boxed{}$

17 우리나라의 대표적인 전통 현악기인 거문고는 고구려의 왕산악이 만든 것으로 전해지는데 6줄로 굵고 낮은 소리를 냅니다. 거문고의 줄의 수를 세어 보았더니 모두 138줄이라면 거문고는 몇 대일까요?

(   )

▶ 현악기는 줄을 이용해 소리를 내는 악기로 거문고, 가야금, 바이올린, 첼로 등이 있어.

18 (세 자리 수)÷(한 자리 수)를 계산하고 맞게 계산했는지 확인한 식입니다. 계산한 나눗셈식을 써 보세요.

(1) 확인 $6 \times 25 = 150$ (2) 확인 $3 \times 75 = 225$

나눗셈식 _____   나눗셈식 _____

19 쌓기나무 1개의 무게는 몇 g일까요?

(1) 쌓기나무의 전체 무게: 105 g   (2) 쌓기나무의 전체 무게: 150 g

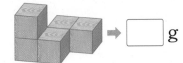 ➡ [   ] g   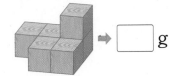 ➡ [   ] g

> 먼저 1층과 2층으로 나누어 쌓기나무의 전체 개수를 구해.

😊 내가 만드는 문제

20 계산 결과로 가는 길을 찾아 선으로 그은 것입니다. ■가 500보다 작은 수일 때 ◯ 안에 알맞은 수를 자유롭게 써넣으세요.

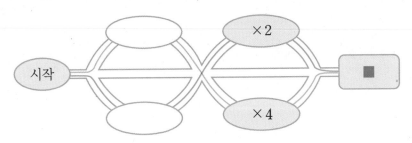

> 곱셈과 나눗셈의 관계를 이용해.

🎓 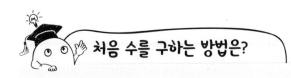 처음 수를 구하는 방법은?

• 덧셈, 뺄셈

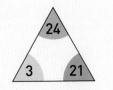

[ ]－3＝21, [ ]＝21＋3＝[ ]

[ ]＋3＝24, [ ]＝24－3＝[ ]

• 곱셈, 나눗셈

[ ]×3＝63, [ ]＝63÷3＝[ ]

[ ]÷3＝21, [ ]＝21×3＝[ ]

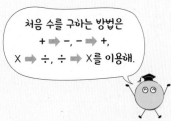

처음 수를 구하는 방법은
＋ ➡ －, － ➡ ＋,
× ➡ ÷, ÷ ➡ ×를 이용해.

8 나머지가 있는 (세 자리 수)÷(한 자리 수)

21 계산해 보세요.

(1)
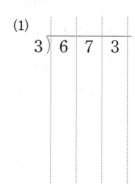

(2)
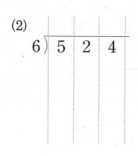

22 나눗셈을 하여 □ 안에는 몫을, ○ 안에는 나머지를 써넣으세요.

(1) $120 \div 4 = \boxed{}$

$33 \div 4 = \boxed{} \cdots \bigcirc$

$153 \div 4 = \boxed{} \cdots \bigcirc$

(2) $240 \div 6 = \boxed{}$

$11 \div 6 = \boxed{} \cdots \bigcirc$

$251 \div 6 = \boxed{} \cdots \bigcirc$

$20 \div 4 = 5$
$5 \div 4 = 1 \cdots 1$
$25 \div 4 = 6 \cdots 1$

23 잘못 계산한 부분을 찾아 바르게 계산해 보세요.

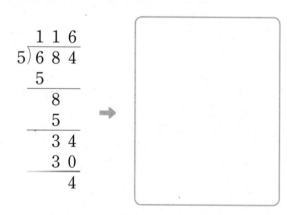

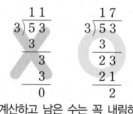

계산하고 남은 수는 꼭 내림하여 함께 계산해.

24 나머지의 크기를 비교하여 주어진 식을 빈 곳에 알맞게 써넣으세요.

| $129 \div 5$ | $314 \div 6$ | $515 \div 8$ |

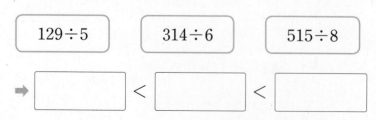

부등호는 몫의 크기가 아니라 나머지의 크기를 비교한 거야.

25 ☐ 안에 알맞은 수를 써넣으세요.

(1) 2☐4÷5=44…4

2☐4÷5=46…4

2☐4÷5=48…4

(2) ☐82÷5=36…2

☐82÷5=56…2

☐82÷5=76…2

▶ $12÷5=2…2$
$22÷5=4…2$
$32÷5=6…2$
↓
10씩 커지는 수는 5로 나누면 몫이 2씩 커지고 나머지가 같아.

26 122에서 9씩 ■번 뺐더니 5가 남았습니다. ■에 알맞은 수를 구해 보세요.

(   )

▶ 20에서 5씩 4번 빼기
➡ $20-5-5-5-5=0$
➡ $20÷5=4$

☺ 내가 만드는 문제
27 책의 쪽수를 나타낸 것입니다. 책 한 권을 골라 하루에 9쪽씩 읽는다면 며칠 동안 읽을 수 있고 몇 쪽이 남는지 구해 보세요.

▶ 먼저 책을 고른 후 나눗셈식을 세워 봐.

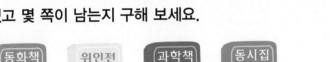

256쪽   208쪽   328쪽   152쪽

식 .... 답 ....

🎓 **900÷4의 나머지와 90÷4의 나머지는 같을까?**

●900÷4

```
      2 2 5
  4 ) 9 0 0
      8
      1 0
        8
        2 0
```

VS

●90÷4

```
      2 2
  4 ) 9 0
      8
      1 0
        8
```

900÷4의 나머지 ➡ ☐

90÷4의 나머지 ➡ ☐

나머지는 서로 (같습니다 , 같지 않습니다).

나누어지는 수가 커지면 몫은 커지지만 나머지가 항상 커지는 것은 아니야.

1 나눗셈하기

1
준비

□ 안에 알맞은 수를 써넣으세요.

$$45 \div 6 = \boxed{} \cdots \boxed{}$$

2
확인

★에 알맞은 수를 구해 보세요.

- $15 \times 4 = ♥$
- $♥ \div 3 = ★$

(   )

3
완성

★에 알맞은 수를 구해 보세요.

- $75 \div 5 = ●$
- $★ \div 4 = ● \cdots 3$

(   )

2 나머지가 될 수 있는 수 구하기

4
준비

어떤 수를 5로 나누었을 때 나머지가 될 수 있는 수를 모두 찾아 ○표 하세요.

| 5 | 3 | 7 | 4 |

5
확인

나눗셈식에서 ⓒ이 될 수 있는 가장 큰 자연수를 구해 보세요.

$$㉠ \div 8 = ㉡ \cdots ㉢$$

(   )

6
완성

나눗셈식에서 ●가 될 수 있는 가장 작은 자연수를 구해 보세요.

$$■ \div ● = ★ \cdots 7$$

(   )

3 나누어떨어지는 나눗셈 찾기

7 준비
나누어떨어지는 나눗셈을 찾아 기호를 써 보세요.

$$\text{㉠ } 74 \div 6 \qquad \text{㉡ } 516 \div 4$$

( )

8 확인
54를 나누어떨어지게 하는 수를 모두 찾아 ○표 하세요.

9 완성
나누어떨어지는 나눗셈식입니다. 0부터 9까지의 수 중 □ 안에 들어갈 수 있는 수를 모두 구해 보세요.

$$8\square \div 3$$

( )

4 나누어지는 수 구하기

10 준비
□ 안에 알맞은 수를 써넣으세요.

$$\boxed{} \div 3 = 12$$
$$3 \times 12 = \boxed{}$$

11 확인
□ 안에 알맞은 수를 구해 보세요.

$$\square \div 5 = 16 \cdots 2$$

( )

12 완성
나눗셈식에서 ㉠이 될 수 있는 가장 큰 자연수를 구해 보세요.

$$\text{㉠} \div 6 = 24 \cdots \heartsuit$$

( )

5 □ 안에 알맞은 수 넣기

13
준비
□ 안에 알맞은 수를 써넣으세요.

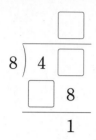

14
확인
□ 안에 알맞은 수를 써넣으세요.

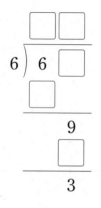

15
완성
□ 안에 알맞은 수를 써넣으세요.

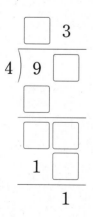

6 수 카드로 나눗셈식 만들기

16
준비
수 카드 4 , 7 을 한 번씩 사용하여 만든 두 자리 수를 9로 나눈 것입니다. □ 안에 몫과 나머지를 써넣으세요.

4 7 ÷ 9 = □ ··· □

7 4 ÷ 9 = □ ··· □

17
확인
수 카드를 한 번씩 사용하여 몫이 가장 큰 (두 자리 수)÷(한 자리 수)를 만들었을 때, 몫과 나머지를 구해 보세요.

2 5 8

몫 (   )
나머지 (   )

18
완성
수 카드를 한 번씩만 사용하여 몫이 가장 작은 (세 자리 수)÷(한 자리 수)를 만들었을 때, 몫과 나머지를 구해 보세요.

1 3 7 8

몫 (   )
나머지 (   )

단원 평가

1 그림을 보고 □ 안에 알맞은 수를 써넣으세요.

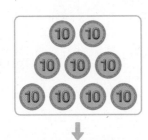

$9 \div 3 =$ ☐ ➡ $90 \div 3 =$ ☐

2 □ 안에 알맞은 수를 써넣으세요.

(1)
$8 \div 2 =$ ☐

100배 ↓   ↓ 100배

$800 \div 2 =$ ☐

(2)
$72 \div 6 =$ ☐

10배 ↓   ↓ 10배

$720 \div 6 =$ ☐

3 □ 안에 알맞은 수를 써넣으세요.

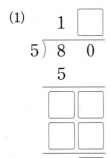

(1)
```
   1 □
5 ) 8 0
   5
  ┌─┬─┐
  └─┴─┘
  ┌─┬─┐
  └─┴─┘
  ┌─┐
  └─┘
```

(2)
```
   1 □
2 ) 2 8
   2
  ┌─┐
  └─┘
  ┌─┐
  └─┘
  ┌─┐
  └─┘
```

4 계산해 보세요.

(1)
$$4) \overline{6\ 4}$$

(2)
$$6) \overline{4\ 3\ 2}$$

5 □ 안에 알맞은 수를 써넣으세요.

(1)
$40 \div 2 =$ ☐
$14 \div 2 =$ ☐
$54 \div 2 =$ ☐

(2)
$50 \div 5 =$ ☐
$15 \div 5 =$ ☐
$65 \div 5 =$ ☐

6 나누어떨어지는 나눗셈에 ○표 하세요.

| $34 \div 5$ | $56 \div 8$ |

(   )   (   )

7 □ 안에 알맞은 수를 써넣으세요.

$96 \div 2 =$ ☐

$96 \div 4 =$ ☐

$96 \div 6 =$ ☐

8 나눗셈의 몫과 나머지를 구하고 계산 결과가 맞는지 확인해 보세요.

$$84 \div 5$$

몫 .... 나머지 ....

확인 ....

9 빈 곳에 알맞은 수를 써넣으세요.

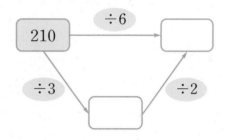

10 나머지가 6이 될 수 <u>없는</u> 식을 찾아 기호를 써 보세요.

㉠ □÷6	㉡ □÷8
㉢ □÷7	㉣ □÷9

( )

11 <u>잘못</u> 계산한 부분을 찾아 바르게 계산해 보세요.

$$\begin{array}{r} 1\,7 \\ 3\overline{)5\,5} \\ 3 \\ \hline 2\,5 \\ 2\,1 \\ \hline 4 \end{array}$$

12 나머지의 크기를 비교하여 ○ 안에 >, =, <를 알맞게 써넣으세요.

$$87 \div 6 \bigcirc 407 \div 9$$

13 □ 안에 알맞은 수를 구해 보세요.

$$\square \div 6 = 15 \cdots 4$$

( )

14 오른쪽 정사각형의 네 변의 길이의 합이 56 cm입니다. 정사각형의 한 변의 길이는 몇 cm일까요?

( )

15 전체 쌓기나무의 무게가 210 g일 때 쌓기나무 1개의 무게는 몇 g인지 구해 보세요.

( )

16 1부터 9까지의 수 중 52를 나누어떨어지게 하는 수를 모두 구해 보세요.

(　　　　　　　　　　)

17 같은 모양은 같은 수를 나타낼 때 ★에 알맞은 수를 구해 보세요.

- ■ ÷ 4 = 12 … 3
- ■ ÷ 5 = ● … ★

(　　　　　　　　　　)

18 ☐ 안에 알맞은 수를 써넣으세요.

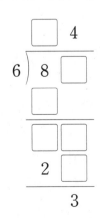

19 겨울에 먹기 위하여 김치를 한꺼번에 많이 담그는 일을 김장이라고 합니다. 김장을 하기 위해 배추 65포기를 한 통에 7포기씩 담으려고 합니다. 배추를 몇 통에 담을 수 있고 몇 포기가 남는지 풀이 과정을 쓰고 답을 구해 보세요.

풀이

답

20 수 카드를 한 번씩만 사용하여 몫이 가장 큰 (세 자리 수)÷(한 자리 수)를 만들었을 때, 몫과 나머지를 구하려고 합니다. 풀이 과정을 쓰고 답을 구해 보세요.

5　3　7　4

풀이

답 몫:　　　　　　, 나머지:

3 원

한 점에서 같은 거리의 점들로 이루어진 곡선!

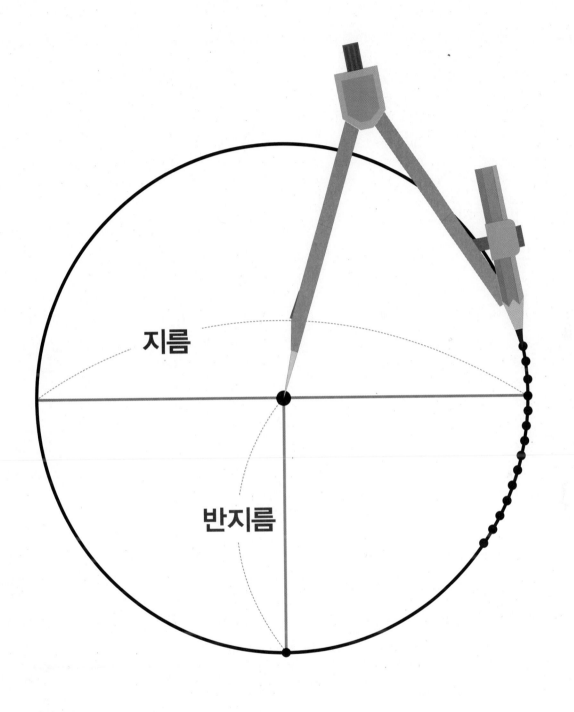

1 원의 중심만 알면 지름과 반지름을 찾을 수 있어.

개념 강의

● 여러 가지 방법으로 원 그리기

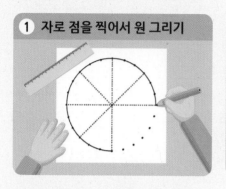

1 자로 점을 찍어서 원 그리기

2 누름 못과 띠 종이로 원 그리기

3 컴퍼스로 원 그리기

● 원의 중심, 반지름, 지름

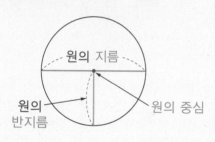

- **원의 중심**: 원을 그릴 때에 누름 못이 꽂혔던 점

- **원의 반지름**: 원의 중심과 원 위의 한 점을 이은 선분

- **원의 지름**: 원 위의 두 점을 이은 선분 중 원의 중심을 지나는 선분

원의 지름
원의 반지름
원의 중심

---

1 점을 연결하여 원을 완성해 보세요.

(1)

(2)

점을 많이 찍을수록 원을 정확하게 그릴 수 있어.

---

2 그림을 보고 ☐ 안에 알맞게 써넣으세요.

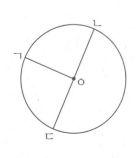

(1) 원의 중심은 점 ☐ 입니다.

(2) 원의 반지름은 선분 ☐ , 선분 ☐ ,

선분 ☐ 입니다.

(3) 원의 지름은 선분 ☐ 입니다.

원의 중심은 하나지만 원의 반지름과 지름은 무수히 많아.

2 지름만 알면 반지름을 알 수 있어.

● 원의 지름의 성질

지름

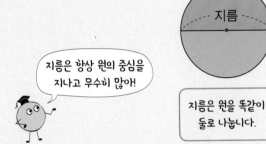
지름은 항상 원의 중심을 지나고 무수히 많아!

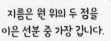
지름

지름은 원을 똑같이 둘로 나눕니다.

지름은 원 위의 두 점을 이은 선분 중 가장 깁니다.

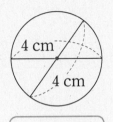
4 cm
4 cm

한 원에서 지름은 모두 같습니다.

● 원의 지름과 반지름 사이의 관계

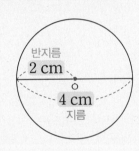
반지름
2 cm
o
4 cm
지름

┌ (원의 반지름)＋(원의 반지름)

(원의 반지름) ⊗ 2 ＝ (원의 지름)

(원의 지름) ÷ 2 ＝ (원의 반지름)

3

---

1 그림을 보고 ☐ 안에 알맞게 써넣으세요.

(1)
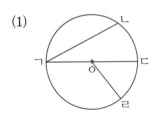

원을 똑같이 둘로 나누는 선분은 선분 ☐ 이므로

원의 지름은 선분 ☐ 입니다.

(2)
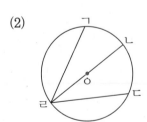

원 위의 두 점을 이은 선분 중 가장 긴 선분은

선분 ☐ 이므로 원의 지름은 선분 ☐ 입니다.

2 그림을 보고 ☐ 안에 알맞은 수를 써넣으세요.

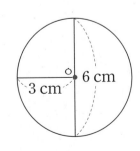
3 cm   o 6 cm

(1) 원의 지름은 ☐ cm입니다.

(2) 원의 반지름은 ☐ cm입니다.

(3) 원의 지름은 반지름의 ☐ 배입니다.

(원의 지름)
＝ (원의 반지름)
＋(원의 반지름)

3 컴퍼스를 이용하면 정확하게 원을 그릴 수 있어.

● 컴퍼스를 이용하여 반지름이 **1 cm**인 원 그리기

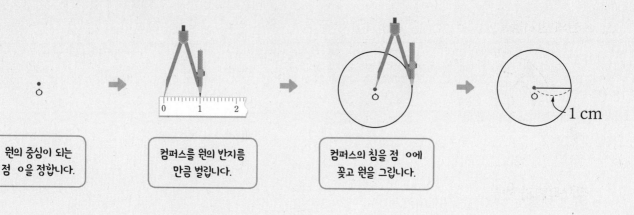

원의 중심이 되는
점 ㅇ을 정합니다.

컴퍼스를 원의 반지름
만큼 벌립니다.

컴퍼스의 침을 점 ㅇ에
꽂고 원을 그립니다.

1 cm

1 원을 그리는 순서에 맞게 기호를 써 보세요.

ㄱ 컴퍼스의 침을 점 ㅇ에 꽂고 원 그리기
ㄴ 컴퍼스를 원의 반지름만큼 벌리기
ㄷ 원의 중심이 되는 점 ㅇ 정하기

ㄷ → ☐ → ☐

2 반지름이 3 cm인 원을 그릴 수 있도록 컴퍼스를 바르게 벌린 것을 찾아 기호를 써 보세요.

컴퍼스의 침이
자의 눈금 0에
오도록 놓자.

(   )

3 반지름이 각각 1 cm, 2 cm, 3 cm인 원을 완성해 보세요.

1 cm
1 cm

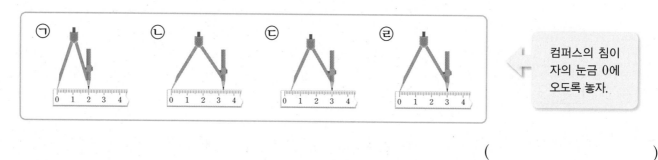

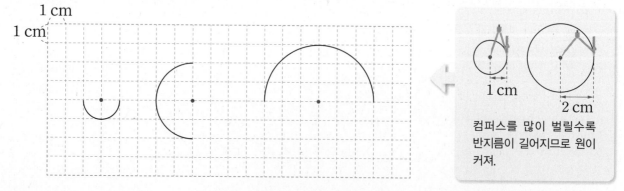

1 cm

2 cm

컴퍼스를 많이 벌릴수록
반지름이 길어지므로 원이
커져.

4 원을 이용해서 여러 가지 모양을 그릴 수 있어.

● **규칙에 따라 원 그리기**

• 원의 반지름을 다르게 그리기	• 원의 중심을 다르게 그리기	• 원의 중심과 반지름을 다르게 그리기
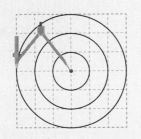	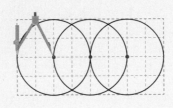	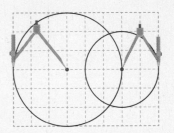

● **정사각형과 원을 이용하여 모양 그리기**

• 원 그리기	• $\frac{1}{4}$ 원 2개 그리기	• $\frac{1}{4}$ 원 4개 그리기
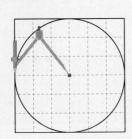	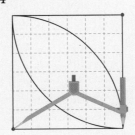	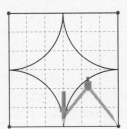

---

1 주어진 모양을 그리기 위하여 컴퍼스의 침을 꽂아야 할 곳을 모눈종이에 모두 표시해 보세요.

(1)

(2)

원의 중심을 찾아봐.

원의 중심 O

반지름

2 그림을 보고 물음에 답하세요.

(1) 어떤 규칙이 있는지 알맞은 말에 ○표 하세요.

> 원의 중심을 (옮겨 가며 , 옮기지 않고)
> 원의 반지름이 (1 , 2 , 3)칸씩 늘어나는 규칙입니다.

(2) 규칙에 따라 원을 2개 더 그려 보세요.

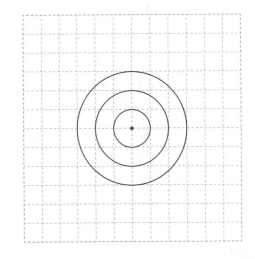

1 원의 중심을 찾아 ○표 하세요.

(1)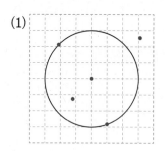

(2)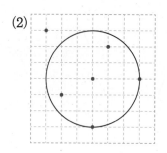

원의 중심

원의 중심에서 같은 길이만큼 떨어진 점들을 연결하면 원이 돼.

2 관계있는 것끼리 이어 보세요.

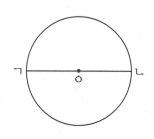

원의 중심 •

원의 반지름 •

원의 지름 •

• 선분 ㅇㄴ

• 선분 ㄱㄴ

• 선분 ㅇㄱ

• 점 ㅇ

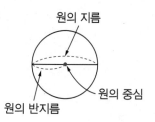
원의 지름

원의 중심

원의 반지름

3 □ 안에 알맞은 수를 써넣고, 알맞은 말에 ○표 하세요.

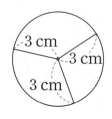
3 cm
3 cm
3 cm

원의 반지름은 □cm이고, 한 원에서 반지름을 (1개, 3개, 무수히 많이) 그을 수 있습니다.

한 원에서 반지름은 모두 같아.

4 원의 지름은 몇 cm인지 구해 보세요.

(1)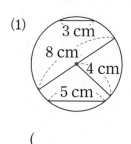
3 cm
8 cm
4 cm
5 cm

(2)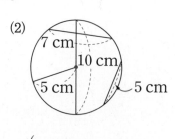
7 cm
10 cm
5 cm
5 cm

(   ) (   )

원의 지름은 반드시 원의 중심을 지나.

5 누름 못과 띠 종이를 이용하여 가장 큰 원을 그리려면 연필심을 어느 구멍에 넣고 원을 그려야 하는지 기호를 써 보세요.

► 누름 못이 꽂힌 곳에서 구멍까지의 거리가 멀수록 원이 커져.

(1)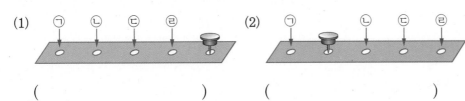

(   )   (   )

6 반지름이 5 cm인 원입니다. 원의 중심 ㅇ과 원 위의 두 점을 이어 그린 삼각형의 세 변의 길이의 합은 몇 cm인지 구해 보세요.

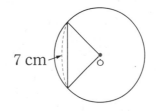

(   )

반지름   반지름

☺ 내가 만드는 문제

7 점 ㄱ, 점 ㄴ, 점 ㄷ을 원의 중심으로 하는 원을 자유롭게 그려 보세요.

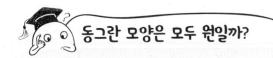

► 원 모양의 물건을 본 뜨기, 점을 찍어 원 그리기 등 원을 그리는 다양한 방법이 있어.

3

동그란 모양은 모두 원일까?

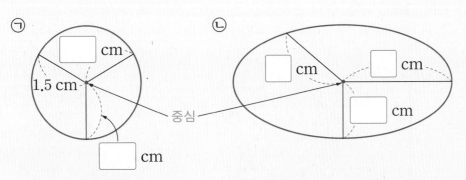

➡ ⓛ은 중심에서 빨간색 선 위의 점 사이의 거리가 모두 같지 않으므로 (원입니다 , 원이 아닙니다).

○ 모양만 원이야.

8 안에 알맞은 수를 써넣으세요.

▶ 한 원에서 지름은 모두 같아.

(1) 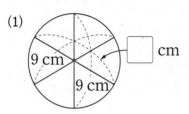 cm

(2) 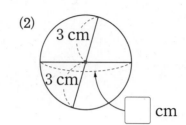 cm

9 원을 점선을 따라 두 번 접어서 그림과 같이 만들었습니다. 안에 알맞은 수를 써넣으세요.

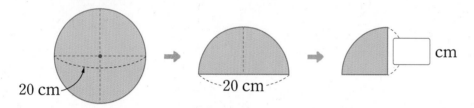

▶ 지름을 반으로 접었으니 길이도 반이겠네.
(지름의 반) = (반지름)

10 모두 반지름이 2 cm인 원입니다. 안에 알맞은 수를 써넣으세요.

▶ 1 cm = 10 mm
2 cm = 20 mm
⋮

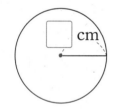 cm   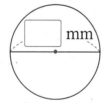 mm   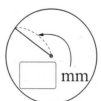 mm   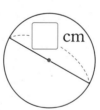 cm

11 정사각형 안에 가장 큰 원을 그렸습니다. 원의 반지름은 몇 cm인지 구해 보세요.

(1)

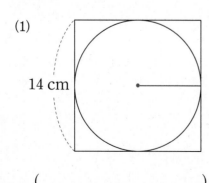

14 cm

(2)

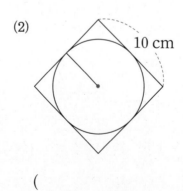

10 cm

(   )   (   )

▶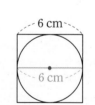
6 cm
6 cm
• (정사각형의 한 변의 길이)
 = 6 cm
• (원의 지름) = 6 cm
➡ (정사각형의 한 변의 길이)
 = (원의 지름)

12 가장 큰 원을 찾아 기호를 써 보세요.

> ㉠ 지름이 8 cm인 원　㉡ 지름이 7 cm인 원
>
> ㉢ 반지름이 6 cm인 원　㉣ 반지름이 4 cm인 원

(　　　　　　)

> ▶ 원의 크기는 지름 또는 반지름으로 같게 나타낸 후 비교해야 돼.

13 점 ㄱ, 점 ㄴ은 원의 중심입니다. 선분 ㄱㄴ의 길이는 몇 cm인지 구해 보세요.

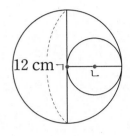

(　　　　　　)

☺ 내가 만드는 문제

14 한 개의 원을 선택해서 기호를 쓰고 반지름과 지름을 각각 구해 보세요.

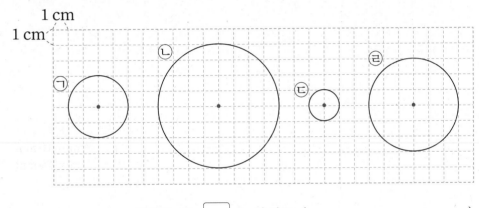

선택한 원: ☐ ➡ 반지름 (　　　　　)
　　　　　　　　　지름 (　　　　　)

> ▶ (원의 반지름)
> = (원의 중심에서 원 위의 한 점까지 모눈의 칸 수)

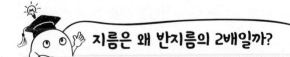

지름은 왜 반지름의 2배일까?

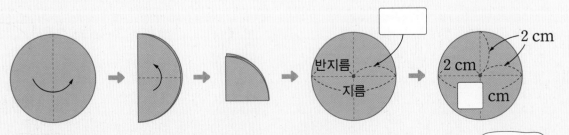

• 원 모양을 한 번 접으면 지름, 두 번 접으면 ☐ 을 나타냅니다.

• 지름은 반지름이 2개 겹쳐진 길이이므로 펼치면 지름은 반지름의 ☐ 배입니다.

지름의 반이 반지름이니까.

15 그림과 같이 컴퍼스를 벌려 원을 그렸을 때 원의 지름은 몇 cm인지 구해 보세요.

(1)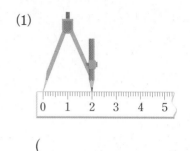

(2)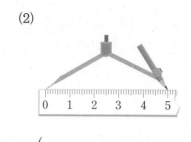

(   )   (   )

(지름) = (반지름) × 2

16 점 ㄱ을 원의 중심으로 하는 반지름이 1 cm인 원과 점 ㄴ을 원의 중심으로 하는 반지름이 1.5 cm인 원을 각각 그려 보세요.

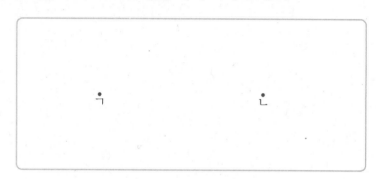

0.3 cm

2 cm 3 mm
= 23 mm
= 2.3 cm

➕ 축구공을 위, 앞, 옆에서 본 모양을 컴퍼스로 그려 보세요.

방향	위	앞	옆
모양			

6학년 2학기 때 만나!

구 알아보기

구: 공과 같은 입체도형

➡ 구는 어느 방향에서 보아도 모양이 원 모양으로 같습니다.

17 컴퍼스의 침과 연필심 사이를 2 cm만큼 벌려서 원을 그려 보세요.

컴퍼스의 침과 연필심 사이의 길이는 반지름과 같아.

18 주어진 선분의 길이를 반지름으로 하는 원을 그려 보세요.

▶ 주어진 선분의 길이는 몇 cm일 까?

☺ 내가 만드는 문제

19 컴퍼스를 이용하여 다양한 크기의 원을 그려 미술 작품을 완성해 보세요.

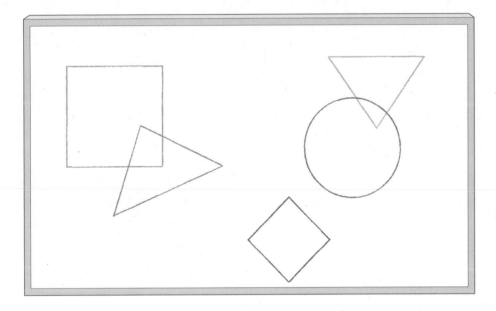

▶ 원의 개수와 크기에 상관없이 자유롭게 그려 봐.

3

🎓 **컴퍼스 없이 원을 그릴 수 있을까?**

● 자를 이용하여 원 그리기

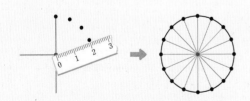

➡ 중심과 점 사이의 거리가 2 cm라면

원의 반지름은 ☐ cm입니다.

● 누름 못과 띠 종이를 이용하여 원 그리기

➡ 띠 종이 구멍 사이의 간격이 1 cm라면

원의 반지름은 ☐ cm입니다.

4 원을 이용하여 여러 가지 모양 그리기

20 원의 중심과 반지름을 다르게 하여 그린 모양을 찾아 기호를 써 보세요.

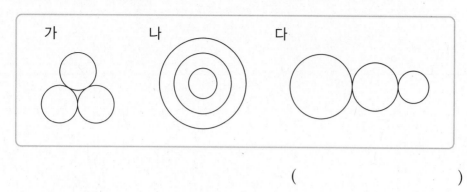

(   )

21 규칙에 따라 원을 그린 것입니다. 다음에 그릴 원의 반지름은 몇 cm인지 구해 보세요.

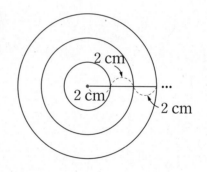

(   )

▶ 원의 반지름이 일정하게 늘어나고 있어.

22 주어진 모양을 그리기 위하여 컴퍼스의 침을 꽂아야 할 곳이 더 많은 것을 찾아 기호를 써 보세요.

㉠
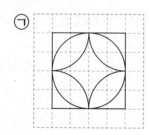

㉡
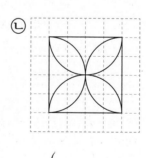

(   )

▶ $\frac{1}{4}$ 원으로 전체 원의 크기를 알 수 있어.

23 주어진 모양과 똑같이 그려 보세요.

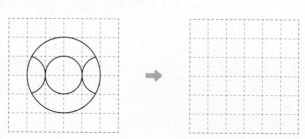

▶ 컴퍼스의 침을 꽂을 원의 중심부터 찾아봐.

24 규칙에 따라 원을 1개 더 그려 보세요.

(1)   (2)

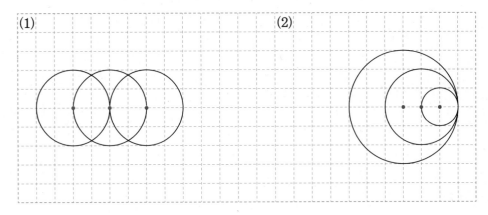

▶ 원의 중심과 반지름의 변화를 살펴봐.

😊 내가 만드는 문제

25 원을 이용하여 나만의 모양을 그려 보세요.

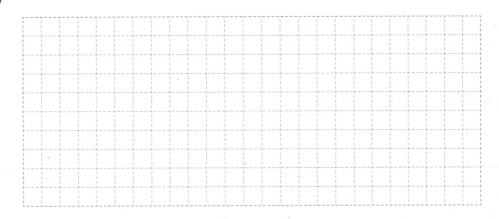

▶ 원의 중심과 반지름을 자유롭게 정해 봐.

🎓 **컴퍼스는 어떻게 사용하면 될까?**

● 컴퍼스에 연필 꽂는 방법

바르게 꽂은 경우	잘못 꽂은 경우

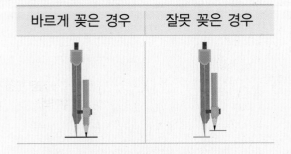

➡ 연필심의 끝은 컴퍼스의 침 끝과 비교할 때 (높게 , 같게 , 낮게) 맞춰야 합니다.

● 컴퍼스 돌리는 방법

바르게 그린 경우	잘못 그린 경우

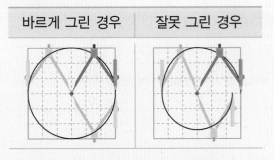

➡ 컴퍼스의 침과 연필심 사이의 벌어진 정도가 (같도록 , 달라지도록) 돌려야 합니다.

1 원 그리기

1 준비 그림과 같이 컴퍼스를 벌려 원을 그렸을 때 원의 반지름은 몇 cm인지 구해 보세요.

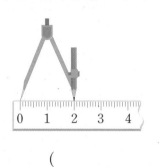

(   )

2 확인 컴퍼스를 이용하여 지름이 그림과 같은 원을 그리려고 합니다. 컴퍼스의 침과 연필심 사이를 몇 cm만큼 벌려야 하는지 구해 보세요.

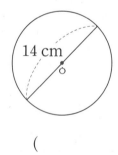

(   )

3 완성 컴퍼스를 이용하여 지름이 20 cm인 원을 그리려면 컴퍼스의 침과 연필심 사이를 몇 cm만큼 벌려야 하는지 구해 보세요.

(   )

2 원의 중심 찾기

4 준비 원의 중심을 찾아 써 보세요.

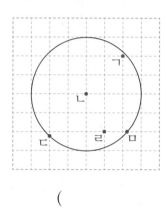

(   )

5 확인 주어진 모양을 그리기 위하여 컴퍼스의 침을 꽂아야 할 곳을 모두 표시해 보세요.

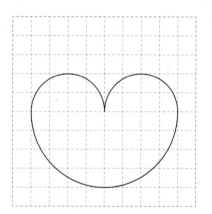

6 완성 주어진 모양을 그릴 때 원의 중심이 되는 점은 모두 몇 개일까요?

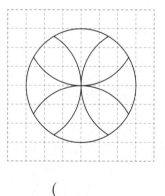

(   )

③ 원의 지름 구하기

7
준비

큰 원의 지름은 몇 cm인지 구해 보세요.

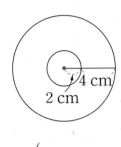

(   )

8
확인

작은 원의 지름은 몇 cm인지 구해 보세요.

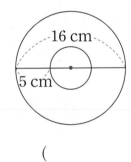

(   )

9
완성

가장 큰 원의 지름은 몇 cm인지 구해 보세요.

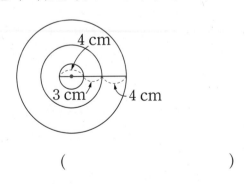

(   )

④ 원의 반지름 구하기

10
준비

정사각형 안에 가장 큰 원 1개를 그렸습니다. 원의 반지름은 몇 cm일까요?

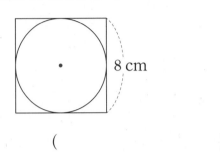

(   )

11
확인

정사각형 안에 크기가 같은 원 2개를 그렸습니다. 정사각형의 한 변의 길이가 20 cm일 때 원의 반지름은 몇 cm일까요?

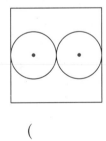

(   )

12
완성

직사각형 안에 크기가 같은 원 2개를 그렸습니다. 직사각형의 네 변의 길이의 합이 24 cm라면 원의 반지름은 몇 cm일까요?

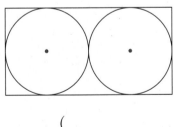

(   )

5 선분의 길이 구하기

13 준비
점 ㄱ, 점 ㄴ은 크기가 같은 원의 중심입니다. 선분 ㄱㄴ의 길이는 몇 cm일까요?

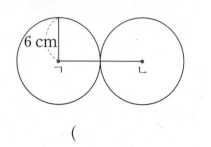

(   )

14 확인
점 ㄱ, 점 ㄷ은 원의 중심입니다. 선분 ㄱㄹ의 길이는 몇 cm일까요?

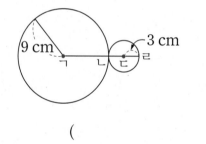

(   )

15 완성
점 ㄱ, 점 ㄴ, 점 ㄷ은 원의 중심입니다. 선분 ㄱㄷ의 길이는 몇 cm일까요?

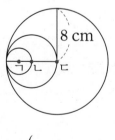

(   )

6 도형의 변의 길이의 합 구하기

16 준비
반지름이 7 cm인 원 2개를 그림과 같이 붙여 놓고 두 원의 중심 점 ㄱ과 점 ㄴ을 이었습니다. 선분 ㄱㄴ의 길이는 몇 cm일까요?

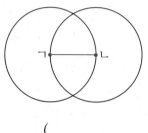

(   )

17 확인
반지름이 2 cm인 원 3개를 그림과 같이 붙여 놓고 세 원의 중심을 이었습니다. 삼각형의 세 변의 길이의 합은 몇 cm일까요?

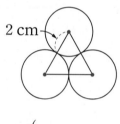

(   )

18 완성
점 ㄱ, 점 ㄴ은 원의 중심입니다. 삼각형 ㄱㄴㄷ의 세 변의 길이의 합은 몇 cm일까요?

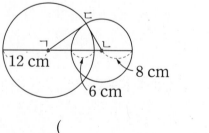

(   )

단원 평가

점수 | 확인

1 원의 중심을 찾아 기호를 써 보세요.

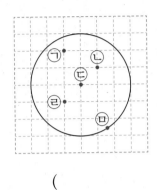

(   )

2 누름 못이 꽂힌 곳을 원의 중심으로 하여 가장 작은 원을 그리려면 연필심을 어느 구멍에 넣어야 하는지 기호를 써 보세요.

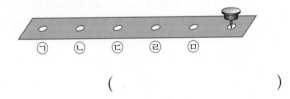

(   )

3 원의 반지름을 나타내는 선분을 모두 찾아 써 보세요.

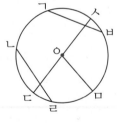

(   )

4 ☐ 안에 알맞은 수를 써넣으세요.

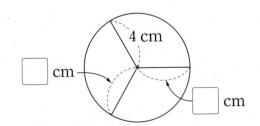

5 원의 지름은 몇 cm일까요?

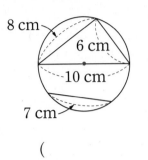

(   )

6 원에 반지름을 긋고 길이를 재어 보세요.

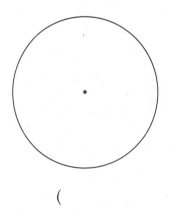

(   )

7 ☐ 안에 알맞은 수를 써넣으세요.

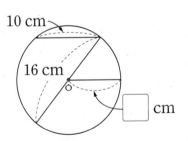

8 그림과 같이 컴퍼스를 벌려 원을 그렸을 때 원의 지름은 몇 cm인지 구해 보세요.

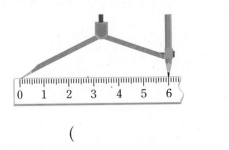

(   )

9 반지름이 11 cm인 원 모양의 접시가 있습니다. 이 접시의 지름은 몇 cm일까요?

( )

10 주어진 원과 크기가 같은 원을 그려 보세요.

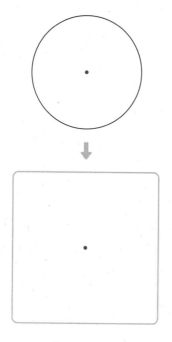

11 원에 대한 설명으로 **틀린** 것은 어느 것일까요?

( )

① 한 원에서 반지름은 모두 같습니다.
② 한 원에서 지름은 반지름의 2배입니다.
③ 한 원에서 반지름은 셀 수 없이 많이 그을 수 있습니다.
④ 원의 지름은 원의 중심을 지납니다.
⑤ 원의 중심과 원 위의 한 점을 이은 선분을 원의 지름이라고 합니다.

12 원의 반지름은 같고 원의 중심을 옮겨 가며 그린 모양의 기호를 써 보세요.

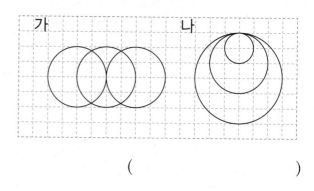

( )

13 주어진 모양과 똑같이 그려 보세요.

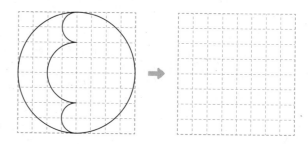

14 규칙에 따라 원을 1개 더 그려 보세요.

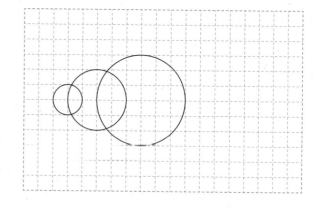

15 주어진 모양을 그리기 위하여 컴퍼스의 침을 꽂아야 할 곳은 모두 몇 군데일까요?

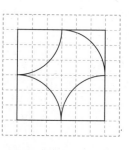

( )

16 큰 원의 지름이 24 cm일 때 작은 원의 반지름은 몇 cm일까요?

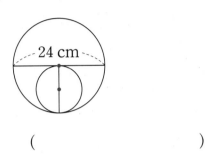

(   )

17 직사각형 안에 크기가 같은 원 3개가 있습니다. 원의 지름이 6 cm라면 직사각형의 네 변의 길이의 합은 몇 cm일까요?

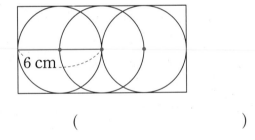

(   )

18 점 ㄴ, 점 ㄹ은 원의 중심이고 크기가 같은 원 2개를 겹쳐서 만든 도형입니다. 사각형 ㄱㄴㄷㄹ의 네 변의 길이의 합은 몇 cm일까요?

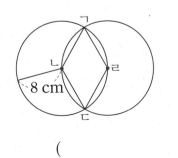

(   )

19 가장 큰 원을 찾아 기호를 쓰려고 합니다. 풀이 과정을 쓰고 답을 구해 보세요.

> ㉠ 반지름이 8 cm인 원
> ㉡ 지름이 14 cm인 원
> ㉢ 컴퍼스를 9 cm만큼 벌려서 그린 원

풀이

답

20 점 ㄱ, 점 ㄴ, 점 ㄷ은 원의 중심입니다. 선분 ㄱㄷ의 길이는 몇 cm인지 풀이 과정을 쓰고 답을 구해 보세요.

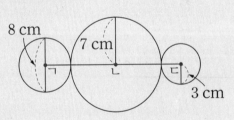

풀이

답

4 분수

내가 전체일 때

1의 $\dfrac{3}{4}$ 1과 $\dfrac{1}{4}$

1보다 큰 분수도 있어!

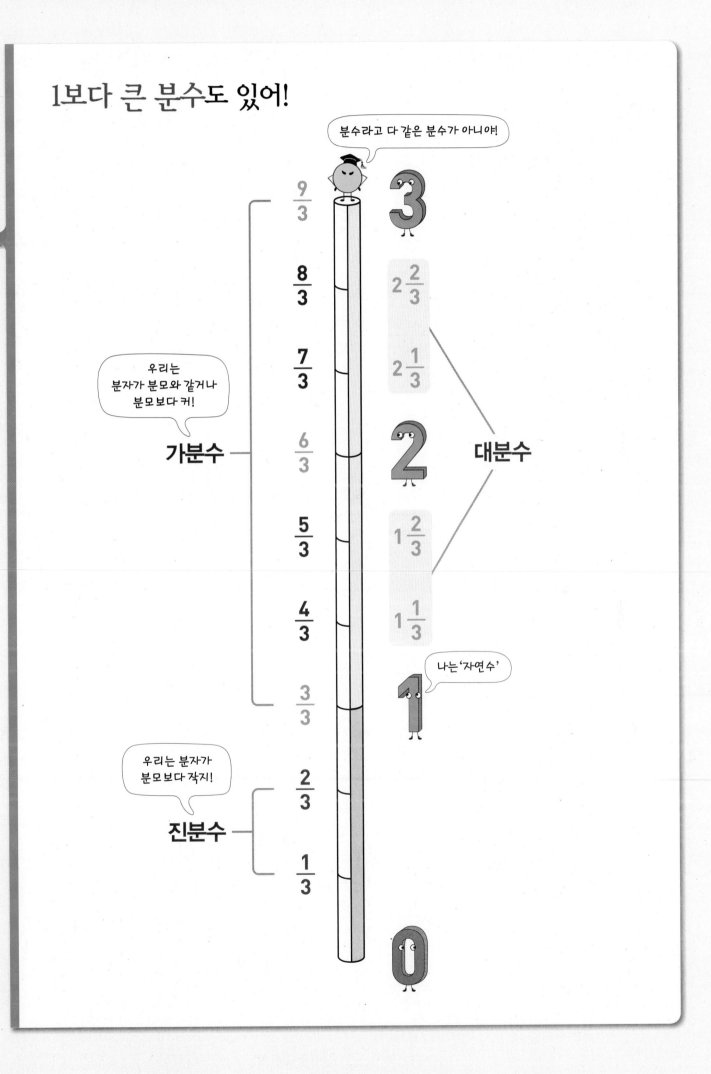

1 전체 묶음을 분모, 부분 묶음을 분자에 나타내.

개념 강의

● 분수로 나타내기

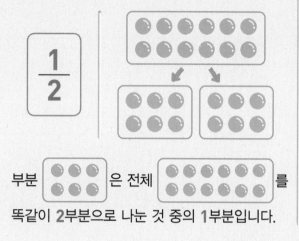

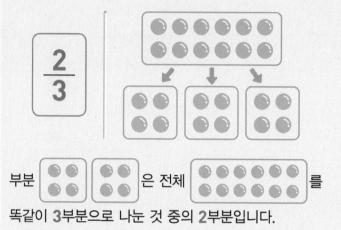

부분 ⬤⬤⬤ 은 전체 ⬤⬤⬤⬤⬤⬤ 를
똑같이 **2**부분으로 나눈 것 중의 **1**부분입니다.

부분 ⬤⬤⬤⬤ 은 전체 ⬤⬤⬤⬤⬤⬤ 를
똑같이 **3**부분으로 나눈 것 중의 **2**부분입니다.

1 그림을 보고 ☐ 안에 알맞은 수를 써넣으세요.

전체를 똑같이 3으로 나눈 것
중의 1

쓰기 $\frac{1}{3}$

읽기 3분의 1

(1) 14를 2씩 묶으면 모두 ☐ 묶음이 됩니다.

(2) ◆◆ 는 ☐ 묶음 중의 ☐ 묶음이므로 전체의 $\frac{☐}{☐}$ 입니다.

2 색칠한 부분은 전체의 몇 분의 몇인지 ☐ 안에 알맞은 수를 써넣으세요.

(1)

색칠한 부분은 ☐ 묶음 중에서 ☐ 묶음

이므로 전체의 $\frac{☐}{☐}$ 입니다.

(2)
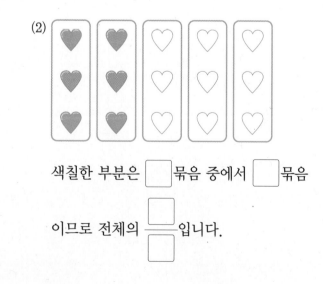

색칠한 부분은 ☐ 묶음 중에서 ☐ 묶음

이므로 전체의 $\frac{☐}{☐}$ 입니다.

2 전체의 $\frac{▲}{■}$는 전체를 똑같이 ■묶음으로

나눈 것 중의 ▲묶음이야.

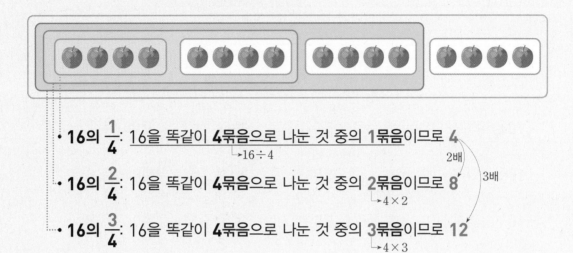

- **16**의 $\frac{1}{4}$: 16을 똑같이 **4묶음**으로 나눈 것 중의 **1묶음**이므로 **4**
  $\rightarrow 16 \div 4$

- **16**의 $\frac{2}{4}$: 16을 똑같이 **4묶음**으로 나눈 것 중의 **2묶음**이므로 **8**
  $\rightarrow 4 \times 2$

- **16**의 $\frac{3}{4}$: 16을 똑같이 **4묶음**으로 나눈 것 중의 **3묶음**이므로 **12**
  $\rightarrow 4 \times 3$

2배
3배

---

1 ☐ 안에 알맞은 수를 써넣으세요.

(1) 30의 $\frac{1}{5}$ ➡ 30을 똑같이 5묶음으로 나눈 것 중의 1묶음 ➡ $30 \div 5 = \boxed{}$

(2) 30의 $\frac{2}{5}$ ➡ 30을 똑같이 5묶음으로 나눈 것 중의 $\boxed{}$묶음 ➡ $\boxed{} \times 2 = \boxed{}$
  $\rightarrow 30 \div 5$

(3) 30의 $\frac{3}{5}$ ➡ 30을 똑같이 5묶음으로 나눈 것 중의 $\boxed{}$묶음 ➡ $\boxed{} \times 3 = \boxed{}$

(4) 30의 $\frac{4}{5}$ ➡ 30을 똑같이 5묶음으로 나눈 것 중의 $\boxed{}$묶음 ➡ $\boxed{} \times 4 = \boxed{}$

---

2 감 24개를 6개씩 묶고 ☐ 안에 알맞은 수를 써넣으세요.

(1) 24의 $\frac{1}{4}$은 $\boxed{}$입니다.

(2) 24의 $\frac{2}{4}$는 $\boxed{}$입니다.

(3) 24의 $\frac{3}{4}$은 $\boxed{}$입니다.

8의 $\frac{1}{4}$
$\downarrow \times 2$
8의 $\frac{2}{4}$

4. 분수 **91**

③ 길이나 시간도 분수로 나타낼 수 있어.

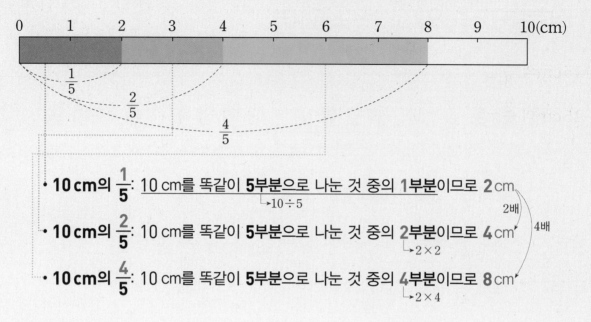

- **10 cm의 $\frac{1}{5}$**: 10 cm를 똑같이 **5부분**으로 나눈 것 중의 **1부분**이므로 **2** cm
  $\rightarrow 10 \div 5$

- **10 cm의 $\frac{2}{5}$**: 10 cm를 똑같이 **5부분**으로 나눈 것 중의 **2부분**이므로 **4** cm
  $\rightarrow 2 \times 2$

- **10 cm의 $\frac{4}{5}$**: 10 cm를 똑같이 **5부분**으로 나눈 것 중의 **4부분**이므로 **8** cm
  $\rightarrow 2 \times 4$

2배 4배

---

1 종이띠를 보고 ☐ 안에 알맞은 수를 써넣으세요.

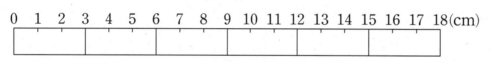

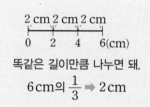
똑같은 길이만큼 나누면 돼.
6 cm의 $\frac{1}{3}$ → 2 cm

(1) 18 cm의 $\frac{1}{6}$ ➡ 18 cm를 똑같이 6부분으로 나눈 것 중의 1부분 ➡ ☐ cm

(2) 18 cm의 $\frac{2}{6}$ ➡ 18 cm를 똑같이 6부분으로 나눈 것 중의 ☐부분 ➡ ☐ cm

(3) 18 cm의 $\frac{4}{6}$ ➡ 18 cm를 똑같이 6부분으로 나눈 것 중의 ☐부분 ➡ ☐ cm

---

2 14 cm의 종이띠를 분수만큼 색칠하고 ☐ 안에 알맞은 수를 써넣으세요.

(1)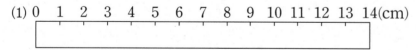

14 cm의 $\frac{1}{7}$ 은 ☐ cm입니다.

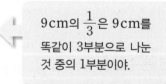
9 cm의 $\frac{1}{3}$ 은 9 cm를 똑같이 3부분으로 나눈 것 중의 1부분이야.

(2)
```
0  1  2  3  4  5  6  7  8  9  10 11 12 13 14(cm)
```

14 cm의 $\frac{5}{7}$ 는 ☐ cm입니다.

3 수직선을 보고 ☐ 안에 알맞은 수를 써넣으세요.

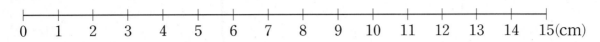

(1) 15 cm의 $\frac{1}{3}$은 ☐ cm입니다.

15 cm의 $\frac{2}{3}$는 ☐ cm입니다.

(2) 15 cm의 $\frac{1}{5}$은 ☐ cm입니다.

15 cm의 $\frac{2}{5}$는 ☐ cm입니다.

15 cm의 $\frac{4}{5}$는 ☐ cm입니다.

4 수직선을 보고 ☐ 안에 알맞은 수를 써넣으세요.

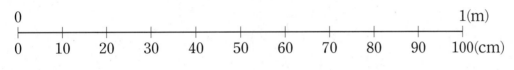

> **1 m = 100 cm**
> 1 m는 1미터라고 읽어.

(1) $\frac{1}{5}$ m는 ☐ cm입니다.

(2) $\frac{3}{5}$ m는 ☐ cm입니다.

4

5 그림을 보고 ☐ 안에 알맞은 수를 써넣으세요.

(1)

1시간의 $\frac{1}{6}$ = ☐ 분

(2)

> 1시간의 $\frac{1}{2}$은 60분을 똑같이 2부분으로 나눈 것 중의 1부분이야.

1시간의 $\frac{1}{4}$ = ☐ 분

6 주어진 분수만큼 색칠하고 ☐ 안에 알맞은 수를 써넣으세요.

(1)
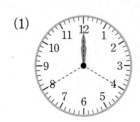

12시간의 $\frac{2}{3}$ ➡ ☐ 시간

(2)
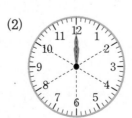

12시간의 $\frac{4}{6}$ ➡ ☐ 시간

4. 분수 93

1 분수로 나타내기

1 색칠한 부분을 분수로 나타내어 보세요.

▶ (분수) = $\dfrac{\text{(부분 묶음 수)}}{\text{(전체 묶음 수)}}$

(1) 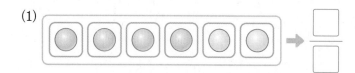 ➡ $\dfrac{\square}{\square}$

(2) 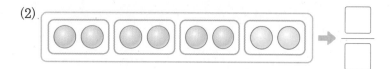 ➡ $\dfrac{\square}{\square}$

2 풍선을 3개씩 묶고 ☐ 안에 알맞은 수를 써넣으세요.

▶ ■의 $\dfrac{1}{●}$은?

↓

■를 ●씩 묶으면 몇 묶음일까?

(1) 3은 18의 $\dfrac{\square}{\square}$입니다.

(2) 6은 18의 $\dfrac{\square}{\square}$입니다.

(3) 12는 18의 $\dfrac{\square}{\square}$입니다.

(4) 15는 18의 $\dfrac{\square}{\square}$입니다.

3 호두 12개를 똑같이 나누었을 때 ☐ 안에 알맞은 수를 써넣으세요.

▶ 12를 몇씩 묶었는지에 따라 묶음 수가 달라져.

(1)  6은 12의 $\dfrac{\square}{6}$입니다.

(2) 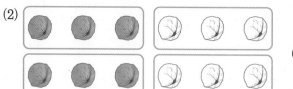 6은 12의 $\dfrac{\square}{4}$입니다.

(3) 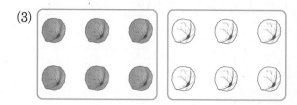 6은 12의 $\dfrac{\square}{2}$입니다.

4 주어진 분수만큼 ○을 색칠하고 남은 ○의 수를 구해 보세요.

$\dfrac{(분자)}{(분모)} = \dfrac{(색칠된 묶음 수)}{(전체 묶음 수)}$

(1) $\dfrac{3}{5}$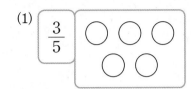

(2) $\dfrac{2}{5}$

남은 ○의 수 (   )   남은 ○의 수 (   )

5 주어진 분수에 알맞게 선으로 나누고 색칠해 보세요.

▶ 모양과 크기가 똑같이 나누어야 해.

(1) $\dfrac{3}{6}$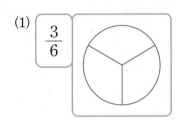

(2) $\dfrac{4}{6}$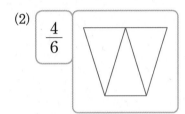

😊 내가 만드는 문제

6 전체를 자유롭게 똑같이 묶고 색칠한 부분은 전체의 몇 분의 몇인지 분수로 나타내어 보세요.

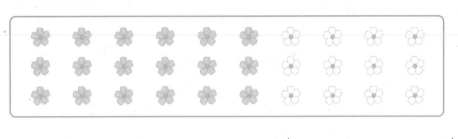

(   )

$\rightarrow \dfrac{4}{8}$

$\rightarrow \dfrac{2}{4}$

$\rightarrow \dfrac{1}{2}$

4

💡🎓 색칠한 부분을 분수로 나타내는 방법은?

• 2개씩 묶기

9 묶음 ➡ $\dfrac{3}{9}$

• 3개씩 묶기

6 묶음 ➡ ☐

• 6개씩 묶기

☐ 묶음 ➡ ☐

7 8의 $\frac{1}{4}$, $\frac{2}{4}$ 만큼 색칠하고 ☐ 안에 알맞은 수를 써넣으세요.

(1) $\frac{1}{4}$  8의 $\frac{1}{4}$ 은 ☐ 입니다.

(2) $\frac{2}{4}$ ◯◯ ◯◯ ◯◯ ◯◯ 8의 $\frac{2}{4}$ 는 ☐ 입니다.

8 ☐ 안에 알맞은 수를 써넣으세요.

$\frac{1}{■}$ $\xrightarrow{\times 5}$ $\frac{5}{■}$

(1) 36의 $\frac{1}{6}$ ➡ ☐

  ×4   ×4

36의 $\frac{4}{6}$ ➡ ☐

(2) 36의 $\frac{1}{9}$ ➡ ☐

  ×7   ×7

36의 $\frac{7}{9}$ ➡ ☐

9 ☐ 안에 알맞은 수를 써넣고 14개의 ♡에 보라색과 초록색으로 그 수만큼 색칠해 보세요.

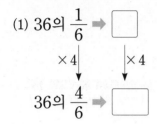

10의 $\frac{3}{5}$

♡♡♡♡♡♡♡♡♡♡♡♡♡♡

14의 $\frac{4}{7}$ 는 보라색입니다. ➡ ☐ 개

14의 $\frac{3}{7}$ 은 초록색입니다. ➡ ☐ 개

10 24의 $\frac{2}{4}$, $\frac{1}{3}$, $\frac{5}{6}$ 만큼 되는 곳에 알맞은 글자를 찾아 ☐ 안에 써넣고 문장을 완성해 보세요.

24의 $\frac{2}{4}$ ➡ 응,   24의 $\frac{1}{3}$ ➡ 상,   24의 $\frac{5}{6}$ ➡ 요

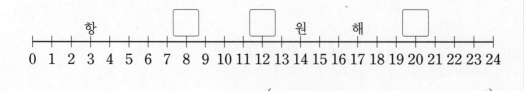

(   )

11 ◆에 알맞은 수를 구해 보세요.

(1) ◆의 $\frac{1}{4}$은 8입니다.　　　　　(　　　　　　　)

(2) ◆의 $\frac{1}{7}$은 9입니다.　　　　　(　　　　　　　)

▶
| 5 | 5 | 5 |

◆의 $\frac{1}{3}$은 5
➡ ◆ = 5 × 3 = 15

12 숫자와 영문자를 조합하여 만든 비밀번호에서 숫자의 개수가 전체의 $\frac{2}{5}$

라면 빈칸에는 숫자와 영문자 중 무엇이 들어갈까요?

| 8 | h | a | p | p | y | | u | 4 | 7 |

(　　　　　　　　　　)

▶ 보이는 숫자의 개수부터 세어 봐.

😊 내가 만드는 문제

13 원하는 학용품을 선택하면 그 개수의 $\frac{1}{4}$만큼 받을 수 있다고 합니다. 학

용품을 선택하고 받게 되는 학용품의 개수를 구해 보세요.

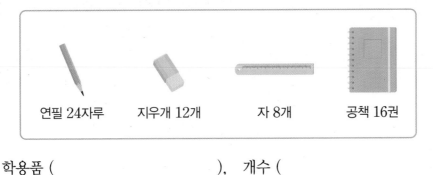

연필 24자루　　지우개 12개　　자 8개　　공책 16권

학용품 (　　　　　　　　　　　),　개수 (　　　　　　　　)

▶ 먼저 원하는 학용품을 골라 봐.

똑같이 $\frac{2}{5}$인데 왜 개수가 다를까?

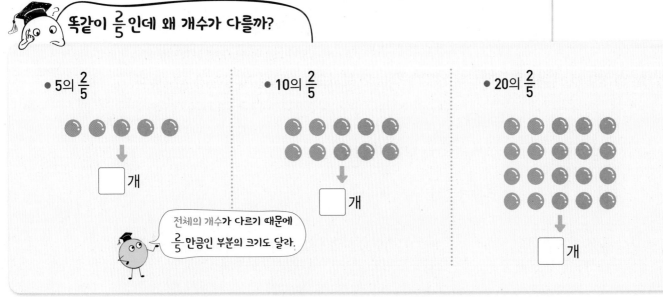

•5의 $\frac{2}{5}$

□개

전체의 개수가 다르기 때문에 $\frac{2}{5}$만큼인 부분의 크기도 달라.

•10의 $\frac{2}{5}$

□개

•20의 $\frac{2}{5}$

□개

14 수직선을 보고 ☐ 안에 알맞은 수를 써넣으세요.

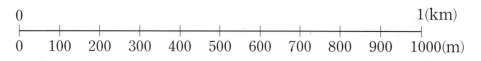

(1) $\dfrac{1}{2}$ km는 ☐ m입니다.   (2) $\dfrac{4}{5}$ km는 ☐ m입니다.

> | 1 km = 1000 m |
>
> 1 km는 1킬로미터라고 읽어.

15 거북이와 토끼가 서로 마주 보고 이동한다면 어디에서 만날지 번호를 써 보세요.

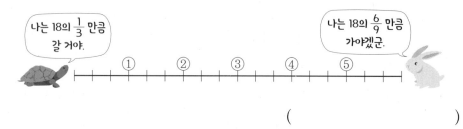

나는 18의 $\dfrac{1}{3}$ 만큼 갈 거야.

나는 18의 $\dfrac{6}{9}$ 만큼 가야겠군.

① ② ③ ④ ⑤

(   )

> 거북이는 오른쪽으로 이동하고 토끼는 왼쪽으로 이동해.

16 ☐ 안에 알맞은 수를 써넣으세요.

(1) 21 m의 $\dfrac{1}{3}$ ➡ ☐ m

$\times 2$ ↓   ↓ $\times 2$

21 m의 $\dfrac{2}{3}$ ➡ ☐ m

(2) 12시간의 $\dfrac{1}{4}$ ➡ ☐ 시간

$\times 3$ ↓   ↓ $\times 3$

12시간의 $\dfrac{3}{4}$ ➡ ☐ 시간

17 16 cm의 색 테이프를 조건 에 알맞게 색칠해 보세요.

> **조건**
> • 전체의 $\dfrac{3}{4}$ 은 빨간색입니다.
> • 전체의 $\dfrac{2}{8}$ 는 노란색입니다.

0 1 2 3 4 5 6 7 8 9 10 11 12 13 14 15 16(cm)

> 8의 $\dfrac{2}{4}$ 와 8 cm의 $\dfrac{2}{4}$ 의 계산 방법은 같지만 cm의 계산은 cm를 붙여.

정답과 풀이 25쪽

18 ☐ 안에 알맞은 수를 찾아 이어 보세요.

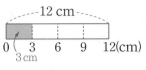

☐ cm의 $\frac{1}{4}$은 3 cm

➡ ☐ = 3 × 4 = 12(cm)

☐cm의 $\frac{1}{5}$은 8 cm입니다. •	• 56
☐cm의 $\frac{3}{6}$은 12 cm입니다. •	• 24
☐cm의 $\frac{4}{7}$는 32 cm입니다. •	• 40

😊 내가 만드는 문제

19 나의 하루 24시간의 생활 계획표를 만들고 ☐ 안에 알맞은 수를 써넣으세요.

• 나는 하루 24시간의

$\frac{☐}{☐}$인 ☐시간을

잠을 잡니다.

• 나는 하루 24시간의 $\frac{☐}{☐}$인 ☐시간을 학교에서 생활합니다.

난 이렇게 생활계획표를 만들었어.

(예)

4

길이와 시간의 $\frac{2}{3}$는 어떻게 나누어야 할까?

• 길이

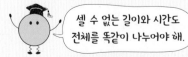

셀 수 없는 길이와 시간도 전체를 똑같이 나누어야 해.

• 시간

12시간의 $\frac{2}{3}$를 바르게 나타낸 것은

(㉠ , ㉡)입니다.

4 분모, 분자의 크기에 따라 분수의 종류가 달라.

개념 강의

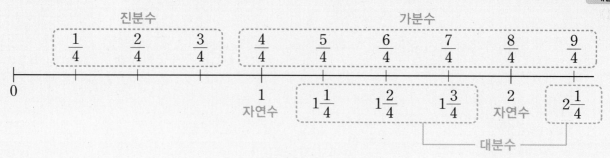

진분수	가분수	대분수
분자가 분모보다 작은 분수	분자가 분모와 같거나 분모보다 큰 분수	자연수와 진분수로 이루어진 분수
$\rightarrow \dfrac{1}{4}, \dfrac{2}{4}, \dfrac{3}{4}$	$\rightarrow \dfrac{4}{4}, \dfrac{5}{4}, \dfrac{6}{4}, \dfrac{7}{4}, \dfrac{8}{4}, \dfrac{9}{4}, \cdots$	$\rightarrow 1\dfrac{1}{4}, 1\dfrac{2}{4}, 1\dfrac{3}{4}, 2\dfrac{1}{4}, \cdots$
쓰기 $\dfrac{1}{4}$	쓰기 $\dfrac{7}{4}$	쓰기 $1\dfrac{1}{4}$
읽기 4분의 1	읽기 4분의 7	읽기 1과 4분의 1

1 여러 가지 분수를 알아보려고 합니다. 물음에 답하세요.

$\dfrac{1}{\blacksquare}$이 ▲개면 $\dfrac{\blacktriangle}{\blacksquare}$이야.

(1) $\dfrac{1}{3}$을 1, 2, 3, 4개만큼 색칠하고, 수직선에 나타내어 보세요.

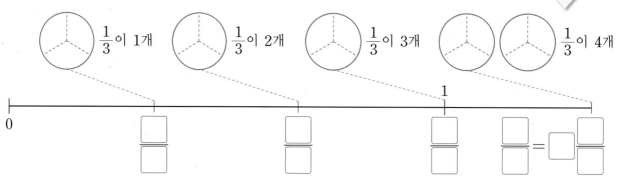

$\dfrac{1}{3}$이 1개 $\dfrac{1}{3}$이 2개 $\dfrac{1}{3}$이 3개 $\dfrac{1}{3}$이 4개

(2) ☐ 안에 알맞은 말을 써넣으세요.

• $\dfrac{1}{3}$, $\dfrac{2}{3}$와 같이 분자가 분모보다 작은 분수를 ☐라고 합니다.

• $\dfrac{3}{3}$, $\dfrac{4}{3}$와 같이 분자가 분모와 같거나 분모보다 큰 분수를 ☐라고 합니다.

• $1\dfrac{1}{3}$과 같이 자연수와 진분수로 이루어진 분수를 ☐라고 합니다.

• 1, 2와 같은 수를 ☐라고 합니다.

2 그림을 보고 □ 안에 알맞은 수를 써넣으세요.

(1)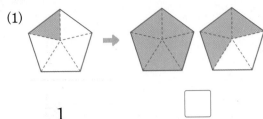

$\dfrac{1}{5}$ $\dfrac{\square}{\square}$

(2)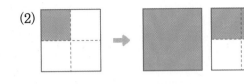

$\dfrac{1}{4}$ $\square\dfrac{\square}{\square}$

3 분수만큼 색칠해 보세요.

(1) $\dfrac{8}{7}$ cm

0　　　　　　　1　　　　　　2(cm)

(2) $1\dfrac{5}{7}$ cm

0　　　　　　　1　　　　　　2(cm)

한 칸의 크기는 $\dfrac{1}{4}$이야.

4 진분수는 '진', 가분수는 '가', 대분수는 '대'를 써넣으세요.

$\dfrac{5}{3}$	$\dfrac{2}{6}$	$2\dfrac{3}{4}$	$\dfrac{10}{11}$
(　　)	(　　)	(　　)	(　　)

$6\dfrac{6}{9}$	$\dfrac{4}{7}$	$\dfrac{8}{8}$	$\dfrac{9}{5}$
(　　)	(　　)	(　　)	(　　)

가분수
$\dfrac{6}{4}$ ➡ $\dfrac{1}{4}$이 6개인 수

대분수
$1\dfrac{2}{4}$ ➡ 1보다 $\dfrac{2}{4}$ 큰 수
➡ $1+\dfrac{2}{4}$

5 그림을 보고 자연수 1을 분수로 나타내어 보세요.

 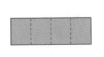

$1=\dfrac{\square}{2}$　　　$1=\dfrac{\square}{\square}$　　　$1=\dfrac{\square}{\square}$　　　$1=\dfrac{\square}{\square}$

5 같은 수를 대분수와 가분수로 나타낼 수 있어.

● 수직선으로 알아보기

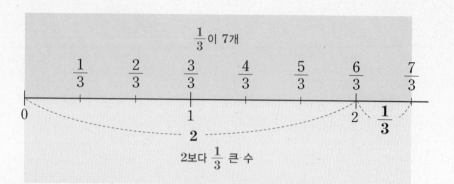

$$\frac{7}{3} = 2\frac{1}{3}$$

● 모형으로 알아보기

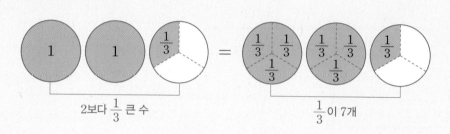

$$2\frac{1}{3} = \frac{7}{3}$$

1 수직선을 보고 □ 안에 알맞은 수를 써넣으세요.

(1)

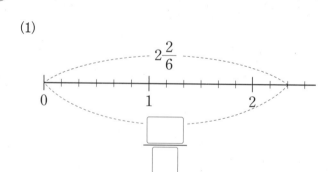

(2)

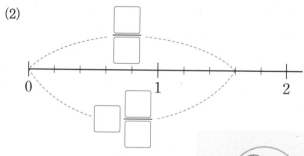

$\frac{1}{3}$이 3개면 1이 돼.

2 1이 되도록 그림을 묶고 자연수와 진분수로 나타내어 보세요.

(1) $\frac{5}{2}$

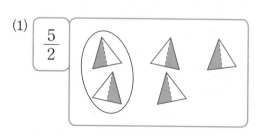

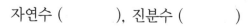

자연수 (   ), 진분수 (   )

(2) $\frac{7}{5}$

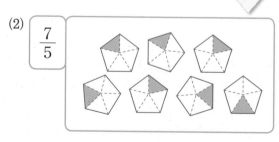

자연수 (   ), 진분수 (   )

6 가분수는 분자를, 대분수는 자연수와 분자를 비교해.

● 분모가 같은 경우

분자가 클수록 큰 수

큰수 $\dfrac{8}{6}$

● 자연수 부분이 다른 경우

자연수가 클수록 큰 수

큰수 $2\dfrac{1}{6}$

● 자연수 부분이 같은 경우

진분수가 클수록 큰 수

큰수 $1\dfrac{5}{6}$

● 분수의 종류가 다른 경우

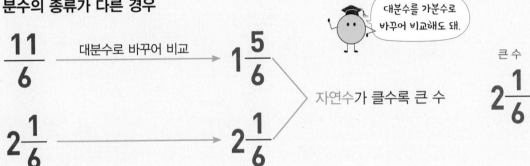

대분수를 가분수로 바꾸어 비교해도 돼.

1 두 분수의 크기를 비교하여 더 큰 수를 ☐ 안에 써넣으세요.

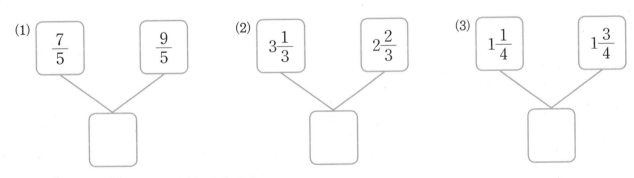

(1) $\dfrac{7}{5}$ $\dfrac{9}{5}$

(2) $3\dfrac{1}{3}$ $2\dfrac{2}{3}$

(3) $1\dfrac{1}{4}$ $1\dfrac{3}{4}$

2 ☐ 안에 알맞은 수를 써넣고 두 분수의 크기를 비교하여 더 큰 수를 ☐ 안에 써넣으세요.

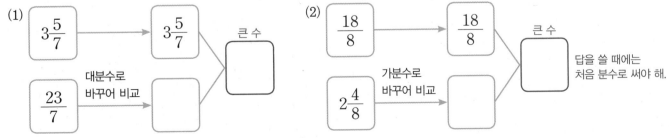

(1) $3\dfrac{5}{7}$ → $3\dfrac{5}{7}$ 큰 수

$\dfrac{23}{7}$ 대분수로 바꾸어 비교 →

(2) $\dfrac{18}{8}$ → $\dfrac{18}{8}$ 큰 수

$2\dfrac{4}{8}$ 가분수로 바꾸어 비교 →

답을 쓸 때에는 처음 분수로 써야 해.

4 여러 가지 분수 알아보기(1)

1 분수만큼 색칠하고 진분수인지 가분수인지 써 보세요.

▶ 진분수는 1보다 작아.

(1) $\dfrac{8}{6}$ (   )

(2) $\dfrac{3}{4}$ (   )

2 그림을 보고 자연수를 분수로 나타내어 보세요.

▶ $1 = \dfrac{\star}{\star}$

$2 = \dfrac{\star \times 2}{\star}$

$3 = \dfrac{\star \times 3}{\star}$

(1)

$1 = \dfrac{\square}{\square}$

(2)

$2 = \dfrac{\square}{\square}$

(3)

$3 = \dfrac{\square}{\square}$

➕ 그림을 보고 ☐ 안에 알맞은 수를 써넣으세요.

1

| $\dfrac{1}{2}$ | $\dfrac{1}{2}$ |

| $\dfrac{1}{4}$ | $\dfrac{1}{4}$ | $\dfrac{1}{4}$ | $\dfrac{1}{4}$ |

| $\dfrac{1}{8}$ | $\dfrac{1}{8}$ | $\dfrac{1}{8}$ | $\dfrac{1}{8}$ | $\dfrac{1}{8}$ | $\dfrac{1}{8}$ | $\dfrac{1}{8}$ | $\dfrac{1}{8}$ |

(1) $\dfrac{1}{2} = \dfrac{\square}{4} = \dfrac{\square}{8}$

(2) $\dfrac{1}{4} = \dfrac{\square}{8}$

5학년 1학기 때 만나!

크기가 같은 분수 알아보기

$\dfrac{1}{3}$
$\dfrac{2}{6}$
$\dfrac{4}{12}$

$\dfrac{1}{3} = \dfrac{2}{6} = \dfrac{4}{12}$

➡ 분모가 달라도 분수의 크기가 같을 수 있습니다.

3 진분수는 '진', 가분수는 '가', 대분수는 '대'를 써넣으세요.

(1) $\dfrac{1}{8}$이 5개인 수

(   )

(2) $\dfrac{1}{6}$이 9개인 수

(   )

(3) 1보다 $\dfrac{3}{9}$ 큰 수

(   )

(4) $\dfrac{1}{7}$이 7개인 수

(   )

4 진분수, 가분수, 대분수 중에서 개수가 가장 많은 분수의 종류를 써 보세요.

▶ 각각 분수의 종류를 구분해 봐.

$$1\frac{1}{6} \qquad \frac{7}{8} \qquad \frac{9}{9} \qquad \frac{14}{12} \qquad \frac{3}{5} \qquad 9\frac{2}{4} \qquad \frac{10}{3}$$

( )

5 친구들이 설명하는 분수를 찾아 써 보세요.

▶ 진분수는 분자가 분모보다 작아.

$$\frac{6}{8} \qquad \frac{9}{5} \qquad \frac{5}{9} \qquad \frac{4}{8}$$

이 분수는 진분수야.
슬기

이 분수의 분모와 분자의 합은 14야.
희철

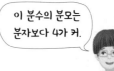
이 분수의 분모는 분자보다 4가 커.
대식

( )

😊 내가 만드는 문제

6 수 카드를 자유롭게 사용하여 진분수와 가분수를 각각 2개씩 만들어 보세요.

▶ ●<■일 때

진분수: $\frac{●}{■}$

가분수: $\frac{●}{●}$ 또는 $\frac{■}{●}$

| 1 | 3 | 4 | 6 | 9 |

진분수 ( ), 가분수 ( )

🎓 **두 수로 이루어진 분수는 하나만 있을까?**

• 3 5

$$\frac{3}{5} \text{ VS } \frac{5}{3}$$

진분수   □분수

• 4 7

$$\frac{7}{4} \text{ VS } \frac{4}{7}$$

□분수   □분수

분모와 분자의 크기에 따라 분수의 종류가 달라져.

➡ 둘 다 같은 수로 이루어졌지만 두 분수는 서로 (같은 , 다른) 분수입니다.

7 주어진 분수만큼 색칠하고 대분수는 가분수로, 가분수는 대분수로 나타내어 보세요.

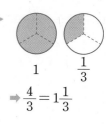

$$\Rightarrow \frac{4}{3} = 1\frac{1}{3}$$

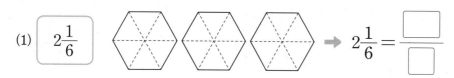

(1) $2\frac{1}{6}$ $\Rightarrow 2\frac{1}{6} = \dfrac{\square}{\square}$

(2) $\frac{10}{4}$ $\Rightarrow \dfrac{10}{4} = \square\dfrac{\square}{\square}$

8 ☐ 안에 알맞은 수를 써넣으세요.

$1\frac{5}{9}$

➡ 1보다 $\frac{5}{9}$ 큰 수

➡ $1 + \frac{5}{9} = \frac{9}{9} + \frac{5}{9}$

(1) $1\dfrac{4}{5} = \dfrac{5}{5} + \dfrac{\square}{5} = \dfrac{\square + \square}{5} = \dfrac{\square}{5}$

(2) $2\dfrac{3}{7} = \dfrac{7}{7} + \dfrac{7}{7} + \dfrac{\square}{7} = \dfrac{\square + \square + \square}{7} = \dfrac{\square}{7}$

4학년 2학기 때 만나!

분수의 덧셈과 뺄셈

$$\frac{2}{7} + \frac{3}{7} = \frac{2+3}{7} = \frac{5}{7}$$

$$\frac{6}{7} - \frac{4}{7} = \frac{6-4}{7} = \frac{2}{7}$$

➡ 분모는 그대로 두고 분자 끼리 더하거나 뺍니다.

➕ 계산해 보세요.

(1) $\dfrac{7}{8} + \dfrac{2}{8} = \dfrac{7+2}{8} = \square$

(2) $\dfrac{10}{8} - \dfrac{3}{8} = \dfrac{10-3}{8} = \square$

9 수직선 위에 표시된 빨간색 화살표가 나타내는 분수가 얼마인지 대분수와 가분수로 나타내어 보세요.

대분수 $\blacksquare\dfrac{\blacktriangle}{\bullet}$ 와

가분수 $\dfrac{\bigstar}{\bullet}$ 는 모양이 달라.

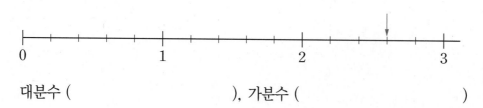

대분수 (   ), 가분수 (   )

10 대분수는 가분수로, 가분수는 대분수로 나타내어 보세요.

(1) $3\frac{2}{7}$

(2) $5\frac{1}{4}$

(3) $\frac{21}{8}$

(4) $\frac{35}{9}$

(자연수)÷(자연수)의 계산

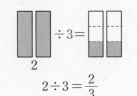

$$2÷3=\frac{2}{3}$$

➕ 보기 와 같이 ☐ 안에 알맞은 수를 써넣으세요.

보기

$$\frac{7}{2}=7÷2=3\cdots1 \Rightarrow 3\frac{1}{2}$$

(1) $\frac{11}{3}=11÷3=\boxed{}\cdots\boxed{} \Rightarrow \boxed{}\dfrac{\boxed{}}{3}$

(2) $\frac{27}{6}=27÷6=\boxed{}\cdots\boxed{} \Rightarrow \boxed{}\dfrac{\boxed{}}{6}$

☺ 내가 만드는 문제

11 삼각형을 똑같이 나누어 색칠하고 색칠한 부분을 가분수와 대분수로 나타
내어 보세요.

가분수 (   ), 대분수 (   )

▶ 대분수의 자연수 부분은 1이거나
1보다 커.

4

$1\frac{5}{4}$도 대분수일까?

$1\dfrac{5}{4}$ ➡ (자연수) + (가분수)는 (대분수입니다 , 대분수가 아닙니다).

$1\dfrac{3}{4}$ ➡ (자연수) + (진분수)는 (대분수입니다 , 대분수가 아닙니다).

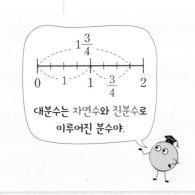

대분수는 자연수와 진분수로
이루어진 분수야.

12 두 분수의 크기를 비교하여 ○ 안에 >, =, <를 알맞게 써넣으세요.

(1) $\dfrac{8}{8}$ ○ $\dfrac{11}{8}$

(2) $5\dfrac{1}{3}$ ○ $3\dfrac{2}{3}$

(3) $\dfrac{15}{2}$ ○ $6\dfrac{1}{2}$

(4) $\dfrac{37}{9}$ ○ $4\dfrac{4}{9}$

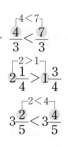

13 주어진 분수를 수직선에 ↓로 나타내고 크기를 비교하여 ○ 안에 >, =, <를 알맞게 써넣으세요.

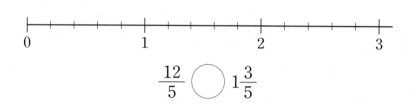

$\dfrac{12}{5}$ ○ $1\dfrac{3}{5}$

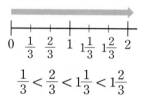

수직선에서는 오른쪽으로 갈수록 큰 수야.

14 분수만큼 색칠하고 큰 순서대로 기호를 써 보세요.

 $\dfrac{6}{4}$

㉡ 1보다 $\dfrac{3}{4}$ 큰 수

㉢ $\dfrac{1}{4}$이 5개

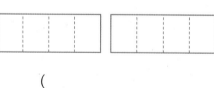

(   )

15 두 분수의 크기를 비교하여 더 큰 분수를 ☐ 안에 써넣으세요.

분수의 종류가 다르면 무엇을 먼저 해야 할까?

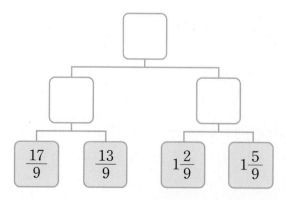

16 서울 지하철 1호선의 노량진역부터 서울역까지의 역과 역 사이의 거리를 나타낸 것입니다. 어느 역과 어느 역 사이의 거리가 가장 가까운지 써 보세요.

▶ 분수의 종류를 같게 나타낸 후 분자의 크기를 비교해 봐.

노량진 —— 용산 —— 남영 —— 서울역

$\dfrac{24}{9}$ km $\dfrac{14}{9}$ km $1\dfrac{7}{9}$ km

(   )

17 □ 안에 들어갈 수 있는 가장 큰 자연수를 구해 보세요.

(1) $2\dfrac{\square}{6} < \dfrac{17}{6}$

(2) $3\dfrac{2}{7} > \dfrac{\square}{7}$

(   )   (   )

☺ 내가 만드는 문제

18 분수를 작은 수부터 차례로 쓰려고 합니다. 빈 곳에 분모가 5인 대분수를 자유롭게 써넣으세요.

▶ 분자의 크기를 비교하면 1<3<7< …이야.

$\dfrac{1}{5}$ — $\dfrac{3}{5}$ — $\dfrac{7}{5}$ — □ — □ — □

🎓 $1\dfrac{2}{4}$와 $\dfrac{7}{4}$의 크기를 비교하는 방법은?

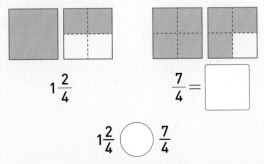

- 분수의 종류를 같게 나타내기

$1\dfrac{2}{4}$ $\dfrac{7}{4} = \boxed{}$

$1\dfrac{2}{4}$ ◯ $\dfrac{7}{4}$

➡ 분모가 같은 대분수와 가분수는 가분수 또는 대분수로 (같게 , 다르게) 나타낸 후 크기를 비교합니다.

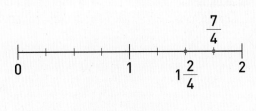

- 수직선에 나타내기

$\dfrac{7}{4}$

0 ——— 1 ——— $1\dfrac{2}{4}$ —— 2

$1\dfrac{2}{4}$ ◯ $\dfrac{7}{4}$

➡ 수직선에서 (왼쪽 , 오른쪽)으로 갈수록 더 큰 수입니다.

1 분수로 나타내기

1 준비

농구공을 3개씩 묶고 □ 안에 알맞은 수를 써넣으세요.

3은 9의 $\dfrac{\square}{\square}$ 입니다.

2 확인

그림을 보고 □ 안에 알맞은 수를 써넣으세요.

(1) 12를 2씩 묶으면 6은 12의 $\dfrac{\square}{\square}$ 입니다.

(2) 12를 3씩 묶으면 6은 12의 $\dfrac{\square}{\square}$ 입니다.

3 완성

1부터 9까지의 수 중 □ 인에 알맞은 수를 써넣으세요.

(1) 15는 24의 $\dfrac{\square}{\square}$ 입니다.

(2) 15는 35의 $\dfrac{\square}{\square}$ 입니다.

2 진분수, 가분수 알아보기

4 준비

분수를 분류해 보세요.

$$\dfrac{12}{8} \quad \dfrac{7}{9} \quad \dfrac{6}{6} \quad \dfrac{9}{4} \quad \dfrac{2}{5} \quad \dfrac{8}{10}$$

(1) 진분수를 모두 써 보세요.

( )

(2) 가분수를 모두 써 보세요.

( )

5 확인

분수가 가분수일 때 □ 안에 들어갈 수 있는 자연수 중 주어진 조건에 맞는 수를 구해 보세요.

(1) $\dfrac{\square}{7}$ ➡ 가장 작은 수 ( )

(2) $\dfrac{4}{\square}$ ➡ 가장 큰 수 ( )

6 완성

가분수의 □ 안에 공통으로 들어갈 수 있는 자연수를 모두 구해 보세요.

$$\dfrac{\square}{3} \quad \dfrac{8}{\square} \quad \dfrac{\square}{5} \quad \dfrac{6}{\square}$$

( )

3 분수의 크기 비교하기

7 준비 두 분수의 크기를 비교하여 ○ 안에 >, =, <를 알맞게 써넣으세요.

$$1\frac{4}{8} \bigcirc 1\frac{2}{8}$$

8 확인 크기를 비교하여 큰 수부터 차례로 써 보세요.

$$\frac{11}{6} \qquad \frac{7}{6} \qquad \frac{13}{6}$$

( )

9 완성 $1\frac{7}{9}$ 보다 크고 $\frac{20}{9}$ 보다 작은 분수를 모두 찾아 ○표 하세요.

$$1\frac{5}{9} \qquad \frac{17}{9} \qquad 2\frac{3}{9} \qquad \frac{12}{9} \qquad 2\frac{1}{9}$$

4 크기가 같은 분수 알아보기

10 준비 두 수직선을 보고 주어진 분수와 크기가 같은 분수를 구해 보세요.

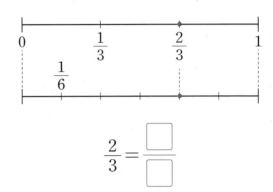

$$\frac{2}{3} = \frac{\square}{\square}$$

11 확인 두 수직선을 보고 주어진 분수와 크기가 같은 분수를 구해 보세요.

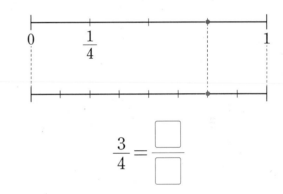

$$\frac{3}{4} = \frac{\square}{\square}$$

12 완성 두 수직선을 보고 크기가 같은 두 분수를 구해 보세요.

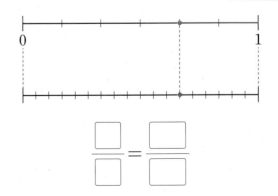

$$\frac{\square}{\square} = \frac{\square}{\square}$$

4

5 두 수 사이에 있는 분수 구하기

13
준비

수직선에서 두 수 사이에 들어갈 수 있는 분모가 10인 분수는 모두 몇 개일까요?

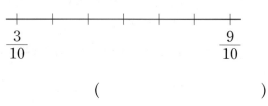

(   )

14
확인

수직선에서 두 수 사이에 들어갈 수 있는 분모가 9인 가분수를 모두 써 보세요.

$4\frac{7}{9}$ $5\frac{2}{9}$

(   )

15
완성

☐ 안에 들어갈 수 있는 자연수는 모두 몇 개일까요?

$$1\frac{9}{11} < \frac{☐}{11} < 2\frac{7}{11}$$

(   )

6 조건에 맞는 분수 구하기

16
준비

조건을 모두 만족하는 분수를 구해 보세요.

- 가분수입니다.
- 분모는 5입니다.
- 분모와 분자의 합은 12입니다.

(   )

17
확인

조건을 모두 만족하는 분수를 구해 보세요.

- 진분수입니다.
- 분모와 분자의 합은 11입니다.
- 분모와 분자의 차는 3입니다.

(   )

18
완성

조건을 모두 만족하는 분수를 구해 보세요.

- 대분수입니다.
- 2보다 크고 3보다 작은 수입니다.
- 분모와 분자의 합은 14입니다.
- 분모와 분자의 차는 2입니다.

(   )

단원 평가

점수 | 확인

1 그림을 보고 ☐ 안에 알맞은 수를 써넣으세요.

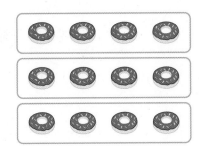

12를 4씩 묶으면 8은 12의 ☐/☐ 입니다.

2 복숭아 21개를 3개씩 묶고 ☐ 안에 알맞은 수를 써넣으세요.

(1) 3은 21의 ☐/☐ 입니다.

(2) 18은 21의 ☐/☐ 입니다.

3 그림을 보고 ☐ 안에 알맞은 수를 써넣으세요.

(1) 16의 $\frac{1}{8}$ 은 ☐ 입니다.

(2) 16의 $\frac{5}{8}$ 는 ☐ 입니다.

4 ☐ 안에 알맞은 수를 써넣으세요.

(1) 18을 3씩 묶으면 12는 18의 ☐/☐ 입니다.

(2) 42를 6씩 묶으면 12는 42의 ☐/☐ 입니다.

5 진분수는 ○표, 가분수는 △표 하세요.

$$\frac{7}{3} \quad \frac{1}{4} \quad \frac{10}{9} \quad \frac{5}{5} \quad \frac{6}{8}$$

6 대분수를 가분수로 나타낼 수 있도록 그림에 선을 그어서 나누고, ☐ 안에 알맞은 수를 써넣으세요.

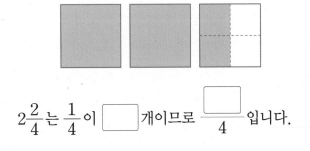

$2\frac{2}{4}$ 는 $\frac{1}{4}$ 이 ☐ 개이므로 $\frac{☐}{4}$ 입니다.

7 수직선을 보고 ☐ 안에 알맞은 수를 써넣으세요.

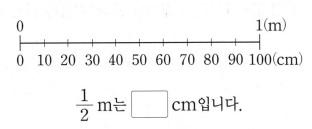

$\frac{1}{2}$ m는 ☐ cm입니다.

8 가분수는 대분수로, 대분수는 가분수로 나타내어 보세요.

(1) $\dfrac{31}{9}$ (2) $6\dfrac{4}{5}$

9 두 분수의 크기를 비교하여 ○ 안에 >, =, <를 알맞게 써넣으세요.

(1) $\dfrac{29}{4}$ ○ $7\dfrac{2}{4}$ (2) $8\dfrac{4}{6}$ ○ $\dfrac{55}{6}$

10 분수를 수직선에 ↓로 나타내고, 가장 큰 분수를 써 보세요.

$1\dfrac{5}{7}$ $\dfrac{17}{7}$ $\dfrac{6}{7}$

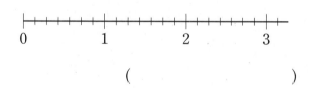

( )

11 준수는 하루의 $\dfrac{1}{6}$ 을 학원에서 보낸다고 합니다.

준수가 하루에 학원에서 보내는 시간은 몇 시간일까요?

( )

12 자연수 부분은 3이고 분모가 8인 대분수는 모두 몇 개일까요?

( )

13 진분수, 가분수, 대분수 중에서 개수가 가장 많은 분수의 종류를 써 보세요.

$\dfrac{10}{11}$ $3\dfrac{3}{5}$ $\dfrac{7}{9}$ $\dfrac{9}{7}$

$\dfrac{6}{6}$ $\dfrac{2}{4}$ $\dfrac{5}{8}$ $6\dfrac{8}{13}$

( )

14 ☐ 안에 알맞은 수를 써넣으세요.

(1) ☐의 $\dfrac{3}{8}$ 은 12입니다.

(2) ☐의 $\dfrac{5}{9}$ 는 30입니다.

15 3장의 수 카드를 한 번씩 모두 사용하여 만들 수 있는 가장 작은 대분수를 가분수로 나타내어 보세요.

( )

정답과 풀이 30쪽 술술 서술형

16 □ 안에 들어갈 수 있는 자연수를 모두 써 보세요.

$$3\frac{5}{7} < \frac{\square}{7} < 4\frac{3}{7}$$

(   )

17 대분수의 □ 안에 공통으로 들어갈 수 있는 자연수를 구해 보세요.

$$2\frac{\square}{6} \qquad 5\frac{2}{\square} \qquad 1\frac{\square}{5} \qquad 4\frac{3}{\square}$$

(   )

18 조건을 모두 만족하는 분수를 구해 보세요.

- 가분수입니다.
- 분모와 분자의 합은 16입니다.
- 분모와 분자의 차는 6입니다.

(   )

19 $\frac{8}{3} = 1\frac{5}{3}$ 와 같이 나타내었습니다. $1\frac{5}{3}$ 가 대분수가 아닌 이유를 써 보세요.

이유 _____

_____

_____

_____

20 민성이는 종이테이프 54 cm를 가지고 있었습니다. 전체의 $\frac{2}{6}$ 만큼 사용했다면 남은 종이테이프는 몇 cm인지 풀이 과정을 쓰고 답을 구해 보세요.

풀이 _____

_____

_____

답 _____

5 들이와 무게

들이와 무게에 따라 알맞은 단위가 필요해!

들이	무게

1 mL	1 g
1 L 	1 kg 
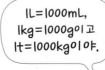	1 t 

1L=1000mL, 1kg=1000g이고 1t=1000kg이야.

1 얼마나 긴지를 알려면 길이, 얼마나 더 담을 수 있는지 알려면 들이.

개념 강의

→ 그릇에 가득 담을 수 있는 양
● **들이** 비교

방법 1	방법 2	방법 3
물을 직접 옮겨 담아 비교하기	모양과 크기가 같은 큰 그릇에 옮겨 담아 비교하기	모양과 크기가 같은 컵에 옮겨 담아 비교하기

가

나

가의 물이 나에 모두 들어 갑니다.

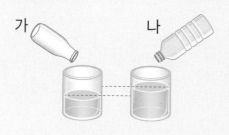

가   나

→ 물의 높이가 높을수록 들이가 더 많습니다.
나의 물의 높이가 가의 물의 높이보다 더 높습니다.

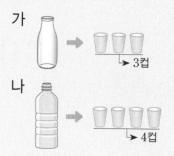

가 → 3컵

나 → 4컵

나는 가보다 컵 1개만큼 물이 더 많이 들어갑니다.

길이는 '길다, 짧다', 들이는 '많다, 적다'로 비교해.

가의 들이 < 나의 들이

---

1 그림을 보고 □ 안에 알맞은 말을 써넣으세요.

(1)
주스병
물병

주스병에 물을 가득 채운 후 물병에 모두 옮겨 담았더니 그림과 같습니다.

들이가 더 많은 것은 □ 입니다.

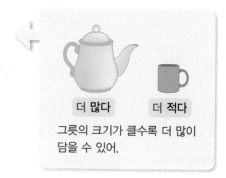

더 많다   더 적다

그릇의 크기가 클수록 더 많이 담을 수 있어.

(2)
우유병
대접

우유병에 물을 가득 채운 후 대접에 모두 옮겨 담았더니 그림과 같습니다.

들이가 더 많은 것은 □ 입니다.

2 가 물병과 나 물병에 물을 가득 채운 후 모양과 크기가 같은 컵에 모두 옮겨 담았습니다.
가 물병과 나 물병의 들이를 비교하여 ☐ 안에 알맞은 수나 기호를 써넣으세요.

(1) 가 물병의 물을 옮겨 담은 컵의 수는 ☐ 개입니다.

(2) 나 물병의 물을 옮겨 담은 컵의 수는 ☐ 개입니다.

(3) 들이가 더 많은 것은 ☐ 물병입니다.

3 물이 많이 담겨 있는 것부터 차례로 기호를 써 보세요.

(1) 가   나   다   (2) 가   나   다

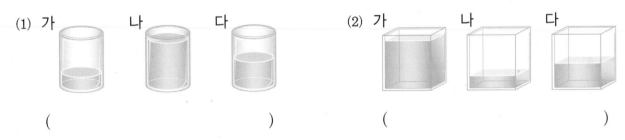

(   )   (   )

4 주전자와 양동이에 물을 가득 채운 후 모양과 크기가 같은 그릇에 모두 옮겨 담았습니다.
주전자와 양동이 중 들이가 더 많은 것은 어느 것일까요?

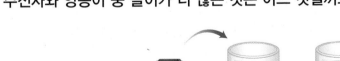

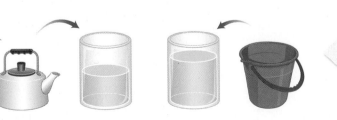

가 > 나
물의 높이가 높을수록
들이가 더 많아.

(   )

2 길이는 cm, m, ..., 들이는 mL, L로 나타내.

● **들이의 단위**

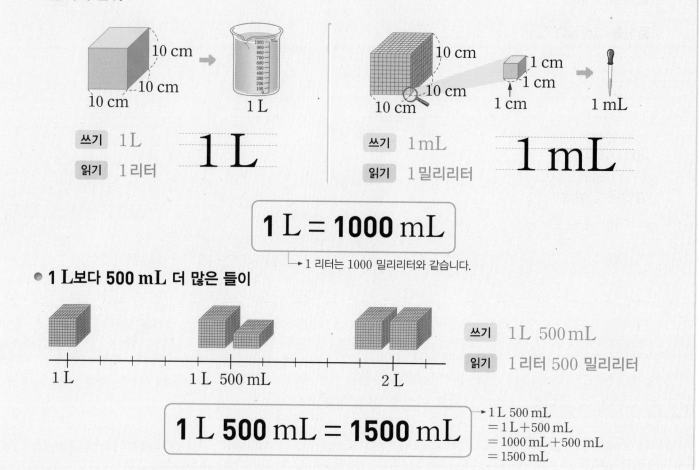

$$1 \, L = 1000 \, mL$$

→ 1 리터는 1000 밀리리터와 같습니다.

● **1 L보다 500 mL 더 많은 들이**

쓰기 1 L 500 mL

읽기 1 리터 500 밀리리터

$$1 \, L \, 500 \, mL = 1500 \, mL$$

→ 1 L 500 mL
= 1 L + 500 mL
= 1000 mL + 500 mL
= 1500 mL

---

1 ☐ 안에 알맞은 수를 써넣으세요.

(1) $1 \, L \, 800 \, mL = \boxed{} \, L + 800 \, mL$

$= \boxed{} \, mL + 800 \, mL$

$= \boxed{} \, mL$

(2) $3600 \, mL = \boxed{} \, mL + 600 \, mL$

$= \boxed{} \, L + 600 \, mL$

$= \boxed{} \, L \, \boxed{} \, mL$

---

2 물의 양이 얼마인지 눈금을 읽고 ☐ 안에 알맞은 수를 써넣으세요.

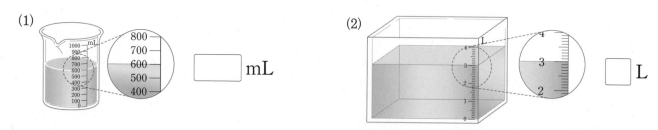

(1) $\boxed{} \, mL$

(2) $\boxed{} \, L$

③ 많은 들이는 L, 적은 들이는 mL로 나타내.

● **들이 어림하기**

들이를 어림하여 말할 때는 약 ☐ L 또는 약 ☐ mL 라고 합니다.

  ← 우유갑 들이의 2배

500 mL   약 1000 mL(= 1 L)

1 L, 1 mL 등의 기준이 되는 들이와 비교하여 어림해.

● **알맞은 단위로 나타내기**

향수병	종이컵	주전자	아이스박스
약 30 mL	약 300 mL	약 3 L	약 30 L

① 그림을 보고 ☐ 안에 알맞은 수를 써넣으세요.

500 mL 우유갑에 물을 가득 담아 4번 정도 옮겨 담을 수 있으므로 페인트 통의 들이는 약 ☐ L입니다.

500 mL

② 알맞은 단위에 ◯표 하세요.

(1) 요구르트병의 들이는 약 80 (mL , L)입니다.

(2) 냄비의 들이는 약 2 (mL , L)입니다.

(3)  항아리의 들이는 약 50 (mL , L)입니다.

주사기   음료수병

약 10 mL   약 1 L

4 L 단위의 수끼리, mL 단위의 수끼리 계산해.

● 들이의 덧셈

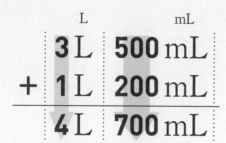

$$
\begin{array}{r}
\text{3 L } \text{500 mL} \\
+\ \text{1 L } \text{200 mL} \\
\hline
\text{4 L } \text{700 mL}
\end{array}
$$

$$
\begin{array}{r}
\overset{1}{\text{3}}\text{ L } \text{400 mL} \\
+\ \text{1 L } \text{700 mL} \\
\hline
\text{5 L } \text{100 mL}
\end{array}
$$

> mL 단위의 수끼리의 합이 1000이거나 1000보다 크면 1000 mL를 1 L로 받아올림합니다.

● 들이의 뺄셈

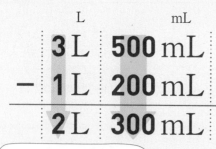

$$
\begin{array}{r}
\text{3 L } \text{500 mL} \\
-\ \text{1 L } \text{200 mL} \\
\hline
\text{2 L } \text{300 mL}
\end{array}
$$

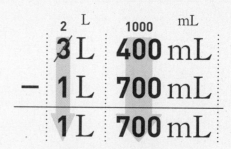

$$
\begin{array}{r}
\overset{2}{\cancel{\text{3}}}\text{ L } \overset{1000}{\text{400}}\text{ mL} \\
-\ \text{1 L } \text{700 mL} \\
\hline
\text{1 L } \text{700 mL}
\end{array}
$$

> 같은 단위끼리 자리를 맞추어 쓰고 같은 단위의 수끼리 계산해.

> mL 단위의 수끼리 뺄 수 없을 때에는 1 L를 1000 mL로 받아내림합니다.

---

1 ☐ 안에 알맞은 수를 써넣으세요.

(1)
$$
\begin{array}{r}
\text{2 L } \text{500 mL} \\
+\ \text{1 L } \text{200 mL} \\
\hline
\boxed{}\text{ L } \boxed{}\text{ mL}
\end{array}
$$

(2)
$$
\begin{array}{r}
\text{4 L } \text{500 mL} \\
+\ \text{3 L } \text{300 mL} \\
\hline
\boxed{}\text{ L } \boxed{}\text{ mL}
\end{array}
$$

> 같은 단위의 수끼리 더해.
> $$
> \begin{array}{r}
> \text{4 m } \text{60 cm} \\
> +\ \text{2 m } \text{30 cm} \\
> \hline
> \text{6 m } \text{90 cm}
> \end{array}
> $$

---

2 ☐ 안에 알맞은 수를 써넣으세요.

(1)
$$
\begin{array}{r}
\text{2 L } \text{500 mL} \\
-\ \text{1 L } \text{200 mL} \\
\hline
\boxed{}\text{ L } \boxed{}\text{ mL}
\end{array}
$$

(2)
$$
\begin{array}{r}
\text{4 L } \text{500 mL} \\
-\ \text{3 L } \text{300 mL} \\
\hline
\boxed{}\text{ L } \boxed{}\text{ mL}
\end{array}
$$

>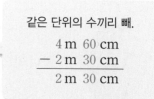
> 같은 단위의 수끼리 빼.
> $$
> \begin{array}{r}
> \text{4 m } \text{60 cm} \\
> -\ \text{2 m } \text{30 cm} \\
> \hline
> \text{2 m } \text{30 cm}
> \end{array}
> $$

3 ☐ 안에 알맞은 수를 써넣으세요.

(1)
```
    2 L   400 mL
  + 1 L   300 mL
  ─────────────
  ☐ L  ☐ mL
```
➡
```
    2400 mL
  + 1300 mL
  ─────────
   ☐ mL
```

```
   1300       1 L 300 mL
 + 2200  ➡  + 2 L 200 mL
 ──────     ───────────
   3500       3 L 500 mL
```

(2)
```
    6 L   900 mL
  - 4 L   200 mL
  ─────────────
  ☐ L  ☐ mL
```
➡
```
    6900 mL
  - 4200 mL
  ─────────
   ☐ mL
```

4 ☐ 안에 알맞은 수를 써넣으세요.

(1) 2300 mL + 3400 mL

= ☐ mL

= ☐ L ☐ mL

(2) 5400 mL - 2100 mL

= ☐ mL

= ☐ L ☐ mL

5 들이의 합을 구해 보세요.

(1)
```
    1 L   400 mL
  +       700 mL
  ─────────────
  ☐ L  ☐ mL
```

(2)
```
    3 L   800 mL
  + 5 L   400 mL
  ─────────────
  ☐ L  ☐ mL
```

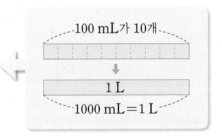

100 mL가 10개
↓
1 L
1000 mL = 1 L

6 들이의 차를 구해 보세요.

(1)
```
    6 L   300 mL
  - 4 L   600 mL
  ─────────────
  ☐ L  ☐ mL
```

(2)
```
    8 L   100 mL
  - 3 L   800 mL
  ─────────────
  ☐ L  ☐ mL
```

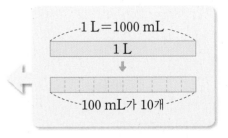

1 L = 1000 mL
1 L
↓
100 mL가 10개

1 가 물병과 나 물병에 물을 가득 채운 후 모양과 크기가 같은 그릇에 모두 옮겨 담았습니다. ☐ 안에 알맞은 기호나 수를 써넣으세요.

▶ 그릇의 개수가 많을수록 담은 물의 양이 더 많아.

가   나

☐ 물병이 ☐ 물병보다 그릇 ☐ 개만큼 물이 더 많이 들어갑니다.

➕ 상자 모양으로 쌓은 두 쌓기나무 중 부피가 더 큰 것은 어느 것인지 알아보세요.

가   나

가의 쌓기나무의 개수는 ☐ 개,

나의 쌓기나무의 개수는 ☐ 개

➡ 부피가 더 큰 것: (가 , 나)

6학년 1학기 때 만나!

상자의 부피 비교하기

부피: 어떤 물건이 공간에서 차지하는 크기

가   나

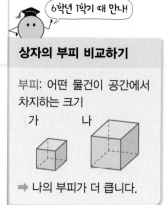

➡ 나의 부피가 더 큽니다.

2 꽃병에 물을 가득 채운 후 물병에 모두 옮겨 담았더니 그림과 같습니다. 꽃병과 물병 중 들이가 더 적은 것은 어느 것일까요?

꽃병

물병

(   )

3 주스를 모양과 크기가 같은 그릇에 모두 옮겨 담았더니 그림과 같았습니다. 들이가 가장 많은 것은 어느 주스병일까요?

▶ 그릇의 모양과 크기가 같으므로 담긴 주스의 높이를 비교해.

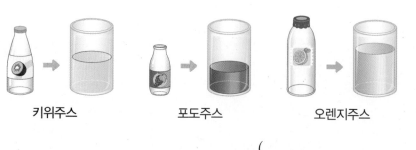

키위주스   포도주스   오렌지주스

(   )

4 그릇에 물을 가득 채운 후 모양과 크기가 같은 컵에 모두 옮겨 담았습니다. 관계있는 것끼리 이어 보세요.

5 같은 주전자에 물을 가득 채우려면 가 컵으로 3번, 나 컵으로 6번 물을 부어야 합니다. 바르게 말한 사람은 누구인지 이름을 써 보세요.

> 지윤: 가 컵과 나 컵 중 들이가 더 많은 컵은 가 컵이야.
> 유진: 나 컵의 들이는 가 컵의 들이의 2배야.

(   )

가   나
들이가 더 큰 가 그릇으로 물을 부으면 더 적은 횟수로 부을 수 있어.

☺ 내가 만드는 문제

6 두 음료수병을 골라 들이를 비교해 보세요.

가   나   다   라

☐ 음료수병의 들이가 ☐ 음료수병의 들이보다 더 많습니다.

같은 컵으로 들이를 비교하면 편해.

🎓 컵에 옮겨 담아 들이를 비교하는 방법은?

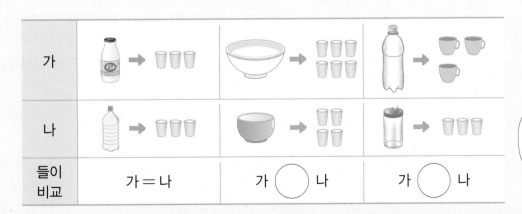

가			
나			
들이 비교	가 = 나	가 ◯ 나	가 ◯ 나

컵의 개수가 같다면 큰 컵으로 옮긴 들이가 더 많겠지?

7 우유 1 L와 450 mL를 유리병에 넣었더니 유리병이 가득 찼습니다. 유리병의 들이를 구해 보세요.

▶ ■ L보다 ● mL 더 많은 들이
➡ ■ L ● mL

1 L보다 450 mL 더 많은 들이

➡ ☐ L ☐ mL

8 들이를 비교하여 ○ 안에 >, =, <를 알맞게 써넣으세요.

▶ 들이의 단위를 같게 하여 비교해.

(1) 4 L 800 mL ◯ 4850 mL (2) 7 L 70 mL ◯ 7700 mL

9 알맞은 것끼리 이어 보세요.

▶ 적은 들이는 mL, 많은 들이는 L로 나타내.

약병의 들이는 •	• 약 40 L입니다.
항아리의 들이는 •	• 약 15 mL입니다.
음료수병의 들이는 •	• 약 1 L입니다.

10 물의 양이 다른 하나를 찾아 기호를 써 보세요.

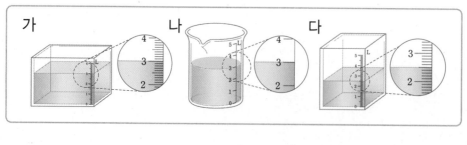

( )

11 들이 단위의 관계가 <u>틀린</u> 것을 찾아 기호를 써 보세요.

> ㉠ 2300 mL = 2 L 300 mL ㉡ 5 L 600 mL = 5600 mL
>
> ㉢ 4 L 10 mL = 4100 mL ㉣ 6008 mL = 6 L 8 mL

(   )

▶
L		mL	
일	백	십	일
1	0	2	0

➡ 1 L 20 mL
➡ 1020 mL

12 조선 세종 때 빗물의 양을 측정할 수 있는 측우기를 세계 최초로 발명하였습니다. 어느 날 하루 종일 측우기에 비를 받아 모인 것을 모두 1 L짜리 통 4개에 똑같이 나누어 담았더니 그림과 같았습니다. 이날 측정된 비의 양은 약 몇 L일까요?

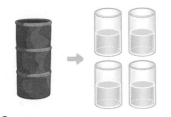

(   )

1 L들이의 통에 비가 반 정도 들어 있어.

:) 내가 만드는 문제

13 1 L보다 적은 물의 양을 정하고 알맞게 색칠해 보세요.

▶ 두 개의 빈 그릇에 1 L보다 적은 들이만큼 각각 칠해 봐.

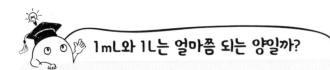

400 mL

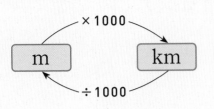

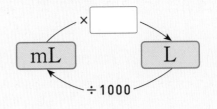

1 mL와 1 L는 얼마쯤 되는 양일까?

● 길이의 변환

$$m \xrightarrow{\times 1000} km$$
$$km \xrightarrow{\div 1000} m$$

VS

● 들이의 변환

$$mL \xrightarrow{\times } L$$
$$L \xrightarrow{\div 1000} mL$$

1 L를 1000개로 나눈 것 중의 하나가 1 mL야.

14 들이의 계산을 하세요.

(1)
```
   4 L  820 mL
+ 2 L  500 mL
```

(2)
```
   5 L
- 1 L  350 mL
```

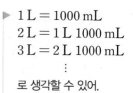
1 L = 1000 mL
2 L = 1 L 1000 mL
3 L = 2 L 1000 mL
⋮
로 생각할 수 있어.

15 물은 모두 몇 L 몇 mL일까요?

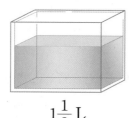
$1\frac{1}{2}$ L

300 mL

(   )

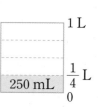
1 L
$\frac{1}{4}$ L
250 mL
0

16 다음과 같이 주스가 있을 때, 3 L가 되려면 주스는 몇 L 몇 mL가 더 필요한지 구해 보세요.

(1)
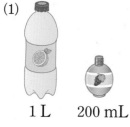
1 L   200 mL

(   )

(2)

500 mL   800 mL   300 mL

(   )

17 들이가 가장 많은 것과 가장 적은 것의 들이의 차는 몇 L 몇 mL일까요?

| 7 L 50 mL   5 L 700 mL   7500 mL |

(   )

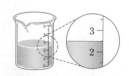
3
2
2 L 500 mL = 2500 mL

정답과 풀이 **33쪽**

18 옛날 우리 조상들은 곡식의 양을 잴 때 홉, 되, 말과 같은 단위의 그릇을 사용했습니다. 홉, 되, 말 각각의 단위를 오늘날의 L와 mL 단위로 나타내면 다음과 같습니다. 두 말 한 되는 몇 L 몇 mL일까요?

▶ (두 말) = (한 말) + (한 말)

홉	되	말
180 mL	1 L 800 mL	18 L

(   )

19 내가 만드는 문제

네 그릇의 들이가 다음과 같습니다. 이 중 두 그릇을 골라 만들 수 있는 물의 양은 몇 L 몇 mL인지 구해 보세요.

가 그릇	나 그릇	다 그릇	라 그릇
2 L 500 mL	1800 mL	5 L 200 mL	3 L

(   )

▶ • 합하기

• 덜어 내기

5

들이가 다른 두 그릇으로 만들 수 있는 물의 양은?

• 2 L 500 mL들이와 3 L들이의 그릇으로 통에 물 담기

방법 1 2 L 500 mL들이와 3 L들이의 그릇에 물을 가득 담아 큰 통에 붓습니다.

➡ 2 L 500 mL + 3 L = ☐ L ☐ mL

2 L 500 mL   3 L

방법 2 3 L들이의 그릇에 물을 가득 담아 2 L 500 mL들이의 그릇에 가득 채우고 남는 것은 통에 붓습니다.

➡ 3 L − 2 L 500 mL = ☐ mL

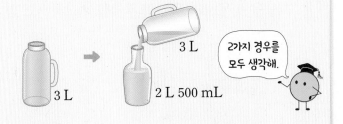

3 L   3 L

3 L   2 L 500 mL

2가지 경우를 모두 생각해.

5 얼마나 더 무거운지 알려면 무게를 비교해.

개념 강의

● **무게 비교하기**

➤ 윗접시저울: 물체를 올려놓을 수 있는
   접시가 두 개 있는 저울

방법 1	방법 2	방법 3
양손에 물건을 들고 비교하기	저울을 이용하여 비교하기	같은 단위인 바둑돌을 사용하여 비교하기

방법 1
양손에 물건을 들고 비교하기

필통   지우개
필통을 든 손에 힘이 더 많이 들어갑니다.

방법 2
저울을 이용하여 비교하기
필통   지우개

필통이 있는 쪽이 아래로 내려갔습니다.

방법 3
같은 단위인 바둑돌을 사용하여 비교하기
필통   바둑돌 12개   지우개   바둑돌 8개

필통은 지우개보다 바둑돌 4개만큼 더 무겁습니다.

무게는 '무겁다, 가볍다'로 비교해.

필통의 무게 > 지우개의 무게

1 그림을 보고 □ 안에 알맞은 말을 써넣으세요.

(1) 사과   참외

사과와 참외의 무게를 비교한 것입니다.
무게가 더 무거운 것은 □ 입니다.

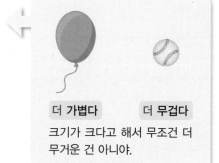
더 가볍다   더 무겁다
크기가 크다고 해서 무조건 더 무거운 건 아니야.

(2) 볼링공   비치볼

볼링공과 비치볼의 무게를 비교한 것입니다. 무게가 더 무거운 것은 □ 입니다.

2 저울을 이용하여 물건의 무게를 비교하려고 합니다. 더 가벼운 것에 ○표 하세요.

(1) 공책   가위

(공책 , 가위)

(2) 국자   숟가락

(국자 , 숟가락)

3 저울과 100원짜리 동전으로 가지와 오이의 무게를 비교하려고 합니다. 물음에 답하세요.

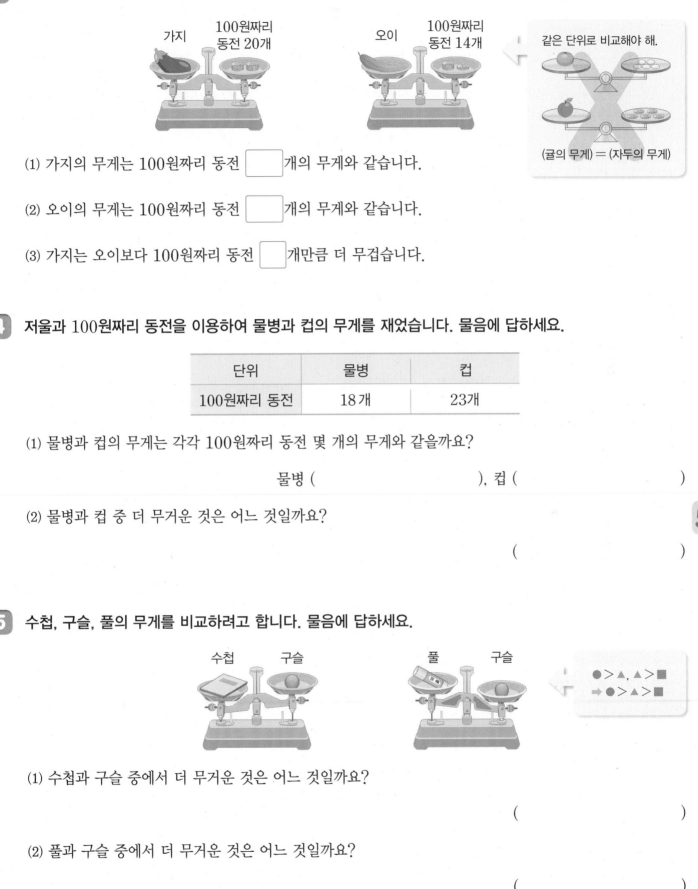

(1) 가지의 무게는 100원짜리 동전 ☐ 개의 무게와 같습니다.

(2) 오이의 무게는 100원짜리 동전 ☐ 개의 무게와 같습니다.

(3) 가지는 오이보다 100원짜리 동전 ☐ 개만큼 더 무겁습니다.

4 저울과 100원짜리 동전을 이용하여 물병과 컵의 무게를 재었습니다. 물음에 답하세요.

단위	물병	컵
100원짜리 동전	18개	23개

(1) 물병과 컵의 무게는 각각 100원짜리 동전 몇 개의 무게와 같을까요?

물병 (   ), 컵 (   )

(2) 물병과 컵 중 더 무거운 것은 어느 것일까요?

(   )

5 수첩, 구슬, 풀의 무게를 비교하려고 합니다. 물음에 답하세요.

(1) 수첩과 구슬 중에서 더 무거운 것은 어느 것일까요?

(   )

(2) 풀과 구슬 중에서 더 무거운 것은 어느 것일까요?

(   )

(3) 수첩, 구슬, 풀 중에서 무거운 것부터 차례로 쓰면 ☐, ☐, ☐ 입니다.

6 무게는 g, kg, t으로 나타내.

● g, kg 알기

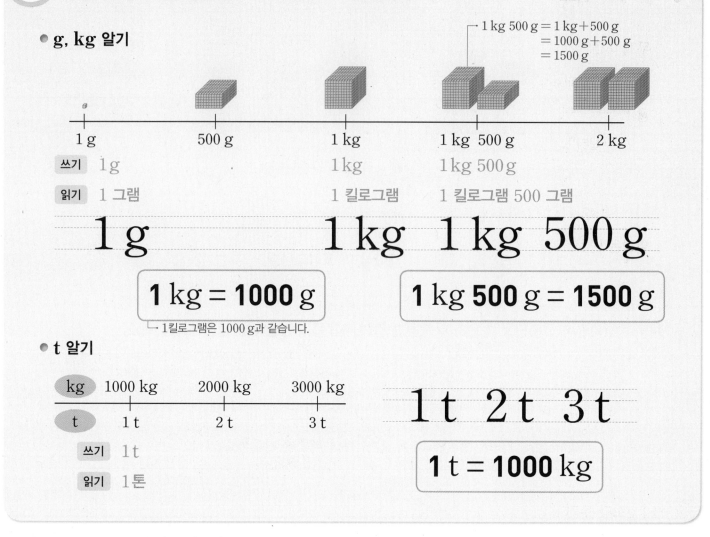

$$1 \text{ kg } 500 \text{ g} = 1 \text{ kg} + 500 \text{ g}$$
$$= 1000 \text{ g} + 500 \text{ g}$$
$$= 1500 \text{ g}$$

| | 1 g | 500 g | 1 kg | 1 kg 500 g | 2 kg |

| 쓰기 | 1g | | 1kg | 1kg 500g | |
| 읽기 | 1 그램 | | 1 킬로그램 | 1 킬로그램 500 그램 | |

1 g   1 kg 1 kg 500 g

$$1 \text{ kg} = \mathbf{1000} \text{ g}$$

└ 1킬로그램은 1000 g과 같습니다.

$$1 \text{ kg } \mathbf{500} \text{ g} = \mathbf{1500} \text{ g}$$

● t 알기

| kg | 1000 kg | 2000 kg | 3000 kg |
| t | 1 t | 2 t | 3 t |

| 쓰기 | 1t |
| 읽기 | 1톤 |

1 t 2 t 3 t

$$1 \text{ t} = \mathbf{1000} \text{ kg}$$

---

1 ☐ 안에 알맞은 수를 써넣으세요.

(1) $3 \text{ kg} = \boxed{} \text{ g}$

(2) $5000 \text{ kg} = \boxed{} \text{ t}$

(3) $2 \text{ kg } 400 \text{ g} = \boxed{} \text{ kg} + 400 \text{ g}$
$$= \boxed{} \text{ g} + 400 \text{ g}$$
$$= \boxed{} \text{ g}$$

(4) $4500 \text{ g} = \boxed{} \text{ g} + 500 \text{ g}$
$$= \boxed{} \text{ kg} + 500 \text{ g}$$
$$= \boxed{} \text{ kg} \boxed{} \text{ g}$$

2 물건의 무게는 얼마인지 눈금을 읽고 ☐ 안에 알맞은 수를 써넣으세요.

(1)
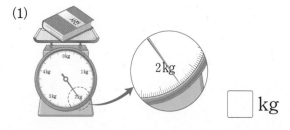

$\boxed{} \text{ kg}$

(2)
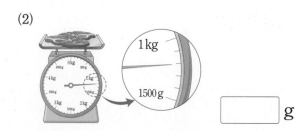

$\boxed{} \text{ g}$

7 무거운 무게는 t, kg, 가벼운 무게는 g으로 나타내.

● **무게 어림하기**

무게를 어림하여 말할 때는 약 ☐ kg 또는 약 ☐ g이라고 합니다.

(예)

1 kg

약 1 kg

← 설탕 1 kg의 무게와 비슷

> 1 kg, 1 g 등의
> 기준이 되는 무게와
> 비교하여 어림해.

● **알맞은 단위로 나타내기**

자두	고구마	늑대	트럭
약 30 g	약 300 g	약 30 kg	약 3 t

---

1 1 kg보다 무거운 물건을 모두 찾아 ○표 하세요.

( )

( )

( )

( )

2 알맞은 단위에 ○표 하세요.

(1)    칫솔의 무게는 약 20 (g , kg , t)입니다.

(2) 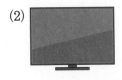   텔레비전의 무게는 약 15 (g , kg , t)입니다.

(3)   하마의 무게는 약 2 (g , kg , t)입니다.

멜론

구슬

약 1 g   약 1 kg

8 kg 단위의 수끼리, g 단위의 수끼리 계산해.

● 무게의 덧셈

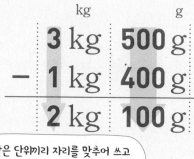

	kg	g
	3 kg	500 g
+	1 kg	400 g
	4 kg	900 g

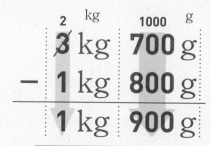

	1 kg	g
	3 kg	700 g
+	1 kg	800 g
	5 kg	500 g

> g 단위의 수끼리의 합이 1000이거나 1000보다 크면 1000 g을 1 kg으로 받아올림합니다.

● 무게의 뺄셈

	kg	g
	3 kg	500 g
−	1 kg	400 g
	2 kg	100 g

> 같은 단위끼리 자리를 맞추어 쓰고 같은 단위의 수끼리 계산해.

	2 kg	1000 g
	3 kg	700 g
−	1 kg	800 g
	1 kg	900 g

> g 단위의 수끼리 뺄 수 없을 때에는 1 kg을 1000 g으로 받아내림합니다.

1 ☐ 안에 알맞은 수를 써넣으세요.

(1)
	2 kg	500 g
+	1 kg	400 g
	☐ kg	☐ g

(2)
	5 kg	600 g
+	2 kg	200 g
	☐ kg	☐ g

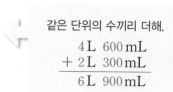

> 같은 단위의 수끼리 더해.
>   4 L 600 mL
> + 2 L 300 mL
>   6 L 900 mL

2 ☐ 안에 알맞은 수를 써넣으세요.

(1)
	2 kg	500 g
−	1 kg	400 g
	☐ kg	☐ g

(2)
	5 kg	600 g
−	2 kg	200 g
	☐ kg	☐ g

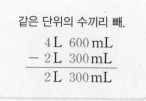

> 같은 단위의 수끼리 빼.
>   4 L 600 mL
> − 2 L 300 mL
>   2 L 300 mL

3 ☐ 안에 알맞은 수를 써넣으세요.

(1)
```
    2  kg   500  g              2500  g
  + 2  kg   100  g     ➡      + 2100  g
   ☐ kg  ☐ g                   ☐ g
```

1300		1 kg	300 g
+ 2200	➡	+ 2 kg	200 g
3500		3 kg	500 g

(2)
```
    7  kg   800  g              7800  g
  - 4  kg   300  g     ➡      - 4300  g
   ☐ kg  ☐ g                   ☐ g
```

4 ☐ 안에 알맞은 수를 써넣으세요.

(1) $3100\,g + 3100\,g$

  = ☐ g

  = ☐ kg ☐ g

(2) $6500\,g - 2400\,g$

  = ☐ g

  = ☐ kg ☐ g

5 무게의 합을 구해 보세요.

(1)
```
    1  kg   500  g
  + 2  kg   600  g
   ☐ kg  ☐ g
```

(2)
```
    6  kg   700  g
  + 2  kg   700  g
   ☐ kg  ☐ g
```

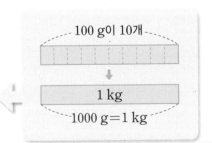

100 g이 10개
↓
1 kg
1000 g=1 kg

6 무게의 차를 구해 보세요.

(1)
```
    6  kg   300  g
  - 4  kg   600  g
   ☐ kg  ☐ g
```

(2)
```
    7  kg   100  g
  - 4  kg   800  g
   ☐ kg  ☐ g
```

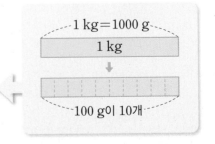

1 kg=1000 g
1 kg
↓
100 g이 10개

4 무게 비교하기

1 바둑돌을 이용하여 복숭아와 토마토의 무게를 비교한 것입니다. ☐ 안에 알맞은 말이나 수를 써넣으세요.

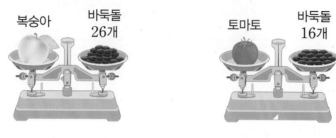

복숭아 / 바둑돌 26개   토마토 / 바둑돌 16개

가 ●●●
나 ●●●●●
➡ 나가 바둑돌 2개만큼 더 많습니다.

☐ 가 ☐ 보다 바둑돌 ☐ 개만큼 더 무겁습니다.

2 똑같은 사전의 무게를 주스병과 우유갑을 이용하여 무게를 재었습니다. 주스병과 우유갑 중에서 한 개의 무게가 더 무거운 것은 어느 것일까요?

(   )

주스병 2개의 무게와 우유갑 3개의 무게를 비교해.

3 필통과 휴대전화의 무게를 다음과 같이 비교했습니다. 필통과 휴대전화의 무게를 바르게 비교했나요? 그렇게 생각한 이유를 써 보세요.

필통 / 500원짜리 동전 12개

휴대전화 / 100원짜리 동전 12개

필통과 휴대전화의 무게는 같구나.

같은 단위 물건으로 비교해야 해.

 와 🐓🐓 의 무게는 같지 않잖아.

(   )

이유 _____

_____

4 파프리카, 고추, 양파의 무게를 비교한 것입니다. 같은 채소끼리의 무게가 각각 같을 때 물음에 답하세요.

▶ ●＋●＝▲
➡ ●＜▲

파프리카　　고추 2개　　　　　　　　고추 5개　　양파

(1) 1개의 무게가 더 무거운 것에 각각 ○표 하세요.

파프리카	고추

고추	양파

(2) 1개의 무게가 무거운 채소부터 차례로 써 보세요.

(　　　　　　　　　　　　　　)

5 내가 만드는 문제

동전을 이용하여 채소의 무게를 비교한 것입니다. 채소의 무게를 비교해 보세요.

▶ (동전의 개수) ＝ (물건의 무게)를 이용해.

감자　　100원짜리　　　오이　　100원짜리　　　무　　100원짜리
　　　　동전 35개　　　　　　　동전 20개　　　　　　동전 50개

예　감자는 오이보다 무겁습니다.
_____
_____

길이와 무게의 비교 방법은?

● 길이 비교　　　　　　● 무게 비교

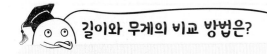

VS

바둑돌 5개　　　바둑돌 10개

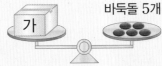

단위 물건이 많을수록 더 길고 더 무겁네.

더 긴 것은 (가 , 나)입니다.　　더 가벼운 것은 (가 , 나)입니다.

6 두 무게의 합이 1 kg이 되도록 빈칸에 알맞게 써넣으세요.

▶ 1 kg = 1000 g임을 이용해.

1 kg	900 g	500 g		600 g
	100 g		700 g	

7 무게의 단위를 잘못 사용한 문장을 찾아 바르게 고쳐 보세요.

> • 사과 한 개의 무게는 약 300 g입니다.
> • 코끼리 한 마리의 무게는 약 2 kg입니다.
> • 배추 한 포기의 무게는 약 1500 g입니다.

바르게 고친 문장 ....

8 쌓기나무 1개의 무게가 1 kg일 때 백과사전의 무게를 구해 보세요.

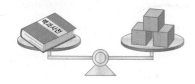

(   )

➕ 쌓기나무의 개수를 세어 보세요.

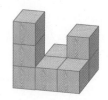 

위에서 본 모양 ➡ ☐ 개

6학년 2학기 때 만나!

쌓기나무의 개수

위에서 본 모양

➡ 쌓기나무의 개수는 7개입니다.

9 지영이는 양봉업을 하시는 할아버지 댁에 갔습니다. 할아버지께서는 꿀을 지영이에게 3050 g, 민주에게 3 kg 500 g 주셨습니다. 받은 꿀의 무게가 더 무거운 사람은 누구일까요?

▶ 양봉은 꿀벌을 이용하여 꽃으로부터 꿀과 꽃가루를 수집하는 일이야.

(   )

10 무게가 같은 구슬 5개의 무게는 1 kg입니다. 구슬 1개보다 더 가벼운 것을 찾아 기호를 써 보세요.

> ㉠ 냉장고　　㉡ 비행기　　㉢ 연필　　㉣ 텔레비전

(　　　　　　　　　　)

11 무게가 오른쪽과 같은 상자의 무게를 민주는 약 3 kg으로, 은호는 약 2 kg 500 g으로 어림하였습니다. 상자의 실제 무게에 더 가깝게 어림한 사람의 이름을 써 보세요.

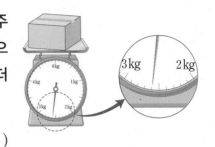

(　　　　　　　　　　)

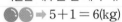

실제 무게와의 차가 적을수록 잘 어림한 거야.
➡ 가가 더 어림을 잘했지?

😊 내가 만드는 문제

12 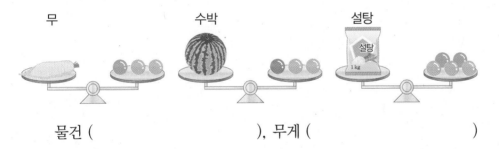 원하는 물건을 골라 무게를 구해 보세요.

색깔별로 구슬의 무게가 다르니 색깔별 개수를 잘 세어 봐.
➡ 5+1 = 6(kg)
➡ 5 kg 500 g

5

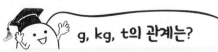

물건 (　　　　　　　　), 무게 (　　　　　　　　)

🎓 **g, kg, t의 관계는?**

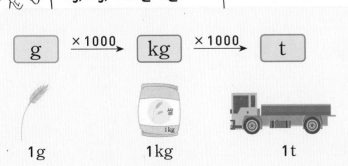

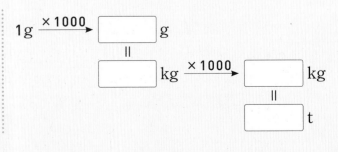

13 무게의 계산을 하세요.

(1) $\begin{array}{r} 5\,\mathrm{kg}\ 550\,\mathrm{g} \\ +\,4\,\mathrm{kg}\ 600\,\mathrm{g} \\ \hline \end{array}$

(2) $\begin{array}{r} 7\,\mathrm{kg} \\ -\,1\,\mathrm{kg}\ 460\,\mathrm{g} \\ \hline \end{array}$

1 kg = 1000 g
2 kg = 1 kg 1000 g
3 kg = 2 kg 1000 g
   ⋮
로 생각할 수 있어.

14 양쪽의 무게가 같을 때 ☐ 안에 알맞은 무게는 몇 kg 몇 g인지 써넣으세요.

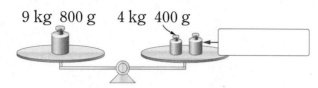

9 kg 800 g   4 kg 400 g

15 빈 상자의 무게와 이 상자에 인형을 담았을 때의 무게를 각각 재었습니다. 인형의 무게는 몇 kg 몇 g인지 구해 보세요.

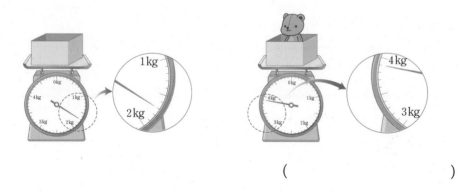

(   )

16 그림을 보고 ☐ 안에 알맞은 수를 써넣으세요.

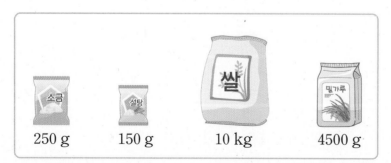

소금 250 g   설탕 150 g   쌀 10 kg   밀가루 4500 g

(1) 소금 3봉지의 무게는 ☐ g입니다.

(2) 밀가루 2봉지의 무게는 ☐ kg입니다.

17 장기간의 여행을 하면서 조리와 숙박이 가능하도록 만든 자동차를 캠핑카라고 합니다. 무게가 2 t인 캠핑카에 한 개의 무게가 200 kg인 상자를 10개 실었습니다. 상자를 실은 캠핑카의 무게는 모두 t일까요?

( )

▶ 캠핑카와 상자의 무게를 더해.

➕ 과수원별 귤 수확량을 조사하여 나타낸 그림그래프입니다. 세 과수원에서 수확한 귤은 모두 몇 t일까요?

가: 2200 kg, 나: 1400 kg,

다: ⬜ kg

➡ (가+나+다) = ⬜ kg

= ⬜ t

과수원별 귤 수확량

과수원	수확량
가	🍊 🍊 🍊 🍊
나	🍊 🍊 🍊 🍊 🍊
다	🍊 🍊 🍊 🍊 🍊 🍊

🍊 1000 kg 🍊 100 kg

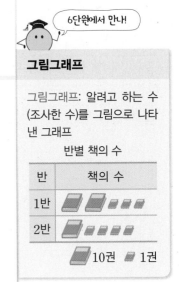

6단원에서 만나!

그림그래프

그림그래프: 알려고 하는 수 (조사한 수)를 그림으로 나타낸 그래프

반별 책의 수

반	책의 수
1반	📗 📗 📘 📘 📘
2반	📗 📘 📘 📘 📘

📗10권 📘 1권

☺ 내가 만드는 문제

18 ⬜ 안에 설탕의 양을 자유롭게 써넣고 만든 사과잼의 무게는 몇 g인지 구해 보세요. (단, 설탕은 1 kg보다 적게 넣습니다.)

▶ 단 걸 좋아하면 설탕을 많이 넣어야지.

― 사과잼 만들기 🍯 *과육: 열매에서 씨를 둘러싸고 있는 살

재료 사과 갈은 것 400 g, 오렌지*과육 400 g, 설탕 ⬜ g

만드는 법 ❶ 세 가지 재료를 골고루 섞는다.
　　　　 ❷ 전기 밥솥에 ❶의 재료를 넣고 취사 버튼을 누른다.

( )

5

g 단위의 수끼리의 계산도 10이 모여야 kg 단위로 받아올림을 할까?

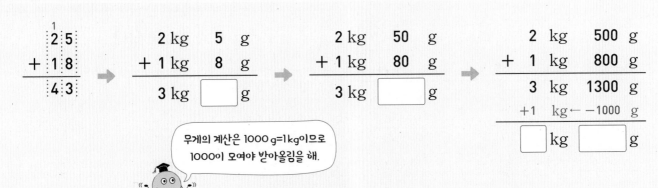

$$\begin{array}{r} \overset{1}{2}\,5 \\ +\ 1\,8 \\ \hline 4\,3 \end{array}$$

	2 kg	5 g
+	1 kg	8 g
	3 kg	⬜ g

	2 kg	50 g
+	1 kg	80 g
	3 kg	⬜ g

	2 kg	500 g
+	1 kg	800 g
	3 kg	1300 g
+1	kg ←	−1000 g
	⬜ kg	⬜ g

무게의 계산은 1000 g=1 kg이므로 1000이 모여야 받아올림을 해.

1 들이 비교하기

1 준비

가 병과 나 병에 물을 가득 채운 후 모양과 크기가 같은 컵에 모두 옮겨 담았습니다. 가 병과 나 병 중 들이가 더 많은 것은 어느 것일까요?

가 → 나 →

(   )

2 확인

어항에 물을 가득 채우려면 우유병과 주스병으로 각각 다음과 같이 부어야 합니다. 우유병과 주스병 중 들이가 더 적은 것은 어느 것일까요?

그릇	우유병	주스병
부은 횟수(번)	8	5

(   )

3 완성

수조에 물을 가득 채우려면 가, 나, 다 컵으로 각각 다음과 같이 부어야 합니다. 가, 나, 다 컵 중 들이가 가장 많은 것은 이느 것일까요?

컵	가	나	다
부은 횟수(번)	8	5	6

(   )

2 들이의 합과 차 구하기

4 준비

두 들이의 합은 몇 L 몇 mL일까요?

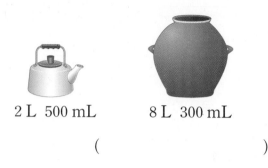

2 L 500 mL   8 L 300 mL

(   )

5 확인

들이가 가장 많은 것과 가장 적은 것의 들이의 차는 몇 L 몇 mL일까요?

5 L	1 L 400 mL	2600 mL

(   )

6 완성

물이 8 L 500 mL 들어 있는 물통에서 3 L 800 mL의 물을 따라 쓰고 다시 5 L 600 mL의 물을 부었습니다. 물통에 들어 있는 물은 몇 L 몇 mL가 되었을까요?

(   )

3 구슬을 이용하여 물의 양 비교하기

7 준비
물이 들어 있던 모양과 크기가 같은 두 그릇에 무게가 같은 구슬을 1개씩 넣었더니 가는 물이 가득 차고 나는 물이 넘쳤습니다. 처음에 들어 있던 물의 양이 더 많은 것의 기호를 써 보세요.

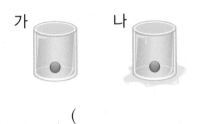

가   나

(   )

8 확인
물이 들어 있던 모양과 크기가 같은 두 그릇에 무게가 같은 구슬을 그림과 같이 넣었더니 두 그릇의 물이 가득 찼습니다. 처음에 들어 있던 물의 양이 더 많은 것의 기호를 써 보세요.

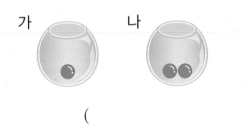

가   나

(   )

9 완성
물이 들어 있던 모양과 크기가 같은 세 그릇에 무게가 같은 구슬을 그림과 같이 넣었더니 세 그릇의 물이 가득 찼습니다. 처음에 들어 있던 물의 양이 많은 것부터 차례로 기호를 써 보세요.

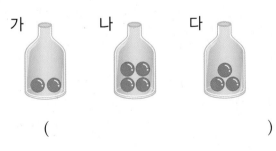

가   나   다

(   )

4 저울을 이용하여 무게 비교하기

10 준비
저울과 100원짜리 동전으로 풀과 가위의 무게를 비교했습니다. 풀과 가위 중 어느 것이 더 무거울까요?

풀   동전 8개   가위   동전 10개

(   )

11 확인
저울로 바나나와 감의 무게를 비교했습니다. 바나나 1개와 감 1개 중 어느 것이 더 무거울까요? (단, 같은 과일끼리의 무게는 각각 같습니다.)

바나나 2개   감 3개

(   )

12 완성
저울로 참외, 귤, 복숭아의 무게를 비교했습니다. 1개의 무게가 무거운 것부터 차례로 써 보세요. (단, 같은 과일끼리의 무게는 각각 같습니다.)

참외   귤 3개   복숭아 2개   귤 3개

(   )

5 무게 어림하기

13 _{준비} 설탕의 무게는 약 몇 kg인지 어림해 보세요.

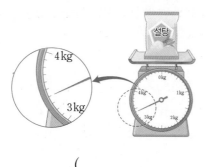

(   )

14 _{완성} 무게가 비슷한 호박 3개의 무게를 잰 것입니다. 호박 한 개의 무게는 약 몇 g일까요?

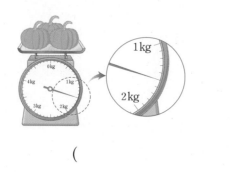

(   )

15 _{확인} 당근 1개의 무게는 약 200 g입니다. 무게가 각각 비슷한 양파 2개와 당근 3개의 무게를 잰 것입니다. 양파 1개의 무게는 약 몇 g일까요?

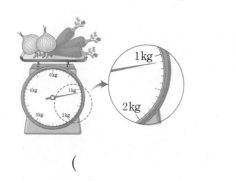

(   )

6 무게의 합과 차 구하기

16 _{준비} 두 무게의 합은 몇 kg 몇 g일까요?

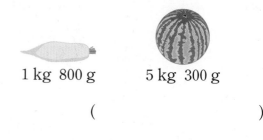

1 kg 800 g   5 kg 300 g

(   )

17 _{확인} 지윤이가 가방을 메고 무게를 재면 32 kg이고, 가방을 메지 않고 무게를 재면 31 kg 300 g입니다. 가방의 무게는 몇 g일까요?

(   )

18 _{완성} 밭에서 고구마를 예진이는 6 kg 300 g 캤고, 시우는 예진이보다 1 kg 500 g 더 적게 캤습니다. 예진이와 시우가 캔 고구마는 모두 몇 kg 몇 g일까요?

(   )

7 무게 구하기

19 그림을 보고 ● 1개의 무게를 구해 보세요.
준비

(　　　　　　)

20 그림을 보고 ● 1개의 무게를 구해 보세요.
확인

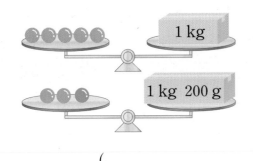

(　　　　　　)

21 그림을 보고 ● 2개의 무게를 구해 보세요.
완성

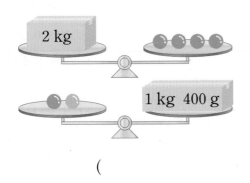

(　　　　　　)

8 물 담는 방법 알아보기

22 들이가 200 mL인 그릇을 이용하여 물통에
준비 물 1 L를 담는 방법을 써 보세요.

방법 그릇에 물을 가득 담아 물통에 [ ]번 붓습니다.

23 가 그릇과 나 그릇을 모두 이용하여 물통에 물
확인 200 mL를 담는 방법을 써 보세요.

가 그릇의 들이	나 그릇의 들이
800 mL	600 mL

방법

24 들이가 다음과 같은 가 그릇과 나 그릇을 모두
완성 이용하여 물통에 물 3 L 500 mL를 담는 방
법을 써 보세요.

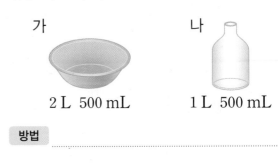

가　　　　　　　나

2 L 500 mL　　　1 L 500 mL

방법

5

단원 평가

점수   확인

1 가지와 오이 중 더 가벼운 것을 써 보세요.

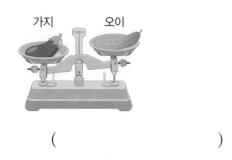

가지   오이

(   )

2 주스병과 물병에 물을 가득 채운 후 모양과 크기가 같은 컵에 모두 옮겨 담았습니다. 어느 것의 들이가 더 많을까요?

주스병   물병

(   )

3 ☐ 안에 알맞은 수를 써넣으세요.

> 700 kg보다 300 kg 더 무거운 무게

➡ ☐ kg = ☐ t

4 물의 양이 얼마인지 눈금을 읽고 ☐ 안에 알맞은 수를 써넣으세요.

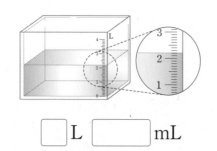

☐ L ☐ mL

5 ☐ 안에 알맞은 수를 써넣으세요.

(1) 3 L 500 mL = ☐ mL

(2) 6200 mL = ☐ L ☐ mL

6 들이의 합과 차를 구해 보세요.

(1)   4 L 100 mL
   + 3 L 500 mL

(2)   8 L 700 mL
   − 5 L 400 mL

7 무게가 1 t보다 무거운 것을 찾아 기호를 써 보세요.

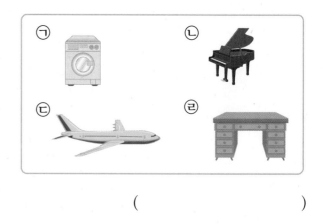

㉠   ㉡
㉢   ㉣

(   )

8 무게의 합과 차를 구해 보세요.

(1) 6 kg 300 g + 1 kg 500 g

(2) 10 kg 200 g − 5 kg 700 g

9 ☐ 안에 g, kg, t 중 알맞은 단위를 써넣으세요.

(1) 진호의 몸무게는 약 40 ☐ 입니다.

(2) 기린의 무게는 약 1 ☐ 입니다.

(3) 동화책의 무게는 약 200 ☐ 입니다.

10 무게가 같은 것끼리 이어 보세요.

3 kg 5 g	•	•	3050 g
3 kg 500 g	•	•	3500 g
3 kg 50 g	•	•	3005 g

11 저울과 바둑돌로 색연필과 풀의 무게를 비교하려고 합니다. 어느 것이 바둑돌 몇 개만큼 더 무거울까요?

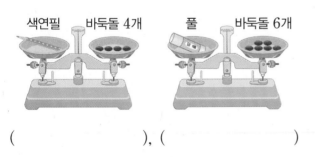

색연필   바둑돌 4개   풀   바둑돌 6개

(   ), (   )

12 들이가 많은 것부터 차례로 기호를 써 보세요.

| ㉠ 3040 mL | ㉡ 3 L 50 mL |
| ㉢ 3500 mL | ㉣ 3 L 200 mL |

(   )

13 진영이와 현주는 실제 들이가 1600 mL인 물통의 들이를 다음과 같이 어림하였습니다. 누가 물통의 실제 들이에 더 가깝에 어림하였나요?

진영	현주
1 L 400 mL	2 L

(   )

14 그림을 보고 빈 바구니의 무게는 몇 kg 몇 g 인지 구해 보세요.

(   )

15 귤, 자두, 바나나 중 1개의 무게가 무거운 것부터 차례로 써 보세요. (단, 같은 과일끼리의 무게는 각각 같습니다.)

귤 2개   자두 3개   바나나 2개   귤 3개

(   )

16 수조에 물을 가득 채우려면 가, 나, 다 컵으로 각각 다음과 같이 부어야 합니다. 가, 나, 다 컵 중 들이가 가장 많은 것은 어느 것일까요?

컵	가	나	다
부은 횟수(번)	11	8	7

(   )

17 그림을 보고 ● 2개의 무게를 구해 보세요.

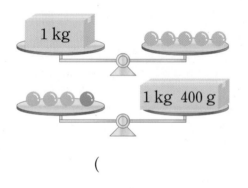

(   )

18 가 그릇과 나 그릇을 모두 이용하여 물통에 물 6 L 200 mL를 담는 방법을 써 보세요.

가 그릇의 들이	나 그릇의 들이
1 L 200 mL	2 L 500 mL

방법

19 가장 무거운 무게와 가장 가벼운 무게의 차는 몇 kg 몇 g인지 풀이 과정을 쓰고 답을 구해 보세요.

> 8 kg   1 kg 800 g   8100 g

풀이

답

20 일주일 동안 우유를 지연이는 3 L 200 mL 마셨고, 영웅이는 지연이보다 1 L 300 mL 더 적게 마셨습니다. 두 사람이 마신 우유는 모두 몇 L 몇 mL인지 풀이 과정을 쓰고 답을 구해 보세요.

풀이

답

사고력이 반짝

● 화살이 직선으로 날아간다고 할 때 화살의 수만큼 직선을 그어서 풍선 9개를 모두 터트려 보세요.

6 자료의 정리

분류한 것을 그림그래프로 나타낼 수 있어!

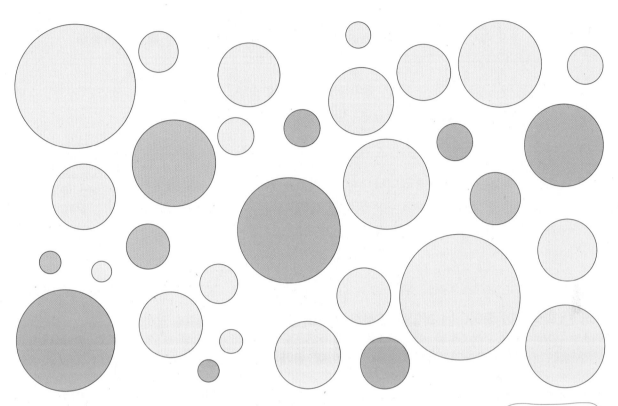

색깔을 분류하여
표로 나타냈어.

● 표로 나타내기

색깔	노란색	초록색	빨간색	합계
개수(개)	20	4	7	31

● 그림그래프로 나타내기

색깔	개수(개)
노란색	◎ ◎ ◎ ◎
초록색	○ ○ ○ ○
빨간색	◎ ○ ○

그림을 2가지로 하면 여러 번 그려야
하는 것을 더 간단히 그릴 수 있어!

 ◎ 5개 ○ 1개

1 표로 나타내면 각 항목별 자료의 수와 합계를 알기 쉬워.

개념 강의

좋아하는 색깔

빨간색	보라색	파란색	초록색
●●●●●	●●●●	●●●●●● ●●	●●●●●●

좋아하는 색깔별 학생 수

색깔	빨간색	보라색	파란색	초록색	합계
학생 수(명)	5	4	8	6	23

- 조사한 학생은 모두 23명입니다. → 표에서 합계를 보면 쉽게 알 수 있습니다.
- 가장 많은 학생들이 좋아하는 색깔은 파란색입니다. → 가장 큰 수는 8입니다.
- 가장 적은 학생들이 좋아하는 색깔은 보라색입니다. → 가장 작은 수는 4입니다.

> 자료를 표로 나타낼 때 항목별 수를 모두 더해 합계를 구해.

---

1 은수네 반 학생들이 좋아하는 과일을 조사하여 나타낸 것입니다. 물음에 답하세요.

학생들이 좋아하는 과일

사과	귤	복숭아	감	귤	사과	감
감	사과	감	사과	복숭아	감	귤
복숭아	감	사과	복숭아	귤	사과	귤

(1) ☐ 안에 알맞은 수를 써넣으세요.

좋아하는 과일별로 학생 수를 세어 보면

사과는 ☐명, 귤은 ☐명, 복숭아는 ☐명, 감은 ☐명입니다.

> 빠뜨리거나 중복되지 않게 V, O, X 등의 표시를 하면서 세어 봐.

(2) 조사한 자료를 보고 표로 나타내어 보고 알맞은 말에 ○표 하세요.

좋아하는 과일별 학생 수

과일	사과	귤	복숭아	감	합계
학생 수(명)					

좋아하는 과일별로 학생 수를 알아보기에 더 편리한 것은 (자료 , 표)입니다.

2 윤호네 반 학생들이 기르고 싶은 동물을 조사하여 나타낸 것입니다. 물음에 답하세요.

기르고 싶은 동물

🦜 앵무새	🐕 강아지	🐈 고양이	🐹 햄스터
●●●●	●●●●● ●●●●●	●●●●● ●●	●●●●●●●●

(1) 조사한 자료를 보고 표로 나타내어 보세요.

기르고 싶은 동물별 학생 수

동물	앵무새	강아지	고양이	햄스터	합계
학생 수(명)					

(2) 조사한 학생은 모두 몇 명일까요?

(   )

> 표에서 합계를 보면 전체 학생 수를 알기 쉬워.

3 주현이네 반 학생들이 급식으로 먹고 싶은 음식을 조사하여 나타낸 것입니다. 조사한 자료를 보고 표로 나타내고 ☐ 안에 알맞은 말을 써넣으세요.

먹고 싶은 음식

김밥	🍕 피자	🍔 햄버거	떡꼬치
●●●●● ●●	●●●●● ●●●●	●●●●●●●●	●●●●● ●●●

먹고 싶은 음식별 학생 수

음식	김밥	피자	햄버거	떡꼬치	합계
학생 수(명)					

> 표와 자료 중 음식별 학생 수를 알기 편리한 것은 무엇일까?

가장 많은 학생들이 먹고 싶은 음식은 ☐ 이고

가장 적은 학생들이 먹고 싶은 음식은 ☐ 입니다.

② 그림그래프는 그림의 크기로 수량을 나타내.

● **그림그래프**: 알려고 하는 수(조사한 수)를 그림으로 나타낸 그래프

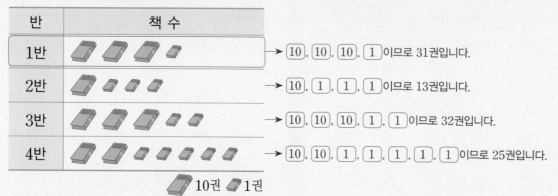

반별 읽은 책 수

반	책 수
1반	➔ ⑩, ⑩, ⑩, ① 이므로 31권입니다.
2반	➔ ⑩, ①, ①, ① 이므로 13권입니다.
3반	➔ ⑩, ⑩, ⑩, ①, ① 이므로 32권입니다.
4반	➔ ⑩, ⑩, ①, ①, ①, ①, ① 이므로 25권입니다.

📗10권 📘1권

• 책을 가장 적게 읽은 반은 2반입니다. ➔ 큰 그림의 수가 가장 적은 반을 찾습니다.
• 책을 가장 많이 읽은 반은 3반입니다. ➔ 큰 그림의 수부터 비교하고 큰 그림의 수가 같으면 작은 그림의 수를 비교합니다.

● **그림그래프의 특징**
• 자료의 특징에 알맞은 그림으로 나타내어 자료에 대한 내용을 한눈에 알기 쉽습니다.
• 각각의 자료의 수와 크기를 쉽게 비교할 수 있습니다.

---

1 지유네 반 학생들이 모둠별로 받은 붙임딱지의 수를 조사하여 나타낸 표와 그림그래프입니다. 물음에 답하세요.

모둠별 받은 붙임딱지 수

모둠	가	나	다	합계
붙임딱지 수(장)	25	33	16	74

모둠별 받은 붙임딱지 수

모둠	붙임딱지 수
가	🐻🐻🐻🐻🐻🐻🐻
나	🐻🐻🐻🐻🐻🐻
다	🐻🐻🐻🐻🐻🐻🐻

🐻10장 🐻1장

(1) 그래프는 모둠별 받은 ⬜⬜⬜ 을/를 나타냅니다.

(2) 그래프에서 그림 🐻 는 ⬜ 장, 🐻 는 ⬜ 장을 나타냅니다.

> **표와 그림그래프 비교**
> • 표: 조사한 전체 수를 쉽게 알 수 있습니다.
> • 그림그래프: 그림으로 수량의 많고 적음을 한눈에 비교할 수 있습니다.

(3) 알맞은 말에 ○표 하세요.

　 그림을 이용하여 알아보기 좋게 나타낸 것은 (표 , 그림그래프)입니다.

2 진호네 학교 3학년 학생들이 좋아하는 꽃을 조사하여 나타낸 그림그래프입니다. 바르게 설명한 것에 ○표, <u>잘못</u> 설명한 것에 ×표 하세요.

좋아하는 꽃별 학생 수

꽃	학생 수
장미	
튤립	
국화	
민들레	

☺ 10명
☺ 1명

(1) 그래프는 좋아하는 꽃별 학생 수를 나타냅니다. ( )

(2) 그림 ☺는 1명, ☺는 10명을 나타냅니다. ( )

(3) 장미를 좋아하는 학생은 54명입니다. ( )

> ☺☺☺는 3명을 나타내는 것이 아니야.

3 마을별 고구마 수확량을 조사하여 나타낸 그림그래프입니다. 물음에 답하세요.

마을별 고구마 수확량

마을	수확량
가	
나	
다	
라	

🍠 100 kg
🍠 10 kg

(1) 각 마을별 고구마 수확량은 몇 kg일까요?

가 마을: ☐ kg, 나 마을: ☐ kg, 다 마을: ☐ kg, 라 마을: ☐ kg

(2) 고구마 수확량이 가장 많은 마을과 가장 적은 마을을 차례로 써 보세요.

( ), ( )

> 그림의 개수가 많다고 수확량이 많은 것은 아니야. 🍠(큰 그림)의 개수가 많아야지.

6. 자료의 정리 **155**

3 그림그래프에서 그림은 자료의 특징을 나타낼 수 있는 것으로 정해.

● **표를 이용하여 그림그래프 그리는 방법**

① 그림을 10 kg, 1 kg 2가지로 정하자.

농장별 토마토 생산량

농장	가	나	다	라	합계
생산량(kg)	32	51	43	24	150

→ 생산량이 두 자리 수이므로 10 kg, 1 kg으로 나타냅니다.

② 토마토 생산량이므로 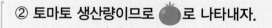로 나타내자.

③ 각 농장의 생산량에 맞게 🍅의 크기를 다르게 그리자.

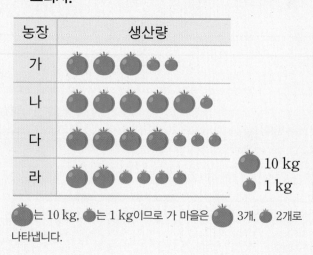

④ 제목을 쓰자.

농장별 토마토 생산량

🍅는 10 kg, 🍅는 1 kg이므로 가 마을은 🍅 3개, 🍅 2개로 나타냅니다.

---

1 지윤이네 학교 3학년 학생들이 좋아하는 운동을 조사하여 나타낸 표를 보고 그림그래프로 나타내려고 합니다. ☐ 안에 알맞은 수를 써넣고 그림그래프를 완성해 보세요.

좋아하는 운동별 학생 수

운동	농구	축구	야구	합계
학생 수(명)	25	42	33	100

좋아하는 운동별 학생 수

운동	학생 수
농구	☺☺☺☺☺☺☺
축구	
야구	

☺ 10명
☺ 1명

☺는 10명, ☺는 1명으로 나타낼 때, 축구는 ☺를 ☐개, ☺를 ☐개 그리고
야구는 ☺를 ☐개, ☺를 ☐개 그립니다.

2 마을별 배 수확량을 조사하여 나타낸 표를 보고 그림그래프로 나타낸 것입니다. 물음에 답하세요.

마을별 배 수확량

마을	가	나	다	라	합계
수확량(상자)	45	27	50	28	150

마을별 배 수확량

마을	수확량
가	
나	
라	

🍐 10상자
🍊 1상자

(1) 그림그래프에서 빠진 마을은 어느 마을인지 쓰고 수확량을 그림으로 나타내어 보세요.

(   ), _____

(2) 수확량을 <u>잘못</u> 나타낸 마을을 쓰고 그림을 바르게 나타내어 보세요.

(   ), _____

3 민수네 학교 3학년 학생들이 좋아하는 민속놀이를 조사한 표를 보고 그림그래프로 나타내려고 합니다. 물음에 답하세요.

좋아하는 민속놀이별 학생 수

민속놀이	윷놀이	제기차기	연날리기	합계
학생 수(명)	23	17	35	75

좋아하는 민속놀이별 학생 수

민속놀이	학생 수
윷놀이	
제기차기	
연날리기	

◎ 10명
○ 1명

(1) ◎는 10명, ○는 1명으로 나타내려고 할 때 윷놀이는 ◎ 몇 개, ○ 몇 개로 나타내야 할까요?

◎ (   ), ○ (   )

(2) 표를 보고 그림그래프로 나타내어 보세요.

4 그림그래프에서 여러 가지 사실을 알 수 있어.

음료수별 판매량

음료수	판매량
콜라	🥤🥤🥤🥤🧃
사이다	🥤🥤🥤🧃🧃🧃
주스	🥤🥤🧃🧃🧃🧃
우유	🥤🥤🧃

🥤10컵 🧃1컵

- 콜라의 판매량은 **41**컵입니다.
- 사이다의 판매량과 주스의 판매량의 차는 $33-24=9$(컵)입니다.
- 가장 적게 팔린 음료수는 **우유**입니다.
  ↳ 큰 그림의 수부터 비교하고 큰 그림의 수가 같으면 작은 그림의 수를 비교합니다.
- 가장 많이 팔린 음료수는 **콜라**입니다.
  ↳ 큰 그림의 수가 가장 많은 음료수를 찾습니다

⬇

이 음료수 가게에서는 **콜라**를 많이 준비해 두는 것이 좋겠습니다.
↳ 그래프에 나타나지 않은 정보를 예상할 수 있습니다.

---

1 마을별 자동차 수를 조사하여 나타낸 그림그래프입니다. ☐ 안에 알맞게 써넣으세요.

마을별 자동차 수

마을	자동차 수
가	🚗🚗🚗🚙🚙🚙
나	🚗🚗🚗🚗🚙🚙🚙🚙🚙
다	🚗🚗🚙🚙🚙
라	🚗🚗🚗🚙🚙🚙
마	🚗🚗🚗🚙

🚗10대
🚙 1대

 🚗(1대)의 개수가 적다고 가장 작은 수는 아니야.

(1) 각 마을의 자동차 수를 세어 보면

가 마을은 ☐대, 나 마을은 ☐대, 다 마을은 ☐대, 라 마을은 ☐대, 마 마을은 ☐대입니다.

(2) 자동차 수가 가장 많은 마을은 ☐마을이고, 가장 적은 마을은 ☐마을입니다.

(3) 가 마을과 자동차 수가 같은 마을은 ☐마을입니다.

(4) 가 마을과 나 마을의 자동차 수의 차는 ☐대입니다.

2 농장별 수박 생산량을 조사하여 나타낸 그림그래프입니다. 바르게 설명한 것에 ○표, <u>잘못</u> 설명한 것에 ×표 하세요.

농장별 수박 생산량

농장	생산량
푸른	
햇살	
하늘	
바다	

큰 그림이 무조건 10 단위 수를 나타 내는 것은 아니야.

🍉 100통
🍉 10통

(1) 수박 생산량이 가장 적은 농장은 햇살 농장입니다. ( )

(2) 푸른 농장과 바다 농장의 수박 생산량의 합은 540통입니다. ( )

(3) 수박 생산량이 햇살 농장의 2배인 농장은 하늘 농장입니다. ( )

3 어느 가게에서 한 달 동안 팔린 색깔별 운동화의 수를 조사하여 나타낸 그림그래프입니다. 물음에 답하세요.

한 달 동안 팔린 색깔별 운동화 수

색깔	운동화 수
흰색	
검은색	
빨간색	
파란색	

👟 10켤레
👟 1켤레

(1) 흰색과 빨간색 운동화는 모두 몇 켤레 팔렸나요?

( )

(2) 내가 이 가게 주인이라면 다음 달에는 어떤 색 운동화를 가장 많이 준비하는 것이 좋을까요?

많이 팔리는 운동화를 많이 준비해야겠지?

( )

1 자료 정리하기

1 과일 가게에 있는 과일을 조사했습니다. 조사한 자료를 보고 표로 나타내어 보세요.

▶ 조사한 자료는 종류별로 과일 수를 세어 봐야 해서 불편해.

과일 가게에 있는 과일

| 사과 | 배 | 참외 | 감 |

종류별 과일 수

과일	사과	배	참외	감	합계
과일 수(개)					

[2~4] 지우네 반 학생들이 태어난 계절을 조사한 것입니다. 물음에 답하세요.

태어난 계절

| 봄 | 여름 | 가을 | 겨울 |

2 조사한 자료를 보고 표로 나타내어 보세요.

▶ 표로 나타내면 태어난 계절별 학생 수를 한눈에 알 수 있어.

태어난 계절별 학생 수

계절	봄	여름	가을	겨울	합계
학생 수(명)					

3 학생들이 많이 태어난 계절부터 차례로 써 보세요.

( )

4 지우네 반 전체 학생 수를 알아보려고 할 때 조사한 자료와 표 중에서 어느 것이 더 편리할까요?

( )

[5~7] 소희네 반 학생들이 여행 가고 싶은 나라를 조사한 것입니다. 물음에 답하세요.

여행 가고 싶은 나라

프랑스	미국	스위스	이탈리아

● 여학생 ● 남학생

5 조사한 자료를 보고 남학생과 여학생으로 나누어 표로 나타내어 보세요.

▶ 나라별로 남학생 수와 여학생 수를 따로 세어야 해.

여행 가고 싶은 나라별 학생 수

나라	프랑스	미국	스위스	이탈리아	합계
남학생 수(명)					
여학생 수(명)					

6 미국에 가고 싶은 학생은 이탈리아에 가고 싶은 학생보다 몇 명 더 많을까요?

( )

▶ (미국에 가고 싶은 학생 수)
= (미국에 가고 싶은 남학생 수) + (미국에 가고 싶은 여학생 수)

☺ 내가 만드는 문제

7 표를 보고 알 수 있는 사실을 1가지 써 보세요.

....

표로 나타내면 좋은 점은?

좋아하는 간식

● 여학생 ● 남학생

→

좋아하는 간식별 학생 수

간식	빵	과자	초콜릿	합계
남학생 수(명)	5	4	2	11
여학생 수(명)	4	2	3	9

빵을 좋아하는 남학생 수: ☐명

과자를 좋아하는 여학생 수: ☐명

조사한 전체 학생 수: ☐명

표에는 다양한 정보가 포함되어 있어.

8 지효네 학교 학생들의 취미를 조사하여 나타낸 그림그래프입니다. 학생 수가 214명인 취미는 무엇일까요?

	◯◯	△△△	◯
	100이	10이	1이
	2개	3개	1개
	2	3	1

취미별 학생 수

취미	학생 수
독서	◎ ◎ △ △ △ △ ◯
그림 그리기	◎ △ △ ◯ ◯
음악 감상	◎ △ △ △ △ ◯ ◯
운동	◎ ◎ △ ◯ ◯ ◯ ◯

◎ 100명
△ 10명
◯ 1명

(   )

➕ 진호네 반의 혈액형별 학생 수를 조사하여 나타낸 막대그래프입니다. ☐ 안에 알맞은 수를 써넣으세요.

혈액형별 학생 수

(명)

학생 수 / 혈액형	A형	B형	O형	AB형

A형인 학생 수는 6명이고 O형인 학생 수는 ☐ 명입니다.

> 4학년 1학기 때 만나!

막대그래프 알아보기

• 막대그래프: 조사한 자료를 막대 모양으로 나타낸 그래프
• 막대의 높이 비교로 자료별 수량의 많고 적음을 한눈에 비교할 수 있습니다.

9 가구별 기르고 있는 소의 수를 조사하여 나타낸 그림그래프입니다. 그림그래프를 보고 표로 나타내어 보세요.

가구별 기르고 있는 소의 수

가구	소의 수
가	🐮 🐮 🐮 🐄 🐄
나	🐮 🐮 🐄 🐄 🐄 🐄 🐄
다	🐮 🐮 🐮 🐮 🐄 🐄 🐄

🐮 10마리
🐄 1마리

가구별 기르고 있는 소의 수

가구	가	나	다	합계
소의 수(마리)				

10 그해의 더위를 물리친다 하여 복날에는 영양식인 닭 요리를 주로 먹습니다. 어느 치킨 가게에서 초복에 하루 동안 팔린 치킨의 수를 조사하여 나타낸 그림그래프입니다. 하루 동안 팔린 치킨은 모두 몇 마리일까요?

▶ 삼복(초복, 중복, 말복)은 여름철의 몹시 더운 기간으로 체력 보충을 위해 영양식을 먹어요.

하루 동안 팔린 치킨의 수

종류	치킨의 수
양념치킨	🍗🍗🍗🍗
프라이드치킨	🍗🍗🍗🍗🍗🍗🍗
마늘치킨	🍗🍗🍗🍗🍗
간장치킨	🍗🍗🍗🍗

🍗 10마리
🍗 1마리

(   )

😊 내가 만드는 문제

⑪ 마을별 나무 수를 조사하여 나타낸 그림그래프에서 잘못된 점을 찾아 써 보세요.

마을별 나무 수

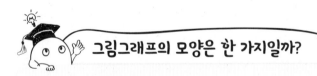

마을	나무 수
가	🌲🌲🌲🌲
나	🌳🌳
다	🌳🌳🌳🌳

🌲 10그루
🌲 1그루

잘못된 점 ....

....

....

....

🎓 **그림그래프의 모양은 한 가지일까?**

음식별 판매량

| 김치찌개 | 비빔밥 | 갈비찜 | 된장찌개 |

🥣 10그릇 🥣 1그릇

갈비찜의 판매량: ☐ 그릇

마을별 사과 생산량

햇살 마을	샛별 마을
구름 마을	달빛 마을

🍎 100상자 🍎 10상자

햇살 마을의 생산량: ☐ 상자

권역별 초등학교 수

서울·인천·경기   강원
대전·세종·충청   대구·부산 울산·경상
광주·전라
제주

🏫 1000개
🏫 100개

제주의 초등학교 수: ☐ 개

6

[12~13] 천택이네 학교 학생들이 좋아하는 동물을 조사하여 나타낸 것입니다. 물음에 답하세요.

좋아하는 동물

토끼	고양이	강아지	기린

12 조사한 자료를 보고 표로 나타내어 보세요.

좋아하는 동물별 학생 수

동물	토끼	고양이	강아지	기린	합계
학생 수(명)					

13 표를 보고 그림그래프로 나타내어 보세요.

좋아하는 동물별 학생 수

동물				
학생 수				

◎10명
○ 1명

> 그래프를 그릴 때 동물의 순서는 달라질 수 있어.
>
> | 토끼 | 고양이 | 강아지 | 기린 |
> |---|---|---|---|
>
> | 기린 | 강아지 | 고양이 | 토끼 |
> |---|---|---|---|

14 카페인은 차나 커피 등 여러 식품 속에 들어 있는 성분으로 피로를 풀어주고 정신을 맑게 해주는 효과가 있다고 합니다. 각 식품 속에 들어 있는 카페인 함량을 보고 그림그래프로 나타내어 보세요.

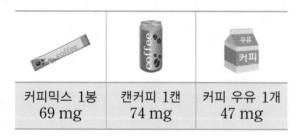

커피믹스 1봉 69 mg	캔커피 1캔 74 mg	커피 우유 1개 47 mg

> 74 mg을
> ★★★★★★★
> ★★★★★★★★★
> ★★★★
> 로 나타내려는 건 아니지?

식품별 카페인 함량

식품	카페인 함량
커피믹스 1봉	
캔커피 1캔	
커피 우유 1개	

★10 mg
★ 1 mg

😊 내가 만드는 문제

15 민유네 학교 3학년 학생들이 봉사활동을 한 장소를 조사하여 나타낸 표입니다. 나타낼 모양을 자유롭게 정하여 두 가지 그림그래프로 나타내어 보세요.

봉사활동을 한 장소별 학생 수

장소	복지관	경로당	요양원	합계
학생 수(명)	34	27	19	80

봉사활동을 한 장소별 학생 수

장소	학생 수

☐ 10명
☐ 1명

▶ 그림이 2가지이면 헷갈리지 않게 수를 셀 수 있어.

봉사활동을 한 장소별 학생 수

장소	학생 수

☐ 10명
☐ 5명
☐ 1명

▶ 그림이 3가지이면 여러 번 그려야 하는 것을 더 간단히 그릴 수 있어.

🎓 그림그래프에서 그림은 반드시 2가지로만 나타낼까?

반별 우유 급식을 신청한 학생 수

반	1반	2반	3반	합계
학생 수(명)	25	18	27	70

자료의 수나 크기에 따라 필요한 만큼의 가짓수로 나타내.

2가지로 나타내기

반별 우유 급식을 신청한 학생 수

반	학생 수
1반	◎◎○○○○○
2반	◎○○○○○○○○
3반	

◎ 10명
○ 1명

3가지로 나타내기

반별 우유 급식을 신청한 학생 수

반	학생 수
1반	◎◎△
2반	
3반	◎◎△○○

◎ 10명
△ 5명
○ 1명

4 그림그래프 이용하기

16 진우네 학교 3학년 학생들이 배우고 싶은 악기를 조사하여 나타낸 그림그래프입니다. 표를 완성하고 ☐ 안에 알맞은 수를 써넣으세요.

▶ 그림의 개수를 세어 쓰고 합계를 쓰는 것도 잊지 마.

배우고 싶은 악기별 학생 수

악기	학생 수
바이올린	⊙ ⊙ ⊙ ⊙ ⊙ ⊙
피아노	⊙ ⊙ ⊙ ⊙ ⊙ ⊙ ⊙ ⊙
드럼	⊙ ⊙ ⊙ ⊙ ⊙ ⊙
첼로	⊙ ⊙ ⊙ ⊙ ⊙

⊙ 10명
⊙ 1명

배우고 싶은 악기별 학생 수

악기	바이올린	피아노	드럼	첼로	합계
학생 수(명)					

피아노를 배우고 싶은 학생과 드럼을 배우고 싶은 학생 수의 차는 ☐ 명입니다.

17 농장별 딸기 생산량을 조사하여 나타낸 그림그래프입니다. 잘못 설명한 학생의 이름을 쓰고 바르게 고쳐 보세요.

▶ 각 농장의 생산량을 먼저 알아야겠지?

농장별 딸기 생산량

농장	생산량
가	🍓 🍓 🍓 🍓 🍓 🍓 🍓
나	🍓 🍓 🍓 🍓 🍓 🍓 🍓
다	🍓 🍓 🍓 🍓 🍓 🍓 🍓 🍓

🍓 100 kg
🍓 10 kg

지아: 나 농장의 딸기 생산량은 360 kg이야.
은호: 다 농장의 생산량은 가 농장의 생산량의 3배야.
선유: 가 농장과 나 농장의 생산량의 차는 90 kg이야.

(   )

바르게 고치기

[18~19] 준희네 마트에서 일주일 동안 팔린 아이스크림 수를 조사하여 나타낸 그림그래프입니다. 일주일 동안 팔린 아이스크림이 모두 130개일 때, 물음에 답하세요.

일주일 동안 팔린 아이스크림 수

아이스크림	아이스크림 수
바닐라	◎ ◎ ○ ○ ○ ○ ○ ○
딸기	
초코	◎ ◎ ◎ ◎ ◎ ○ ○
호두	◎ ○ ○ ○ ○ ○ ○ ○

◎ 10개
○ 1개

18 딸기 아이스크림은 몇 개 팔렸나요?

(   )

▶ 먼저 딸기 아이스크림을 제외한 나머지 아이스크림 수의 합을 구해.

☺ 내가 만드는 문제

19 준희네 마트에서 다음 주에는 어떤 아이스크림을 어떻게 준비하면 좋을지 쓰고, 그 이유를 써 보세요.

답 ....

이유 ....

....

6

그림그래프가 표보다 좋은 점은?

● 표

종류별 책 수

종류	위인전	동화책	만화책	합계
책 수(권)	31	42	23	96

➡ 위인전의 수: ☐ 권

동화책의 수: ☐ 권

전체 책의 수: ☐ 권

그림그래프는 그림의 크기로 수량의 많고 적음을 한눈에 비교할 수 있어.

● 그림그래프

종류별 책 수

위인전	동화책	만화책

📓10권 📖1권

➡ 가장 많이 있는 책: ☐

가장 적게 있는 책: ☐

1 그림그래프를 보고 항목의 차 구하기

[1~3] 정우네 학교 3학년에서 6학년까지 동생이 있는 학생 수를 조사하여 나타낸 그림그래프입니다. 물음에 답하세요.

학년별 동생이 있는 학생 수

학년	학생 수
3학년	👧👧👧👧👧👧👧👧
4학년	👧👧👧👧👧👧 👧👧👧
5학년	👧👧👧👧👧👧👧👧👧
6학년	👧👧👧👧👧👧 👧👧

👧 10명 👧 1명

1 준비 동생이 있는 학생이 가장 많은 학년은 몇 학년일까요?

( )

2 확인 동생이 있는 학생이 가장 적은 학년은 몇 학년일까요?

( )

3 완성 동생이 있는 학생이 가장 많은 학년과 가장 적은 학년의 학생 수의 차는 몇 명일까요?

( )

2 표를 보고 그림그래프 그리기

[4~6] 바다네 학교 3학년 학생들이 좋아하는 계절을 조사하여 나타낸 표입니다. 물음에 답하세요.

좋아하는 계절별 학생 수

계절	봄	여름	가을	겨울	합계
남학생 수(명)	8	18	13	7	46
여학생 수(명)	12	8	20	8	48

4 준비 봄을 좋아하는 남학생과 여학생은 각각 몇 명일까요?

남학생 ( )
여학생 ( )

5 확인 여름을 좋아하는 학생은 모두 몇 명일까요?

( )

6 완성 표를 보고 그림그래프로 나타내어 보세요.

좋아하는 계절별 학생 수

계절	학생 수

😊 10명 😊 1명

3 항목의 수를 구하여 그림그래프 그리기

[7~9] 어느 공장에서 2월부터 5월까지 월별 필통 생산량을 조사하여 나타낸 표입니다. 물음에 답하세요.

월별 필통 생산량

월	2월	3월	4월	5월	합계
생산량(상자)	46		17	33	148

7
준비

2월부터 5월까지 생산한 필통은 모두 몇 상자일까요?

( )

8
확인

3월의 필통 생산량은 몇 상자일까요?

( )

9
완성

표를 보고 그림그래프로 나타내어 보세요.

월별 필통 생산량

월	생산량

📦10상자 📦1상자

4 표와 그림그래프 완성하기

[10~11] 마을별 초등학생 수를 조사하여 나타낸 표와 그림그래프입니다. 물음에 답하세요.

마을별 초등학생 수

마을	가	나	다	합계
학생 수(명)	33		42	

마을별 초등학생 수

마을	학생 수
가	☺☺☺☻☺☺
나	☺☺☺☺☺☺
다	

☺10명 ☺1명

10
준비

나 마을의 초등학생은 몇 명일까요?

( )

11
확인

표와 그림그래프를 완성해 보세요.

12
완성

농장별 당근 수확량을 조사하여 나타낸 표와 그림그래프를 완성해 보세요.

농장별 당근 수확량

농장	하늘	다래	호수	풀잎	합계
수확량(상자)		310	150	240	

농장별 당근 수확량

농장	수확량
하늘	🥕🥕🥕🥕
다래	
호수	🥕🥕🥕🥕🥕🥕
풀잎	

🥕100상자 🥕10상자

6

5 그림그래프에서 합계 이용하기

[13~15] 정연이네 학교 3학년의 반별 학생 수를 조사하여 나타낸 그림그래프입니다. 물음에 답하세요.

반별 학생 수

반	학생 수
1반	👤👤👤🧍🧍🧍
2반	👤👤🧍🧍🧍🧍🧍🧍🧍🧍
3반	👤👤👤🧍
4반	👤👤🧍🧍🧍🧍🧍🧍

👤10명 🧍1명

13
준비

각 반의 학생은 몇 명일까요?

1반 (   )
2반 (   )
3반 (   )
4반 (   )

14
확인

정연이네 학교 3학년 학생은 모두 몇 명일까요?

(   )

15
완성

정연이네 학교 3학년 학생들에게 연필을 3자루씩 나누어 주려면 연필은 적어도 몇 자루 준비해야 할까요?

(   )

6 그림그래프에서 항목의 수 구하기

[16~17] 체육관에 있는 공의 수를 조사하여 나타낸 표입니다. 공의 수가 모두 69개일 때 물음에 답하세요.

체육관에 있는 공의 수

종류	공의 수
배구공	◎○○
농구공	
축구공	◎◎◎○

◎10개 ○1개

16
준비

배구공과 축구공은 각각 몇 개일까요?

배구공 (   )
축구공 (   )

17
확인

농구공 수를 구하여 그림그래프를 완성해 보세요.

18
완성

세 반 학생들이 모은 빈병의 수가 모두 233병일 때 그림그래프를 완성해 보세요.

반별로 모은 빈병의 수

반	빈병의 수
1반	
2반	🍾🍾🍾🍼🍼🍼🍼
3반	🍼🍼🍼🍼🍼🍼

🍾50병
🍼10병
🍼1병

단원 평가

점수   확인

[1~4] 은성이네 반 학생들이 좋아하는 과일을 조사하여 나타낸 것입니다. 물음에 답하세요.

좋아하는 과일

🍎 사과	🍊 귤	🍉 수박	🍓 딸기

1 사과를 좋아하는 학생은 몇 명일까요?

( )

2 조사한 자료를 보고 표로 나타내어 보세요.

좋아하는 과일별 학생 수

과일	사과	귤	수박	딸기	합계
학생 수(명)					

3 가장 많은 학생들이 좋아하는 과일은 무엇일까요?

( )

4 조사한 전체 학생 수를 알아보려면 자료와 표 중 어느 것이 더 편리할까요?

( )

[5~6] 식목일에 마을별 심은 나무의 수를 조사하여 나타낸 그림그래프입니다. 물음에 답하세요.

마을별 심은 나무 수

마을	나무 수
행복	🌲🌲🌲🌲 🌲🌲
사랑	🌲🌲 🌲🌲
희망	🌲🌲🌲 🌲🌲
미소	🌲 🌲🌲🌲🌲

🌲10그루 🌲1그루

5 그림 🌲과 🌲는 각각 몇 그루를 나타낼까요?

🌲 ( ), 🌲 ( )

6 행복 마을에 심은 나무는 몇 그루일까요?

( )

[7~8] 지윤이네 모둠 학생들이 딴 귤의 수를 조사하여 나타낸 그림그래프입니다. 물음에 답하세요.

학생들이 딴 귤 수

이름	귤 수
지윤	⬤⬤⬤ ●●●●●
가은	⬤⬤⬤⬤ ●●
세희	⬤ ⬤⬤ ●

⬤10개 ●1개

7 귤을 가장 많이 딴 학생은 누구일까요?

( )

8 지윤이와 세희가 딴 귤의 수의 차는 몇 개일까요?

( )

단원 평가

[9~12] 농장별 하루 동안의 우유 생산량을 조사한 표를 보고 그림그래프로 나타내려고 합니다. 물음에 답하세요.

농장별 우유 생산량

농장	가	나	다	합계
생산량(kg)	27	35	28	

9 세 농장에서 생산한 우유는 모두 몇 kg일까요?

( )

10 10 kg은 ◎, 1 kg은 ○으로 하여 그림그래프로 나타내어 보세요.

농장별 우유 생산량

농장	생산량
가	
나	
다	

◎10 kg ○1 kg

11 10 kg은 ◎, 5 kg은 △, 1 kg은 ○으로 하여 그림그래프로 나타내어 보세요.

농장별 우유 생산량

농장	생산량
가	
나	
다	

◎10 kg △5 kg ○1 kg

12 우유 생산량이 많은 농장부터 차례로 써 보세요.

( )

[13~14] 세희네 학교 3학년 학생들이 좋아하는 계절을 조사하여 나타낸 그림그래프입니다. 물음에 답하세요.

좋아하는 계절별 학생 수

계절	학생 수
봄	☺ ☺
여름	☺ ☺ ☺ ☺ ☺ ☺
가을	☺ ☺ ☺ ☺ ☺ ☺ ☺
겨울	☺ ☺ ☺

☺ 10명 ☺ 1명

13 그림그래프를 보고 표로 나타내어 보세요.

좋아하는 계절별 학생 수

계절	봄	여름	가을	겨울	합계
학생 수(명)					

14 여름보다 더 많은 학생들이 좋아하는 계절은 무엇일까요?

( )

15 월별 맑은 날수를 조사한 표와 그림그래프를 완성해 보세요.

월별 맑은 날수

월	9월	10월	11월	합계
날수(일)		20		49

월별 맑은 날수

월	날수
9월	☀ ☀ ☀ ☀ ☀ ☀ ☀ ☀ ☀
10월	
11월	

☀ 10일
☀ 1일

[16~17] 민주네 학교 학생 132명이 좋아하는 꽃을 조사하여 나타낸 그림그래프입니다. 물음에 답하세요.

좋아하는 꽃별 학생 수

꽃	학생 수
장미	🌸🌸🌸🌸🌸✿✿
국화	🌸✿✿✿✿✿
튤립	
백합	🌸✿✿✿✿✿✿✿✿✿✿

🌸10명　✿1명

16 그림그래프를 완성해 보세요.

17 민주네 학교 학생들에게 꽃을 나누어 준다면 어떤 꽃을 가장 많이 준비하는 것이 좋을까요?

(　　　　　　　)

18 민호네 학교 3학년 반별 학생 수를 조사하여 나타낸 그림그래프입니다. 학생들에게 사탕을 4개씩 나누어 준다면 사탕은 적어도 몇 개 준비해야 할까요?

반별 학생 수

반	학생 수
1반	👤👤👤👤👤👤👤👤
2반	👤👤👤👤👤👤👤👤👤
3반	👤👤👤👤
4반	👤👤👤👤

👤10명　👤1명

(　　　　　　　)

19 농장별 감자 생산량을 조사하여 나타낸 그림그래프입니다. 그림그래프를 보고 알 수 있는 사실을 1가지 써 보세요.

농장별 감자 생산량

농장	생산량
가	🥔🥔🥔🥔◯◯◯
나	🥔🥔◯◯◯
다	🥔🥔🥔🥔🥔◯◯◯◯◯◯

🥔10 kg　◯1 kg

_____

_____

20 줄넘기를 가장 많이 한 학생과 가장 적게 한 학생의 줄넘기 횟수의 차는 몇 회인지 풀이 과정을 쓰고 답을 구해 보세요.

학생별 줄넘기 횟수

이름	줄넘기 횟수
진호	◎△△△◯◯◯◯
민아	◎△△△◯◯◯◯
영주	◎◯◯◯
지혜	◎△△△△△◯◯

◎100회　△10회　◯1회

풀이 _____

_____

답 _____

● 오른쪽 모양을 만들 수 있는 2조각을 찾아 이어 보세요.

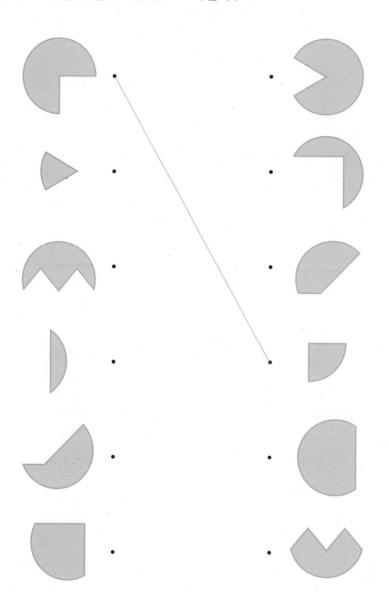

사고력이 반짝

● 굵은 선은 시은이네 집에서 친구네 집까지 가는 길을 나타낸 것입니다. 길을 따라 친구네 집에 갈 때 길의 길이가 시은이네 집에서 가장 짧은 친구와 가장 긴 친구의 이름을 차례로 써 보세요.

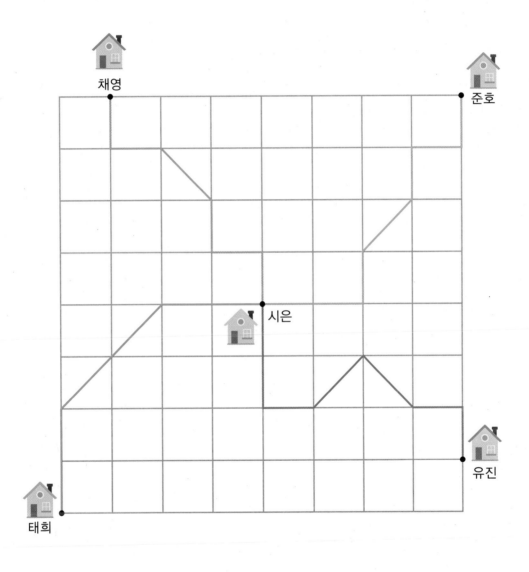

계산이 아닌

개념을 깨우치는

수학을 품은 연산

디딤돌
연산은
수학이다.

1~6학년(학기용)

수학 공부의 새로운 패러다임

상위권의 기준!

똑같은 DNA를 품은 최상위지만,
심화문제 접근 방법에 따른 구성 차별화!

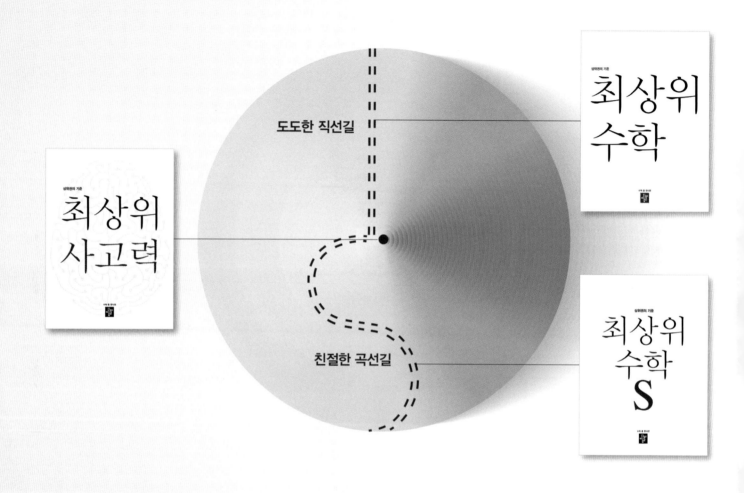

도도한 직선길

친절한 곡선길

최상위
사고력

최상위
수학

최상위
수학
S

최상위를 위한
심화 학습 서비스 제공!

문제풀이 동영상 ➕ 상위권 학습 자료
(QR 코드 스캔 혹은 디딤돌 홈페이지 참고)

기본탄탄북

$\dfrac{3}{2}$

차례

수학 좀 한다면

초등수학

기본탄탄북

3
−
2

- **개념 적용 복습** │ 진도책의 개념 적용에서 틀리기 쉽거나 중요한 문제들을 다시
  한번 풀어 보세요.

- **서술형 문제** │ 쓰기 쉬운 서술형 문제로 수학적 의사표현 능력을 키워 보세요.

- **수행 평가** │ 수시평가를 대비하여 꼭 한번 풀어 보세요.
  시험에 대한 자신감이 생길 거예요.

- **총괄 평가** │ 최종적으로 모든 단원의 문제를 풀어 보면서 실력을 점검해 보세요.

1

진도책 13쪽
6번 문제

▲ = 100, ■ = 10, ● = 1을 나타낼 때 다음을 계산해 보세요.

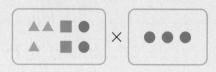

어떻게 풀었니?

먼저 모양이 나타내는 수를 각각 알아보자!

왼쪽 상자에는 ▲가 3개, ■가 2개, ●가 2개 있어. 즉, 100이 ☐개, 10이 ☐개, 1이 ☐

개인 수이니까 ☐ 을/를 나타내.

오른쪽 상자에는 ●가 3개 있어. 즉, 1이 ☐개인 수이니까 ☐ 을/를 나타내.

두 상자 사이에 곱셈 기호가 있으니까 상자 안에 있는 모양이 각각 나타내는 두 수를 곱하면 돼.

☐ × ☐ = ☐

아~ 주어진 식을 계산하면 ☐ (이)구나!

2 ▲ = 100, ■ = 10, ● = 1을 나타낼 때 다음을 계산해 보세요.

( )

3 ▲ = 100, ■ = 10, ● = 1을 나타낼 때 다음을 계산해 보세요.

( )

4

진도책 16쪽
18번 문제

☐ 안에 알맞은 수를 써넣으세요.

$$751 \times 2 + 751 = 751 \times \boxed{}$$

$$751 \times 3 + 751 = 751 \times \boxed{}$$

$$751 \times 4 + 751 = 751 \times \boxed{}$$

 어떻게 풀었니?

식을 그림으로 나타내어 보자!

751×2는 751씩 2묶음이고, 여기에 751 한 묶음을 더하면 751씩 3묶음이 돼.

751 + 751 + 751 = 751 + 751 + 751

751×2 + 751 = 751 × ☐

이와 같이 덧셈 기호 양쪽에 있는 묶음의 수를 세어서 곱셈으로 나타낼 수 있어.

그럼, 751×3+751은 751씩 3묶음에 751 한 묶음을 더한 것과 같으니까 전체 묶음의 수는

3+1 = ☐ (개)가 되지.

➡ $751 \times 3 + 751 = \underset{751 \times 3}{\underline{751 + 751 + 751}} + 751 = 751 \times \boxed{}$

마찬가지로 751×4+751은 751씩 4묶음에 751 한 묶음을 더한 것과 같으니까 전체 묶음의
수는 4+1 = ☐ (개)가 돼.

➡ $751 \times 4 + 751 = \underset{751 \times 4}{\underline{751 + 751 + 751 + 751}} + 751 = 751 \times \boxed{}$

아~ ☐ 안에 ☐, ☐, ☐을/를 차례로 써넣으면 되는구나!

5

☐ 안에 알맞은 수를 써넣으세요.

⑴ $683 \times 4 + 683 = 683 \times \boxed{}$

$683 \times 5 + 683 = 683 \times \boxed{}$

$683 \times 6 + 683 = 683 \times \boxed{}$

⑵ $432 \times 4 - 432 = 432 \times \boxed{}$

$432 \times 5 - 432 = 432 \times \boxed{}$

$432 \times 6 - 432 = 432 \times \boxed{}$

6

진도책 25쪽
13번 문제

규칙에 맞게 빈칸에 알맞은 수를 써넣으세요.

3	45	4	60	5		6	

어떻게 풀었니?

먼저 규칙을 찾아보자!

색칠된 칸에 있는 수들이 1씩 커지고 있으니까 두 칸씩 나눠서 앞의 수와 뒤의 수에 어떤 관계가 있는지 알아보자.

3에서 45로, 4에서 60으로 수가 커졌으니까 앞의 수에 어떤 수를 더하거나 곱해서 뒤의 수가 나오는 규칙이라고 예상할 수 있어.

먼저, 더하는 규칙이라고 예상하면 $3+\boxed{}=45$, $4+\boxed{}=60$이니까 둘 사이에 규칙을 찾을 수 없어.

이번에는 곱하는 규칙이라고 예상하면 $3\times\boxed{}=45$, $4\times\boxed{}=60$이니까 앞의 수에 $\boxed{}$을/를 곱하면 뒤의 수가 나오는 규칙이라는 걸 알 수 있지.

규칙에 따라 5에 $\boxed{}$을/를 곱하면 $\boxed{}$이/가 되고, 6에 $\boxed{}$을/를 곱하면 $\boxed{}$이/가 돼.

아~ 빈칸에 $\boxed{}$, $\boxed{}$을/를 차례로 써넣으면 되는구나!

7 규칙에 맞게 빈칸에 알맞은 수를 써넣으세요.

4	96	5	120	6		7	

8 규칙에 맞게 빈칸에 알맞은 수를 써넣으세요.

9		7		5	95	3	57

9

진도책 26쪽
16번 문제

□ 안에 알맞은 수를 써넣으세요.

$$25 \times 14 = 25 \times \boxed{} \times 7 = \boxed{} \times 7 = \boxed{}$$

🎓 **어떻게 풀었니?**

식을 그림으로 나타내어 보자!

25×14는 25씩 14묶음이고, 이것을 7묶음으로 묶으면 한 묶음에 2묶음씩 돼.

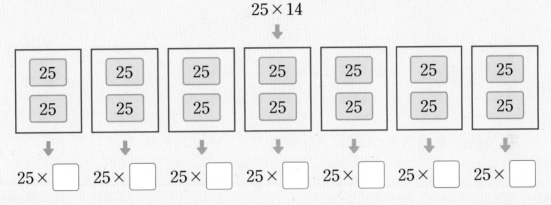

$$25 \times \boxed{} \quad 25 \times \boxed{} \quad 25 \times \boxed{} \quad 25 \times \boxed{} \quad 25 \times \boxed{} \quad 25 \times \boxed{} \quad 25 \times \boxed{}$$

이와 같이 25씩 14묶음은 25씩 2묶음(25 × □)이 7묶음 있는 것과 같으니까

$25 \times 14 = 25 \times \boxed{} \times 7$로 나타낼 수 있지. 세 수의 곱셈은 앞에서부터 차례로 계산하면 돼.

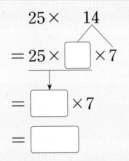

$$
\begin{aligned}
25 \times \quad &14 \\
= 25 \times \boxed{} &\times 7 \\
= \boxed{} &\times 7 \\
= \boxed{}
\end{aligned}
$$

아~ □ 안에 □, □, □을/를 차례로 써넣으면 되는구나!

10

□ 안에 알맞은 수를 써넣으세요.

$$
\begin{aligned}
16 \times 15 &= 16 \times \boxed{} \times 3 \\
&= \boxed{} \times 3 \\
&= \boxed{}
\end{aligned}
$$

▤ 쓰기 쉬운 서술형

1 **곱셈의 활용**

주하는 줄넘기를 하루에 125번씩 했습니다. 일주일 동안에는 줄넘기를 모두 몇 번 했는지 풀이 과정을 쓰고 답을 구해 보세요.

하루에 한 줄넘기의 횟수에
줄넘기를 한 날수를 곱하면?

각 자리 계산에서 올림한
수를 잊지 말고 더해야 해.

✏ 무엇을 쓸까? ❶ 줄넘기를 모두 몇 번 했는지 구하는 과정 쓰기

❷ 줄넘기를 모두 몇 번 했는지 구하기

풀이 예 일주일은 (　　　)일이므로

(일주일 동안 한 줄넘기 횟수) = (　　　) × (　　　) ⋯ ❶

= (　　　)(번)

따라서 일주일 동안에는 줄넘기를 모두 (　　　)번 했습니다. ⋯ ❷

답 _____

1-1

현서는 윗몸 말아 올리기를 하루에 32번씩 했습니다. 4월 한 달 동안에는 윗몸 말아 올리기를 모두 몇 번 했는지 풀이 과정을 쓰고 답을 구해 보세요.

✏ 무엇을 쓸까? ❶ 윗몸 말아 올리기를 모두 몇 번 했는지 구하는 과정 쓰기

❷ 윗몸 말아 올리기를 모두 몇 번 했는지 구하기

풀이 _____

_____

_____

답 _____

1-2

운동장에 학생들이 한 줄에 24명씩 13줄로 서 있습니다. 그중 여학생이 153명이라면 남학생은 몇 명인지 풀이 과정을 쓰고 답을 구해 보세요.

무엇을 쓸까?
❶ 운동장에 줄 서 있는 학생 수 구하기
❷ 남학생 수 구하기

풀이

답

1

1-3

사과는 한 봉지에 6개씩 27봉지 있고, 귤은 한 봉지에 8개씩 22봉지 있습니다. 사과와 귤 중 어느 것이 몇 개 더 많은지 풀이 과정을 쓰고 답을 구해 보세요.

무엇을 쓸까?
❶ 사과 수 구하기
❷ 귤 수 구하기
❸ 사과와 귤 중 어느 것이 몇 개 더 많은지 구하기

풀이

답   ,

2 □ 안에 들어갈 수 있는 수 구하기

1부터 9까지의 자연수 중에서 □ 안에 들어갈 수 있는 수는 모두 몇 개인지 풀이 과정을 쓰고 답을 구해 보세요.

$$146 \times \square < 600$$

□ 안에 1부터 차례로 넣어 보면?

□ 안에 5가 들어갈 수 없다면 5보다 큰 수는 모두 들어갈 수 없어.

🖊 무엇을 쓸까? ❶ □ 안에 수를 넣어 계산하기

❷ □ 안에 들어갈 수 있는 자연수는 모두 몇 개인지 구하기

풀이 ⓔ 146 × 1 = (   ), 146 × 2 = (   ), 146 × 3 = (   ),

146 × 4 = (   ), 146 × 5 = (   )…입니다. ⋯ ❶

따라서 □ 안에 들어갈 수 있는 자연수는 (   ), (   ), (   ), (   )(으)로

모두 (   )개입니다. ⋯ ❷

답 _____

2-1

1부터 9까지의 자연수 중에서 □ 안에 들어갈 수 있는 수는 모두 몇 개인지 풀이 과정을 쓰고 답을 구해 보세요.

$$587 \times \square > 4000$$

🖊 무엇을 쓸까? ❶ □ 안에 수를 넣어 계산하기

❷ □ 안에 들어갈 수 있는 자연수는 모두 몇 개인지 구하기

풀이 _____

답 _____

2-2

□ 안에 들어갈 수 있는 자연수 중에서 가장 작은 수는 얼마인지 풀이 과정을 쓰고 답을 구해 보세요.

1. 곱셈

$$43 \times \square 0 > 2500$$

📝 **무엇을 쓸까?** ❶ 43을 40이라고 생각하여 □의 값 예상하기

❷ □ 안에 들어갈 수 있는 가장 작은 자연수 구하기

풀이

답

1

2-3

□ 안에 들어갈 수 있는 수 중에서 가장 큰 두 자리 수는 얼마인지 풀이 과정을 쓰고 답을 구해 보세요.

$$27 \times \square < 167 \times 5$$

📝 **무엇을 쓸까?** ❶ 167×5 계산하기

❷ □ 안에 들어갈 수 있는 수의 십의 자리 숫자 예상하기

❸ □ 안에 들어갈 수 있는 가장 큰 두 자리 수 구하기

풀이

답

3 바르게 계산한 값 구하기

어떤 수에 9를 곱해야 하는데 잘못하여 더했더니 336이 되었습니다. 바르게 계산하면 얼마인지 풀이 과정을 쓰고 답을 구해 보세요.

먼저 어떤 수를 구하면?

어떤 수를 □라고 하여 잘못 계산한 식을 세워 봐.

🖋 **무엇을 쓸까?** ❶ 어떤 수 구하기

❷ 바르게 계산한 값 구하기

풀이 예 어떤 수를 □라고 하면 □+9 = 336이므로

□ = 336−(   ) = (   )입니다. ··· ❶

따라서 바르게 계산하면 (   )×9 = (   )입니다. ··· ❷

답 _____

3-1

어떤 수에 38을 곱해야 하는데 잘못하여 **뺐더니** 17이 되었습니다. 바르게 계산하면 얼마인지 풀이 과정을 쓰고 답을 구해 보세요.

🖋 **무엇을 쓸까?** ❶ 어떤 수 구하기

❷ 바르게 계산한 값 구하기

풀이 _____

_____

_____

답 _____

4

곱이 가장 큰/작은 곱셈식 만들기

4장의 수 카드 2 , 5 , 6 , 3 을 한 번씩만 사용하여 (두 자리 수)×(두 자리 수)의 곱셈식을 만들려고 합니다. 만들 수 있는 곱셈식 중에서 가장 큰 곱은 얼마인지 풀이 과정을 쓰고 답을 구해 보세요.

62×53과 63×52의 곱을 비교하면?

곱이 가장 큰 곱셈식이 되려면 십의 자리에 큰 수를 각각 놓아야 해!

무엇을 쓸까? ① 십의 자리 계산이 가장 큰 곱셈식 구하기
② 만들 수 있는 곱셈식 중에서 가장 큰 곱 구하기

풀이 ⓔ 십의 자리 계산이 클수록 곱이 크므로 곱하는 두 수의 십의 자리에 각각 (   )

와/과 (   )을/를 놓아야 합니다. ➡ 62×(   ) 또는 63×(   ) ···❶

62×(   )=(   ), 63×(   )=(   )이므로 만들 수 있는 곱셈식

중에서 가장 큰 곱은 (   )입니다. ··· ❷

답

4-1

4장의 수 카드 4 , 7 , 5 , 2 를 한 번씩만 사용하여 (두 자리 수)×(두 자리 수)의 곱셈식을 만들려고 합니다. 만들 수 있는 곱셈식 중에서 가장 작은 곱은 얼마인지 풀이 과정을 쓰고 답을 구해 보세요.

무엇을 쓸까? ① 십의 자리 계산이 가장 작은 곱셈식 구하기
② 만들 수 있는 곱셈식 중에서 가장 작은 곱 구하기

풀이

답

수행 평가

1 수 모형을 보고 ☐ 안에 알맞은 수를 써넣으세요.

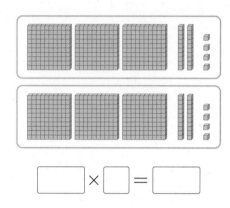

$$\boxed{} \times \boxed{} = \boxed{}$$

2 계산해 보세요.

(1)
```
    4 5 3
  ×     6
```

(2)
```
        7
  ×   6 8
```

3 계산에서 잘못된 부분을 찾아 바르게 계산해 보세요.

```
      2 9
    × 5 6
    -------
    1 7 4
    1 4 5
    -------
    3 1 9
```
➡

```
      2 9
    × 5 6
```

4 빈칸에 알맞은 수를 써넣으세요.

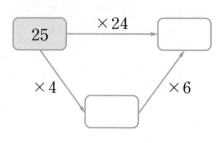

5 ▲＝100, ■＝10, ●＝1을 나타낼 때 다음을 계산해 보세요.

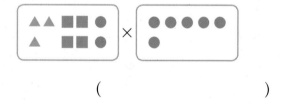

(   )

6 민주는 동화책을 하루에 52쪽씩 읽었습니다. 민주가 3주 동안 읽은 동화책은 모두 몇 쪽인지 구해 보세요.

(   )

7 □ 안에 알맞은 수를 써넣으세요.

$$68 \times 26 = 68 \times 25 + \boxed{}$$

8 □ 안에 들어갈 수 있는 자연수 중에서 가장 작은 수를 구해 보세요.

$$394 \times \boxed{} > 2200$$

(   )

9 수 카드 8 , 4 , 3 을 한 번씩만 사용하여 계산 결과가 가장 큰 곱셈식을 만들고 곱을 구해 보세요.

$$\boxed{}\boxed{} \times 6\boxed{} = \boxed{}$$

서술형 문제

10 어떤 수에 27을 곱해야 하는데 잘못하여 더했더니 73이 되었습니다. 바르게 계산하면 얼마인지 풀이 과정을 쓰고 답을 구해 보세요.

풀이 _____

_____

_____

답 _____

➕ 개념 적용

1

진도책 44쪽
11번 문제

□ 안에 알맞은 수를 써넣으세요.

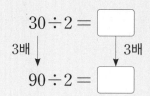

$30 \div 2 =$ ▢

3배 ↓　　　↓ 3배

$90 \div 2 =$ ▢

👨‍🎓 **어떻게 풀었니?**

나누는 수가 같을 때 나누어지는 수가 3배가 되면 몫은 어떻게 변하는지 알아보자!

$30 \div 2$와 $90 \div 2$를 그림으로 그려 보면 다음과 같아.

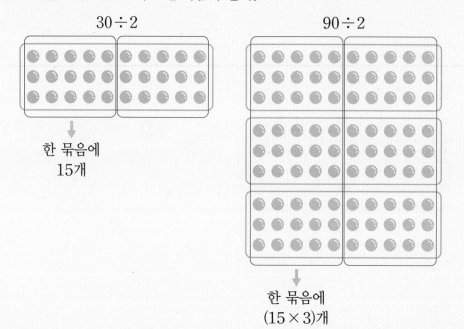

$30 \div 2$　　　　　　　　　　$90 \div 2$

한 묶음에
15개

한 묶음에
(15×3)개

이때, 한 묶음에 있는 ◉의 수가 나눗셈의 몫이 되니까 $90 \div 2$의 몫은 $30 \div 2$의 몫의 3배가 된다는 걸 알 수 있어.

$30 \div 2$의 몫은 ▢ (이)니까 $90 \div 2$의 몫은 ▢ $\times 3 =$ ▢ 이/가 되지.

아~ □ 안에 ▢ , ▢ 을/를 차례로 써넣으면 되는구나!

2

□ 안에 알맞은 수를 써넣으세요.

$40 \div 5 =$ ▢

2배 ↓　　　↓ 2배

$80 \div 5 =$ ▢

3

진도책 49쪽
26번 문제

그림을 보고 단위에 주의하여 계산해 보세요.

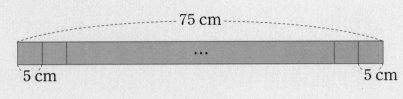

$$75 \, \text{cm} \div 5 \, \text{cm} = \boxed{} \text{도막}$$

 **어떻게 풀었니?**

$75 \, \text{cm} \div 5$와 $75 \, \text{cm} \div 5 \, \text{cm}$의 차이를 알아보자!

$75 \, \text{cm} \div 5$ ➡ 75 cm인 끈을 5도막으로 나누면 한 도막의 길이는 몇 cm일까?

$75 \, \text{cm} \div 5 \, \text{cm}$ ➡ 75 cm인 끈을 5 cm씩 자르면 몇 도막이 될까?

나누는 수에 단위가 없을 때와 있을 때 구하려는 것이 완전히 달라지지? 그에 따라 몫에도 알맞은 단위를 붙여야 해.

$75 \div 5 = \boxed{}$ (이)니까 $75 \, \text{cm} \div 5$와 $75 \, \text{cm} \div 5 \, \text{cm}$의 몫은 둘 다 $\boxed{}$ (이)지만

$75 \, \text{cm} \div 5$의 몫의 단위는 (cm , 도막)이/가 되고, $75 \, \text{cm} \div 5 \, \text{cm}$의 몫의 단위는 (cm , 도막) 이/가 되지.

아~ $75 \, \text{cm} \div 5 \, \text{cm} = \boxed{}$ (cm , 도막)(이)구나!

4 **그림을 보고 단위에 주의하여 계산해 보세요.**

(1)

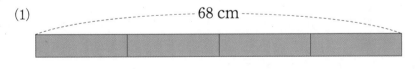

$$68 \, \text{cm} \div 4 = \boxed{} \text{cm}$$

(2)

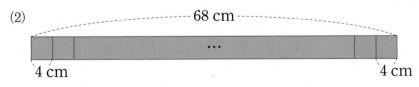

$$68 \, \text{cm} \div 4 \, \text{cm} = \boxed{} \text{도막}$$

5

진도책 57쪽
12번 문제

●에 알맞은 수를 구해 보세요.

$$● \div 6 = 15 \cdots 5$$

👨‍🎓 **어떻게 풀었니?**

주어진 식 $● \div 6 = 15 \cdots 5$의 의미를 알아보자!

주어진 식은 ●를 6으로 나누면 몫이 15가 되고 나머지가 5라는 걸 의미해.

즉, ●를 6씩 묶으면 15묶음이 되고 5가 남는다는 거지.

6씩 15묶음을 곱셈식으로 나타내면 $6 \times 15 =$ ☐ (이)고, 여기에 남은 5를 더하면

☐ $+ 5 =$ ☐ 이/가 되니까 ● = ☐ (이)야.

즉, 나누는 수 6과 몫 15를 곱한 값에 나머지 5를 더하면 ●가 된다는 걸 알 수 있어.

아~ ●에 알맞은 수는 ☐ (이)구나!

6

◆에 알맞은 수를 구해 보세요.

$$◆ \div 5 = 13 \cdots 4$$

(   )

7

●가 가장 큰 수일 때, ★에 알맞은 수를 구해 보세요.

$$★ \div 7 = 12 \cdots ●$$

(   )

8

진도책 61쪽
26번 문제

122에서 9씩 ■번 뺐더니 5가 남았습니다. ■에 알맞은 수를 구해 보세요.

어떻게 풀었니?

뺄셈식을 나눗셈식으로 바꾸는 방법을 알아보자!

1학기 때 뺄셈식 '12−4−4−4＝0'을 나눗셈식 '12÷4＝3'으로 나타낸 것 기억하니?

12에서 4씩 3번 빼면 0이 될 때, 12가 나누어지는 수, 4가 나누는 수, 빼는 횟수 3이 몫이 되었지?

그럼, 122에서 9씩 ■번 뺐더니 5가 남았다는 걸 나눗셈식으로 나타내면 ☐이/가 나누어지는 수, ☐이/가 나누는 수, 빼는 횟수 ■가 몫, 남은 수 5가 나머지가 되니까

☐ ÷ ☐ ＝ ■…5라고 할 수 있어.

나눗셈식을 계산하면 ☐ ÷ ☐ ＝ ☐…5가 되지.

아~ ■에 알맞은 수는 ☐ (이)구나!

9 136에서 6씩 ▲번 뺐더니 4가 남았습니다. ▲에 알맞은 수를 구해 보세요.

(   )

10 205에서 8씩 ●번 뺐더니 5가 남았습니다. ●에 알맞은 수를 구해 보세요.

(   )

11 641에서 3씩 ■번 뺐더니 2가 남았습니다. ■에서 5씩 ▲번 뺐더니 3이 남았을 때, ▲에 알맞은 수를 구해 보세요.

(   )

1 **나눗셈의 활용**

한 봉지에 10개씩 들어 있는 사탕이 6봉지 있습니다. 이 사탕을 4명이 똑같이 나누어 가지면 한 명이 몇 개씩 가지게 되는지 풀이 과정을 쓰고 답을 구해 보세요.

> 전체 사탕의 수를 나누어 가질
> 학생 수로 나누면?

■개씩 ▲묶음
➡ ■ × ▲

무엇을 쓸까?
① 전체 사탕의 수 구하기
② 한 명이 몇 개씩 가지게 되는지 구하기

풀이 예 (전체 사탕의 수) $= 10 \times ($ $) = ($ $)$(개) ⋯ ❶

따라서 한 명이 가지게 되는 사탕은 $($ $) \div 4 = ($ $)$(개)입니다. ⋯ ❷

답 _____

1-1

민호는 수학 문제집을 매일 같은 쪽수씩 풀었습니다. 6일 동안 84쪽을 풀었다면 하루에 몇 쪽씩 풀었는지 풀이 과정을 쓰고 답을 구해 보세요.

무엇을 쓸까?
① 하루에 몇 쪽씩 풀었는지 구하는 과정 쓰기
② 하루에 몇 쪽씩 풀었는지 구하기

풀이 _____

_____

_____

답 _____

1-2

귤 362개를 8개의 상자에 똑같이 나누어 담으려고 합니다. 한 상자에 귤을 몇 개씩 담을 수 있고 몇 개가 남는지 풀이 과정을 쓰고 답을 구해 보세요.

무엇을 쓸까?
❶ 한 상자에 담을 수 있는 귤의 수와 남는 귤의 수를 구하는 과정 쓰기
❷ 한 상자에 담을 수 있는 귤의 수와 남는 귤의 수 구하기

풀이

답 _____ , _____

2

1-3

구슬 130개를 봉지에 담으려고 합니다. 한 봉지에 구슬을 9개씩 담을 수 있을 때 구슬을 모두 담으려면 봉지는 적어도 몇 개 필요한지 풀이 과정을 쓰고 답을 구해 보세요.

무엇을 쓸까?
❶ 필요한 봉지 수를 구하는 과정 쓰기
❷ 필요한 봉지 수 구하기

풀이

답 _____

2 ## 나누어떨어질 때 나누어지는 수 구하기

오른쪽 나눗셈이 나누어떨어질 때 ★에 알맞은 수를 모두 구하려고 합니다.
풀이 과정을 쓰고 답을 구해 보세요.

$7★ \div 6$

6으로 나누어떨어지는 수 중
가장 작은 7★을 알아보면?

■가 6으로 나누어떨어
지면 ■보다 6 큰 수도
6으로 나누어떨어져.

무엇을 쓸까? ❶ 70÷6의 나머지를 구하여 가장 작은 ★의 값 구하기

❷ ★에 알맞은 수 모두 구하기

풀이 ⟨예⟩ ★ = 0이라고 하면 $70 \div 6 = 11 \cdots ($ $)$에서 나머지가 (   )이므로

70보다 (   ) 큰 수인 (   )은/는 6으로 나누어떨어집니다. --- ❶

또, (   )보다 6 큰 수인 (   )도 6으로 나누어떨어집니다.

따라서 ★에 알맞은 수는 (   ), (   )입니다. --- ❷

답

2-1 오른쪽 나눗셈이 나누어떨어질 때 ♥에 알맞은 수를 모두 구하려고 합니다.
풀이 과정을 쓰고 답을 구해 보세요.

$5♥ \div 3$

무엇을 쓸까? ❶ 50÷3의 나머지를 구하여 가장 작은 ♥의 값 구하기

❷ ♥에 알맞은 수 모두 구하기

풀이

답

3 어떤 수 구하기

어떤 수를 4로 나누었더니 몫이 17이고, 나머지가 3이었습니다. 어떤 수는 얼마인지 풀이 과정을 쓰고 답을 구해 보세요.

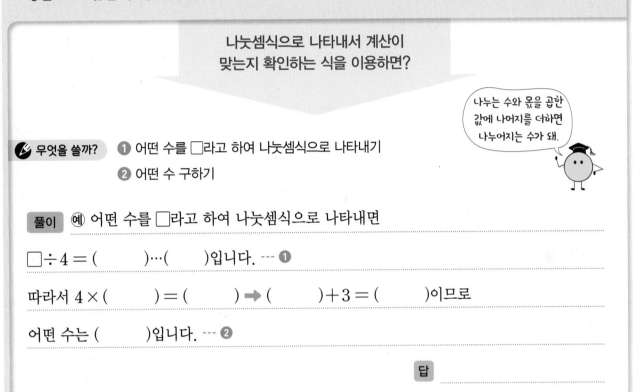

나눗셈식으로 나타내서 계산이
맞는지 확인하는 식을 이용하면?

나누는 수와 몫을 곱한
값에 나머지를 더하면
나누어지는 수가 돼.

🖊 **무엇을 쓸까?**　❶ 어떤 수를 □라고 하여 나눗셈식으로 나타내기
　　　　　　　　❷ 어떤 수 구하기

풀이　⑳ 어떤 수를 □라고 하여 나눗셈식으로 나타내면

□ ÷ 4 = (　　　) ⋯ (　　　) 입니다. --- ❶

따라서 4 × (　　　) = (　　　) ➡ (　　　) + 3 = (　　　) 이므로

어떤 수는 (　　　) 입니다. --- ❷

답　_____

3-1

어떤 수를 7로 나누었더니 몫이 23이고, 나누어떨어졌습니다. 어떤 수는 얼마인지 풀이 과정을 쓰고 답을 구해 보세요.

🖊 **무엇을 쓸까?**　❶ 어떤 수를 □라고 하여 나눗셈식으로 나타내기
　　　　　　　　❷ 어떤 수 구하기

풀이　_____

_____

_____

답　_____

3-2

어떤 수를 6으로 나누었더니 몫이 14이고, 나머지가 5였습니다. 어떤 수는 얼마인지 풀이 과정을 쓰고 답을 구해 보세요.

🖊 무엇을 쓸까?　❶ 어떤 수를 □라고 하여 나눗셈식으로 나타내기
　　　　　　　　❷ 어떤 수 구하기

풀이

답

3-3

98을 어떤 수로 나누었더니 몫이 12이고, 나머지가 2였습니다. 어떤 수는 얼마인지 풀이 과정을 쓰고 답을 구해 보세요.

🖊 무엇을 쓸까?　❶ 어떤 수를 □라고 하여 나눗셈식으로 나타내기
　　　　　　　　❷ 어떤 수 구하기

풀이

답

4 몫이 가장 큰/작은 나눗셈식 만들기

3장의 수 카드 3 , 6 , 8 을 한 번씩만 사용하여 몫이 가장 큰 (두 자리 수)÷(한 자리 수)를 만들었습니다. 몫과 나머지는 얼마인지 풀이 과정을 쓰고 답을 구해 보세요.

만들 수 있는 가장 큰 두 자리 수를
가장 작은 수로 나누면?

> 몫이 가장 큰 나눗셈식이
> 되려면 가장 큰 수를 가장
> 작은 수로 나누어야 해!

무엇을 쓸까? ❶ 몫이 가장 큰 나눗셈식 구하기

❷ 몫과 나머지 구하기

풀이 ⑩ 몫이 가장 큰 나눗셈식을 만들려면 나누어지는 수는 (작게 , 크게), 나누는 수는

(작게 , 크게) 해야 합니다. ➡ (   )÷(   ) ··· ❶

따라서 (   )÷(   ) = (   )···(   )이므로

몫은 (   ), 나머지는 (   )입니다. ··· ❷

답 몫: _____ , 나머지: _____

4-1

4장의 수 카드 1 , 2 , 5 , 7 을 한 번씩만 사용하여 몫이 가장 작은 (세 자리 수) ÷(한 자리 수)를 만들었습니다. 몫과 나머지는 얼마인지 풀이 과정을 쓰고 답을 구해 보세요.

무엇을 쓸까? ❶ 몫이 가장 작은 나눗셈식 구하기

❷ 몫과 나머지 구하기

풀이

답 몫: _____ , 나머지: _____

수행 평가

1 수 모형을 보고 ☐ 안에 알맞은 수를 써넣으세요.

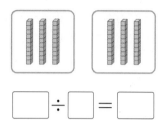

☐ ÷ ☐ = ☐

2 계산해 보세요.

(1)
$$4\overline{)5\,6}$$

(2)
$$7\overline{)3\,1\,5}$$

3 계산해 보고 계산 결과가 맞는지 확인해 보세요.

$$6\overline{)8\,3}$$

몫 _____ , 나머지 _____

확인 6 × ☐ = ☐

➡ ☐ + ☐ = ☐

4 다음 중 나머지가 5가 될 수 있는 나눗셈을 모두 고르세요. (   )

① ☐÷4   ② ☐÷8   ③ ☐÷5
④ ☐÷3   ⑤ ☐÷6

5 빈칸에 알맞은 수를 써넣으세요.

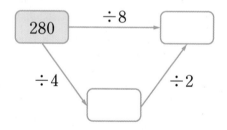

6 나머지가 가장 큰 것을 찾아 기호를 써 보세요.

> ㉠ 80÷6 ㉡ 147÷4 ㉢ 241÷8

( )

9 ♥가 가장 큰 수일 때, ◆에 알맞은 수를 구해 보세요.

> ◆÷6＝23…♥

( )

서술형 문제

10 수 카드를 한 번씩만 사용하여 몫이 가장 큰 (세 자리 수)÷(한 자리 수)를 만들었습니다. 몫과 나머지는 얼마인지 풀이 과정을 쓰고 답을 구해 보세요.

> 3 4 7 8

풀이 _____

_____

_____

_____

답 몫: _____, 나머지: _____

7 □ 안에 알맞은 수를 써넣으세요.

$$18÷9=\boxed{}$$

$$270÷9=\boxed{}$$

$$288÷9=\boxed{}$$

8 초콜릿 130개를 8봉지에 똑같이 나누어 담으려고 합니다. 한 봉지에 몇 개씩 담을 수 있고 몇 개가 남는지 구해 보세요.

( ), ( )

1

진도책 75쪽
6번 문제

반지름이 5 cm인 원입니다. 원의 중심 ㅇ과 원 위의 두 점을 이어 그린 삼각형의 세 변의 길이의 합은 몇 cm인지 구해 보세요.

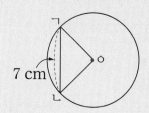

7 cm

🎓 **어떻게 풀었니?**

삼각형의 세 변의 길이를 각각 구해 보자!

원의 중심과 원 위의 한 점을 이은 선분을 ☐ (이)라고 해.

선분 ☐ 과 선분 ☐ 은 반지름이니까 길이는 ☐ cm지.

그림에서 선분 ㄱㄴ의 길이는 ☐ cm로 주어졌으니까

삼각형의 세 변의 길이는 ☐ cm, ☐ cm, ☐ cm야.

아~ 삼각형의 세 변의 길이의 합은 ☐ + ☐ + ☐ = ☐ (cm)구나!

---

2 반지름이 8 cm인 원입니다. 원의 중심 ㅇ과 원 위의 두 점을 이어 그린 삼각형의 세 변의 길이의 합은 몇 cm인지 구해 보세요.

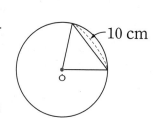

10 cm

(   )

---

3 원의 중심 ㅇ과 원 위의 두 점을 이어 삼각형을 그렸습니다. 삼각형의 세 변의 길이의 합이 18 cm일 때 원의 반지름은 몇 cm인지 구해 보세요.

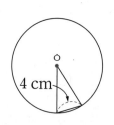

4 cm

(   )

4

진도책 77쪽
13번 문제

점 ㄱ, 점 ㄴ은 원의 중심입니다. 선분 ㄱㄴ의 길이는 몇 cm인지 구해 보세요.

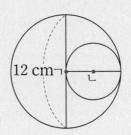

👨‍🎓 **어떻게 풀었니?**

선분 ㄱㄴ은 작은 원의 반지름이네. 작은 원의 반지름을 구하기 위해 작은 원의 지름을 구해 보자!

한 원에서 지름은 반지름의 ☐ 배라는 거 알고 있니?

작은 원의 지름은 큰 원의 반지름과 같고, 큰 원의 지름이 12 cm니까

(큰 원의 반지름) = (작은 원의 지름) = 12 ÷ ☐ = ☐ (cm)야.

그럼, 작은 원의 반지름은 ☐ ÷ ☐ = ☐ (cm)가 되지.

아~ 선분 ㄱㄴ의 길이는 ☐ cm구나!

5 작은 원의 반지름이 5 cm일 때 큰 원의 지름은 몇 cm인지 구해 보세요.

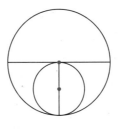

(   )

6 큰 원의 지름이 16 cm일 때 작은 원의 반지름은 몇 cm인지 구해 보세요.

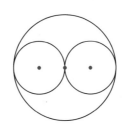

(   )

7

진도책 79쪽
18번 문제

주어진 선분의 길이를 반지름으로 하는 원을 그려 보세요.

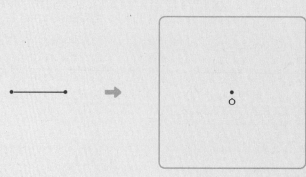

🎓 어떻게 풀었니?

컴퍼스로 원을 그리기 위해 컴퍼스를 얼마만큼 벌려야 하는지 알아보자!

컴퍼스로 원을 그릴 때, 컴퍼스를 그리려는 원의 반지름만큼 벌려야 하니까

주어진 선분의 길이만큼 컴퍼스를 벌리면 돼.

자로 선분의 길이를 재어 보면 ☐ cm니까 컴퍼스를 ☐ cm만큼 벌린 다음 컴퍼스의 침

을 점 ㅇ에 꽂고 원을 그리면 되지.

선분의 길이를 꼭 자로 재어서 그려야 하는 건 아니야. 만약 자가 없다면 컴퍼스를 직접 선분의 길

이만큼 벌려서 그릴 수도 있어.

선분의 한쪽 끝에 컴퍼스의 침을 꽂고, 다른 쪽 끝까지 컴퍼스를 벌리면 돼.

아~ 주어진 선분의 길이를 반지름으로 하는 원을 그리면 오른쪽과 같

이 되는구나!

8

주어진 원과 크기가 같은 원을 그려 보세요.

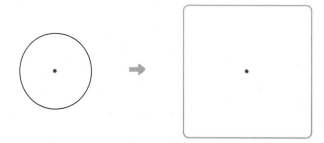

9

진도책 81쪽
24번 문제

규칙에 따라 원을 1개 더 그려 보세요.

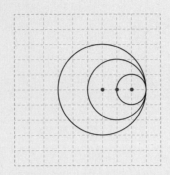

 어떻게 풀었니?

원을 그린 규칙을 살펴보자!

원을 그린 규칙을 찾을 때에는 원의 중심이 움직였는지, 원의 반지름이나 지름이 변했는지 알아보면 돼.

먼저 원의 중심의 규칙을 찾아보면 원의 중심이 왼쪽으로 ☐ 칸씩 옮겨 가고 있어.

이번에는 원의 반지름의 규칙을 찾아보면 반지름이 ☐ 칸씩 늘어나고 있지.

그러니까 마지막 원에서 원의 중심을 왼쪽으로 ☐ 칸 옮기고 반지름이 ☐ 칸인 원을 그리면 돼.

아~ 규칙에 따라 원을 1개 더 그리면 오른쪽과 같이 되는구나!

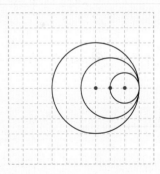

10   규칙에 따라 원을 2개 더 그려 보세요.

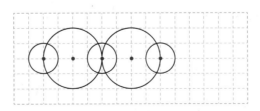

1 크기가 가장 큰/작은 원 찾기

가장 큰 원을 찾아 기호를 쓰려고 합니다. 풀이 과정을 쓰고 답을 구해 보세요.

> ㉠ 반지름이 5 cm인 원 ㉡ 지름이 8 cm인 원
> ㉢ 지름이 11 cm인 원 ㉣ 반지름이 6 cm인 원

원의 지름을 비교하면?

지름 또는 반지름의 길이가 길수록 원의 크기가 커.

무엇을 쓸까? ❶ 원의 지름 각각 구하기
❷ 가장 큰 원 찾기

풀이 예 원의 지름을 각각 구해 보면

㉠ (   )cm, ㉡ 8 cm, ㉢ 11 cm, ㉣ (   )cm입니다. --- ❶

따라서 가장 큰 원은 (   )입니다. --- ❷

답

1-1

가장 작은 원을 찾아 기호를 쓰려고 합니다. 풀이 과정을 쓰고 답을 구해 보세요.

> ㉠ 지름이 5 cm인 원   ㉡ 반지름이 4 cm인 원
> ㉢ 반지름이 3 cm인 원   ㉣ 지름이 6 cm인 원

무엇을 쓸까? ❶ 원의 지름 각각 구하기
❷ 가장 작은 원 찾기

풀이

답

2 원의 중심 찾기

지호와 현민이가 각자 주어진 모양을 그리려고 합니다. 컴퍼스의 침을 꽂아야 할 곳이 더 많은 사람은 누구인지 풀이 과정을 쓰고 답을 구해 보세요.

지호   현민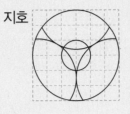

원의 중심이 되는 곳을 찾아보면?

컴퍼스의 침을 꽂아야 할 곳은 원의 중심이 되는 곳이야.

🖊 **무엇을 쓸까?** ❶ 컴퍼스의 침을 꽂아야 할 곳은 몇 군데인지 각각 구하기

❷ 컴퍼스의 침을 꽂아야 할 곳이 더 많은 사람은 누구인지 찾기

풀이 ㉠ 컴퍼스의 침을 꽂아야 할 곳에 표시하고 세어 보면

지호 ➡ (   )군데,   현민 ➡ (   )군데입니다. --- ❶

따라서 컴퍼스의 침을 꽂아야 할 곳이 더 많은 사람은 (   )입니다. --- ❷

답 ....

2-1

윤아와 선우가 각자 주어진 모양을 그리려고 합니다. 컴퍼스의 침을 꽂아야 할 곳이 더 많은 사람은 누구인지 풀이 과정을 쓰고 답을 구해 보세요.

윤아 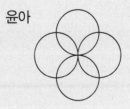   선우

🖊 **무엇을 쓸까?** ❶ 컴퍼스의 침을 꽂아야 할 곳은 몇 군데인지 각각 구하기

❷ 컴퍼스의 침을 꽂아야 할 곳이 더 많은 사람은 누구인지 찾기

풀이 ....

답 ....

3 선분의 길이 구하기

점 ㄴ, 점 ㄷ은 원의 중심입니다. 선분 ㄱㄹ의 길이는 몇 cm 인지 풀이 과정을 쓰고 답을 구해 보세요.

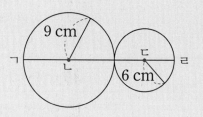

두 원의 지름을 구하면?

> 선분 ㄱㄹ의 길이는 두 원의 지름의 합과 같아.

🖊 무엇을 쓸까? ❶ 원의 지름 각각 구하기

❷ 선분 ㄱㄹ의 길이 구하기

풀이 📖 (큰 원의 지름) = (   ) × 2 = (   )(cm),

(작은 원의 지름) = (   ) × 2 = (   )(cm) ⋯ ❶

따라서 선분 ㄱㄹ의 길이는 (   ) + (   ) = (   )(cm)입니다. ⋯ ❷

답 _____

3-1

점 ㄱ, 점 ㄴ, 점 ㄷ은 원의 중심입니다. 선분 ㄱㄷ 의 길이는 몇 cm인지 풀이 과정을 쓰고 답을 구해 보세요.

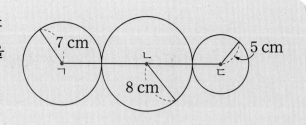

🖊 무엇을 쓸까? ❶ 가운데 원의 지름 구하기

❷ 선분 ㄱㄷ의 길이 구하기

풀이 _____

_____

_____

답 _____

3-2

다음은 크기가 같은 원 4개를 겹쳐서 그린 것입니다. 선분 ㄱㄴ의 길이는 몇 cm인지 풀이 과정을 쓰고 답을 구해 보세요.

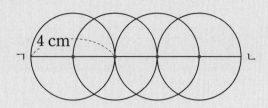

🖋 **무엇을 쓸까?**　❶ 원의 반지름 구하기

　　　　　　　　　　❷ 선분 ㄱㄴ의 길이 구하기

풀이 ....

....

....

답 ....

3

3-3

그림과 같이 반지름이 3 cm인 원 3개를 직사각형 안에 꼭 맞게 그렸습니다. 직사각형의 네 변의 길이의 합은 몇 cm인지 풀이 과정을 쓰고 답을 구해 보세요.

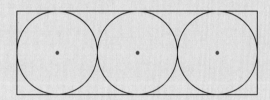

🖋 **무엇을 쓸까?**　❶ 직사각형의 가로와 세로의 길이 구하기

　　　　　　　　　　❷ 직사각형의 네 변의 길이의 합 구하기

풀이 ....

....

....

답 ....

4 도형의 변의 길이의 합 구하기

크기가 같은 두 원의 중심과 두 원이 만나는 한 점을 이어 삼각형을 그렸습니다. 삼각형 ㄱㄴㄷ의 세 변의 길이의 합은 몇 cm인지 풀이 과정을 쓰고 답을 구해 보세요.

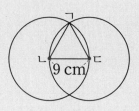

삼각형의 세 변의 길이를 각각 구하면?

✍ **무엇을 쓸까?**
❶ 삼각형 ㄱㄴㄷ의 세 변의 길이 구하기
❷ 삼각형 ㄱㄴㄷ의 세 변의 길이의 합 구하기

삼각형의 세 변의 길이는 모두 같아.

풀이 ⟮예⟯ 변 ㄱㄴ, 변 ㄴㄷ, 변 ㄷㄱ은 모두 원의 (반지름 , 지름)이므로 (   )cm입니다. … ❶

따라서 삼각형 ㄱㄴㄷ의 세 변의 길이의 합은

(   )+(   )+(   )=(   )(cm)입니다. … ❷

답

4-1

크기가 같은 두 원의 중심과 두 원이 만나는 두 점을 이어 사각형을 그렸습니다. 원의 반지름이 11 cm일 때 사각형 ㄱㄴㄷㄹ의 네 변의 길이의 합은 몇 cm인지 풀이 과정을 쓰고 답을 구해 보세요.

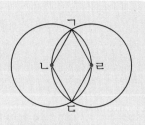

✍ **무엇을 쓸까?**
❶ 사각형 ㄱㄴㄷㄹ의 네 변의 길이 구하기
❷ 사각형 ㄱㄴㄷㄹ의 네 변의 길이의 합 구하기

풀이

답

4-2

점 ㄴ, 점 ㄹ은 원의 중심입니다. 사각형 ㄱㄴㄷㄹ의 네 변의 길이의 합은 몇 cm인지 풀이 과정을 쓰고 답을 구해 보세요.

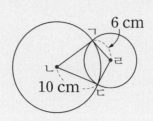

🖋 **무엇을 쓸까?**　❶ 사각형 ㄱㄴㄷㄹ의 네 변의 길이 구하기

　❷ 사각형 ㄱㄴㄷㄹ의 네 변의 길이의 합 구하기

풀이 _____

_____

_____

답 _____

3

4-3

점 ㄴ, 점 ㄷ은 원의 중심입니다. 삼각형 ㄱㄴㄷ의 세 변의 길이의 합은 몇 cm인지 풀이 과정을 쓰고 답을 구해 보세요.

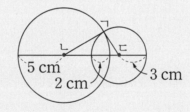

🖋 **무엇을 쓸까?**　❶ 삼각형 ㄱㄴㄷ의 세 변의 길이 구하기

　❷ 삼각형 ㄱㄴㄷ의 세 변의 길이의 합 구하기

풀이 _____

_____

_____

답 _____

수행 평가

1 원의 중심을 찾아보세요.

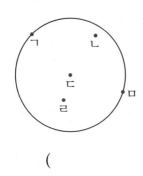

(   )

2 원의 지름을 나타내는 선분을 모두 찾아 써 보세요.

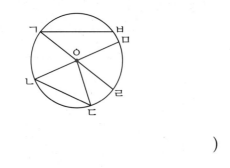

(   )

3 ☐ 안에 알맞은 수를 써넣으세요.

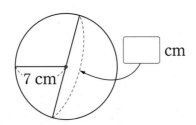

4 한 변이 16 cm인 정사각형 안에 가장 큰 원을 그렸습니다. 그린 원의 반지름은 몇 cm인지 구해 보세요.

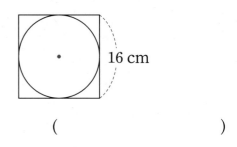

(   )

5 가장 큰 원을 찾아 기호를 써 보세요.

> ㉠ 반지름이 4 cm인 원
>
> ㉡ 지름이 7 cm인 원
>
> ㉢ 지름이 9 cm인 원
>
> ㉣ 반지름이 5 cm인 원

(   )

정답과 풀이 52쪽

6 주어진 모양을 그릴 때 컴퍼스의 침을 꽂아야 할 곳은 몇 군데인지 구해 보세요.

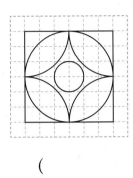

(   )

7 주어진 모양과 똑같이 그려 보세요.

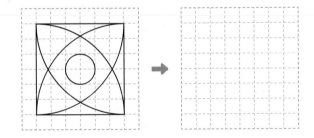

8 규칙에 따라 원을 1개 더 그려 보세요.

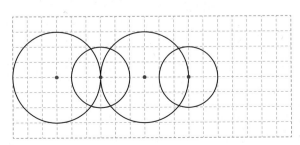

9 원의 중심 ㅇ과 원 위의 두 점을 이어 삼각형을 그렸습니다. 삼각형의 세 변의 길이의 합이 30 cm일 때 원의 지름은 몇 cm인지 구해 보세요.

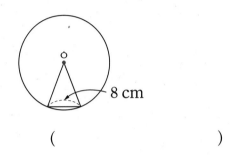

8 cm

(   )

서술형 문제

10 그림에서 선분 ㄱㄴ의 길이는 몇 cm인지 풀이 과정을 쓰고 답을 구해 보세요.

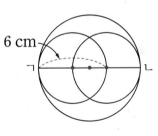

6 cm

풀이 ....

....

....

....

답 ....

1

진도책 94쪽
2번 문제

풍선을 3개씩 묶고 ☐ 안에 알맞은 수를 써넣으세요.

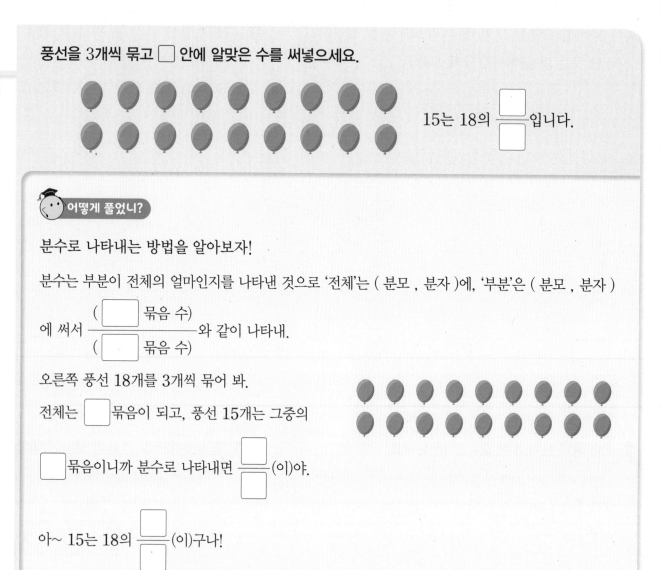

15는 18의 ☐/☐ 입니다.

👨‍🎓 어떻게 풀었니?

분수로 나타내는 방법을 알아보자!

분수는 부분이 전체의 얼마인지를 나타낸 것으로 '전체'는 (분모 , 분자)에, '부분'은 (분모 , 분자)

에 써서 $\dfrac{(\boxed{}\ 묶음\ 수)}{(\boxed{}\ 묶음\ 수)}$ 와 같이 나타내.

오른쪽 풍선 18개를 3개씩 묶어 봐.

전체는 ☐ 묶음이 되고, 풍선 15개는 그중의

☐ 묶음이니까 분수로 나타내면 $\dfrac{\boxed{}}{\boxed{}}$ (이)야.

아~ 15는 18의 $\dfrac{\boxed{}}{\boxed{}}$ (이)구나!

2 귤을 똑같이 묶고, ☐ 안에 알맞은 수를 써넣으세요.

(1) 귤 24개를 4개씩 묶기

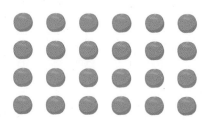

12는 24의 $\dfrac{\boxed{}}{\boxed{}}$ 입니다.

(2) 귤 24개를 6개씩 묶기

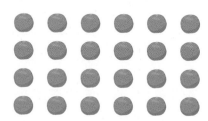

12는 24의 $\dfrac{\boxed{}}{\boxed{}}$ 입니다.

3

진도책 97쪽
11번 문제

◆에 알맞은 수를 구해 보세요.

◆의 $\dfrac{1}{7}$ 은 9입니다.

 어떻게 풀었니?

전체의 분수만큼은 얼마인지 알아보자!

전체의 $\dfrac{▲}{■}$ 는 전체를 똑같이 ■묶음으로 나눈 것 중의 ▲묶음이야.

그러니까,

◆의 $\dfrac{1}{7}$ 은 9입니다.

➡ ◆를 똑같이 ☐묶음으로 나눈 것 중의 ☐묶음이 9입니다.

와 같이 나타낼 수 있지.

즉, ◆는 9씩 ☐묶음이니까 ◆ = 9 × ☐ = ☐(이)야.

아~ ◆에 알맞은 수는 ☐(이)구나!

4

4 ♥에 알맞은 수를 구해 보세요.

♥의 $\dfrac{3}{8}$ 은 21입니다.

(   )

5 ★의 $\dfrac{1}{6}$ 은 8입니다. ★의 $\dfrac{1}{4}$ 은 얼마인지 구해 보세요.

(   )

6

진도책 106쪽
9번 문제

수직선 위에 표시된 빨간색 화살표가 나타내는 분수가 얼마인지 대분수와 가분수로 나타내어 보세요.

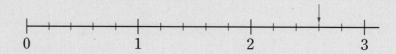

🎓 **어떻게 풀었니?**

먼저 화살표가 나타내는 분수를 구해 보자!

수직선에서 0부터 1까지를 똑같이 5칸으로 나누었으니까 작은 눈금 한 칸은 $\dfrac{\square}{\square}$ 을/를 나타내.

화살표가 2에서 작은 눈금 3칸 더 간 곳을 가리키고 있으니까 2와 $\dfrac{\square}{\square}$ (이)야.

즉, 화살표가 나타내는 분수를 대분수로 나타내면 $\square\dfrac{\square}{\square}$ (이)지.

대분수 $\square\dfrac{\square}{\square}$ 은/는 $\dfrac{1}{5}$ 이 $\square$ 개니까 가분수로 나타내면 $\dfrac{\square}{\square}$ 이/가 돼.

아~ 화살표가 나타내는 분수를 대분수와 가분수로 나타내면 $\square\dfrac{\square}{\square}$, $\dfrac{\square}{\square}$ (이)구나!

7 $3\dfrac{4}{7}$ 를 수직선에 ↓로 표시하고, 가분수로 나타내어 보세요.

(   )

8

진도책 109쪽
17번 문제

□ 안에 들어갈 수 있는 가장 큰 자연수를 구해 보세요.

$$2\frac{\square}{6} < \frac{17}{6}$$

 **어떻게 풀었니?**

분모가 같은 대분수와 가분수의 크기를 비교하는 방법을 알아보자!

대분수와 가분수는 나타낸 형태가 다르니까 모두 가분수로 나타내거나 모두 대분수로 나타내어 비교해야 해.

여기서는 대분수의 분자를 모르니까 가분수를 대분수로 나타내어 비교해 봐.

$\frac{17}{6}$ 에서 $\frac{12}{6}$ 는 자연수 $\square$ (으)로 나타내고 나머지 $\frac{\square}{6}$ 을/를 진분수로 하여 대분수로 나타내

면 $\square\frac{\square}{6}$ (이)야. 즉,

$$2\frac{\square}{6} < \frac{17}{6} \;\Rightarrow\; 2\frac{\square}{6} < \square\frac{\square}{6}$$

에서 분자의 크기를 비교하면 □ < $\square$ (이)라는 걸 알 수 있어.

아~ □ 안에 들어갈 수 있는 가장 큰 자연수는 $\square$ (이)구나!

9 □ 안에 들어갈 수 있는 가장 작은 자연수를 구해 보세요.

$$4\frac{3}{5} < \frac{\square}{5}$$

(   )

10 □ 안에 들어갈 수 있는 자연수는 모두 몇 개인지 구해 보세요.

$$\frac{20}{9} < \frac{\square}{9} < 3\frac{2}{9}$$

(   )

● 쓰기 쉬운 서술형

1 남은 수 구하기

사과가 27개 있습니다. 그중 $\frac{4}{9}$ 만큼을 먹었다면 남은 사과는 몇 개인지 풀이 과정을 쓰고 답을 구해 보세요.

전체에서 27의 $\frac{4}{9}$ 만큼을 빼면?

●의 $\frac{\triangle}{\blacksquare}$

➡ ●를 똑같이 ■묶음으로 나눈 것 중의 ▲묶음

무엇을 쓸까? ❶ 먹은 사과의 수 구하기

❷ 남은 사과의 수 구하기

풀이 ⓔ 27개의 $\frac{4}{9}$ 는 27개를 똑같이 (   )묶음으로 나눈 것 중의 (   )묶음이므로

먹은 사과는 (   )개입니다. ··· ❶

따라서 남은 사과는 (   )−(   )=(   )(개)입니다. ··· ❷

답

1-1

리본 끈이 56 cm 있습니다. 그중 $\frac{3}{8}$ 만큼을 사용했다면 남은 리본 끈은 몇 cm인지 풀이 과정을 쓰고 답을 구해 보세요.

무엇을 쓸까? ❶ 사용한 리본 끈의 길이 구하기

❷ 남은 리본 끈의 길이 구하기

풀이

답

1-2

색종이가 42장 있습니다. 그중 $\frac{1}{7}$ 만큼은 윤아에게 주고, $\frac{2}{7}$ 만큼은 지후에게 주었습니다. 남은 색종이는 몇 장인지 풀이 과정을 쓰고 답을 구해 보세요.

✍ **무엇을 쓸까?**
❶ 윤아에게 준 색종이의 수 구하기
❷ 지후에게 준 색종이의 수 구하기
❸ 남은 색종이의 수 구하기

풀이 ....

....

....

....

답 ....

4

1-3

서연이는 54쪽짜리 동화책을 어제는 $\frac{2}{6}$ 만큼 읽었고, 오늘은 나머지의 $\frac{5}{9}$ 만큼 읽었습니다. 오늘 읽은 동화책은 몇 쪽인지 풀이 과정을 쓰고 답을 구해 보세요.

✍ **무엇을 쓸까?**
❶ 어제 읽은 동화책의 쪽수 구하기
❷ 어제 읽고 남은 동화책의 쪽수 구하기
❸ 오늘 읽은 동화책의 쪽수 구하기

풀이 ....

....

....

....

답 ....

2 조건을 만족하는 분수 구하기

조건을 만족하는 분수를 구하려고 합니다. 풀이 과정을 쓰고 답을 구해 보세요.

> • 분모와 분자의 합은 19입니다.
> • 분모와 분자의 차는 5입니다.
> • 진분수입니다.

조건을 만족하는 두 수를 구하여
진분수를 만들면?

진분수는 분모가
분자보다 큰 분수야.

🍴 무엇을 쓸까? ❶ 합이 19이고 차가 5인 두 수 구하기

❷ 조건을 만족하는 분수 구하기

풀이 (예) 합이 19가 되는 두 수를 알아보면

19	⋯	5	6	7	8	⋯
	⋯	14				⋯

➡ 차가 5인 두 수는

(   )와/과 (   )입니다. ⋯ ❶

따라서 조건을 만족하는 분수는 진분수이므로 (   )입니다. ⋯ ❷

답

2-1

조건을 만족하는 분수를 구하려고 합니다. 풀이 과정을 쓰고 답을 구해 보세요.

> • 분모와 분자의 합은 22입니다.
> • 분모와 분자의 차는 6입니다.
> • 가분수입니다.

🍴 무엇을 쓸까? ❶ 합이 22이고 차가 6인 두 수 구하기

❷ 조건을 만족하는 분수 구하기

풀이

답

3 어떤 수 구하기

어떤 수의 $\dfrac{2}{5}$ 는 8입니다. 어떤 수의 $\dfrac{3}{4}$ 은 얼마인지 풀이 과정을 쓰고 답을 구해 보세요.

먼저 어떤 수의 $\dfrac{1}{5}$ 은 얼마인지 구하면?

$\dfrac{\blacksquare}{\blacksquare}$ 는 $\dfrac{1}{\blacksquare}$ 이 ▲ 개야.

무엇을 쓸까? ❶ 어떤 수 구하기

❷ 어떤 수의 $\dfrac{3}{4}$ 은 얼마인지 구하기

풀이 예 어떤 수의 $\dfrac{2}{5}$ 가 8이므로 어떤 수의 $\dfrac{1}{5}$ 은 (   )입니다.

어떤 수를 똑같이 5묶음으로 나눈 것 중의 1묶음이 (   )이므로

어떤 수는 (   )×5＝(   )입니다. ┄ ❶

따라서 어떤 수의 $\dfrac{3}{4}$ 은 (   )입니다. ┄ ❷

답

4

3-1 어떤 수의 $\dfrac{3}{7}$ 은 27입니다. 어떤 수의 $\dfrac{2}{9}$ 는 얼마인지 풀이 과정을 쓰고 답을 구해 보세요.

무엇을 쓸까? ❶ 어떤 수 구하기

❷ 어떤 수의 $\dfrac{2}{9}$ 는 얼마인지 구하기

풀이

답

4 분수의 크기 비교의 활용

색 테이프를 서우는 $\frac{8}{5}$ m 가지고 있고 민지는 $1\frac{4}{5}$ m 가지고 있습니다. 누구의 색 테이프가 더 긴지 풀이 과정을 쓰고 답을 구해 보세요.

대분수를 가분수로 나타내어 비교하면?

가분수와 대분수의 분자를 그대로 비교하면 안 돼.

무엇을 쓸까?
❶ 민지의 색 테이프의 길이를 가분수로 나타내기
❷ 누구의 색 테이프가 더 긴지 구하기

풀이 ㉶ 민지의 색 테이프의 길이를 가분수로 나타내면 $1\frac{4}{5} = \frac{()}{5}$ (m)입니다. … ❶

따라서 $\frac{8}{5}$ ◯ $\frac{()}{5}$ 이므로 (　　　)의 색 테이프가 더 깁니다. … ❷

답

4-1

우유를 이틀 동안 선우는 $1\frac{3}{8}$ L 마셨고, 예진이는 $\frac{13}{8}$ L 마셨습니다. 누가 우유를 더 많이 마셨는지 풀이 과정을 쓰고 답을 구해 보세요.

무엇을 쓸까?
❶ 예진이가 마신 우유의 양을 대분수로 나타내기
❷ 누가 우유를 더 많이 마셨는지 구하기

풀이

답

4-2

다음은 학교에서 각 건물까지의 거리입니다. 학교에서 가장 가까운 곳은 어디인지 풀이 과정을 쓰고 답을 구해 보세요.

서점	은행	소방서
$\frac{15}{7}$ km	$2\frac{2}{7}$ km	$\frac{20}{7}$ km

무엇을 쓸까?   ❶ 학교에서 은행까지의 거리를 가분수로 나타내기
❷ 학교에서 가장 가까운 곳은 어디인지 구하기

풀이

답

4

4-3

피아노 연습을 민호는 $1\frac{1}{6}$ 시간, 경하는 $1\frac{4}{6}$ 시간, 유성이는 $\frac{9}{6}$ 시간 했습니다. 피아노 연습을 많이 한 사람부터 차례로 쓰려고 합니다. 풀이 과정을 쓰고 답을 구해 보세요.

무엇을 쓸까?   ❶ 유성이가 피아노 연습을 한 시간을 대분수로 나타내기
❷ 피아노 연습을 많이 한 사람부터 차례로 쓰기

풀이

답

수행 평가

1 딸기를 3개씩 묶고 ☐ 안에 알맞은 수를 써넣으세요.

15를 3씩 묶으면 6은 15의 $\dfrac{\square}{\square}$ 입니다.

2 그림을 보고 ☐ 안에 알맞은 수를 써넣으세요.

28의 $\dfrac{3}{7}$ 은 ☐ 입니다.

3 가분수를 모두 찾아 ◯표 하세요.

$$\frac{15}{9} \qquad \frac{7}{8} \qquad \frac{4}{4} \qquad \frac{13}{11} \qquad \frac{10}{11}$$

4 ☐ 안에 알맞은 수를 써넣으세요.

(1) $\dfrac{3}{5}$ m는 ☐ cm입니다.

(2) $\dfrac{5}{6}$ 시간은 ☐ 분입니다.

5 가분수는 대분수로, 대분수는 가분수로 나타내어 보세요.

(1) $\dfrac{29}{8}$

(2) $7\dfrac{3}{4}$

6 두 분수의 크기를 비교하여 ○ 안에 >, =, <를 알맞게 써넣으세요.

$$\frac{35}{9} \bigcirc 3\frac{7}{9}$$

9 4장의 수 카드 중에서 2장을 골라 한 번씩만 사용하여 가분수를 만들려고 합니다. 만들 수 있는 가분수는 모두 몇 개인지 구해 보세요.

3 8 5 7

(   )

7 도서관에 하영이는 $1\frac{1}{4}$ 시간, 진우는 $\frac{7}{4}$ 시간, 민호는 $1\frac{2}{4}$ 시간 동안 있었습니다. 도서관에 가장 오래 있었던 사람은 누구일까요?

(   )

서술형 문제

10 서하는 연필 35자루를 가지고 있었습니다. 그 중 $\frac{3}{7}$ 만큼을 친구들에게 나누어 주었다면 남은 연필은 몇 자루인지 풀이 과정을 쓰고 답을 구해 보세요.

풀이 ....

....

....

....

답 ....

8 어떤 수의 $\frac{7}{8}$ 은 35입니다. 어떤 수는 얼마일까요?

(   )

1

진도책 125쪽
5번 문제

같은 주전자에 물을 가득 채우려면 가 컵으로 3번, 나 컵으로 6번 물을 부어야 합니다. 바르게 말한 사람은 누구인지 이름을 써 보세요.

> 지윤: 가 컵과 나 컵 중 들이가 더 많은 컵은 가 컵이야.
>
> 유진: 나 컵의 들이는 가 컵의 들이의 2배야.

👨‍🎓 어떻게 풀었니?

주전자와 가 컵, 나 컵의 들이를 비교해 보자!

주전자에 물을 가득 채울 때 가 컵으로 3번 부어야 하니까

$$(주전자의 들이) = (가 컵 \boxed{} 개의 들이)$$

이고, 나 컵으로 6번 부어야 하니까

$$(주전자의 들이) = (나 컵 \boxed{} 개의 들이)$$

이지. 즉, (주전자의 들이) = (가 컵 $\boxed{}$ 개의 들이) = (나 컵 $\boxed{}$ 개의 들이)니까 그림으로 그려 보면 다음과 같아.

= 가 가 가 = 나 나 나 / 나 나 나

그림을 보면 가 컵과 나 컵 중 들이가 더 많은 컵은 $\boxed{}$ 컵이고, $\boxed{}$ 컵의 들이는 $\boxed{}$ 컵의 들이의 2배라는 걸 알 수 있지.

아~ 바르게 말한 사람은 $\boxed{}$ 이구나!

2

같은 수조에 물을 가득 채우려면 가, 나, 다 그릇으로 오른쪽과 같이 물을 부어야 합니다. ☐ 안에 알맞게 써넣으세요.

그릇	가	나	다
부은 횟수(번)	2	6	4

• 들이가 많은 그릇부터 차례로 기호를 쓰면 $\boxed{}$, $\boxed{}$, $\boxed{}$ 입니다.

• 가 그릇의 들이는 나 그릇의 들이의 $\boxed{}$ 배입니다.

• 가 그릇의 들이는 다 그릇의 들이의 $\boxed{}$ 배입니다.

3

진도책 128쪽
17번 문제

들이가 가장 많은 것과 가장 적은 것의 들이의 차는 몇 L 몇 mL일까요?

| 7 L 50 mL | 5 L 700 mL | 7500 mL |

😊 **어떻게 풀었니?**

단위를 모두 같게 하여 들이를 비교해 보자!

L와 mL로 나타낸 들이가 더 많으니까 7500 mL를 L와 mL로 나타내 봐.

1000 mL = 1 L니까

$$7500 \, mL = 7000 \, mL + \boxed{} mL$$

$$= \boxed{} L + \boxed{} mL$$

$$= \boxed{} L \, \boxed{} mL$$

들이가 가장 많은 것은 $\boxed{}$ L $\boxed{}$ mL이고, 가장 적은 것은 $\boxed{}$ L $\boxed{}$ mL니까 들이의 차를 구하면 다음과 같아.

$$\begin{array}{r} \boxed{}\,L \; \boxed{}\,mL \\ - \; \boxed{}\,L \; \boxed{}\,mL \\ \hline \boxed{}\,L \; \boxed{}\,mL \end{array}$$

아~ 들이가 가장 많은 것과 가장 적은 것의 들이의 차는 $\boxed{}$ L $\boxed{}$ mL구나!

4 들이가 가장 많은 것과 가장 적은 것의 들이의 합은 몇 L 몇 mL일까요?

| 4600 mL | 6 L 80 mL | 6 L 500 mL |

(   )

5 들이가 가장 많은 것과 가장 적은 것의 들이의 차는 몇 mL일까요?

| 4 L 70 mL | 4700 mL |
| 3500 mL | 2 L 800 mL |

(   )

6

진도책 137쪽
4번 문제

파프리카, 고추, 양파의 무게를 비교한 것입니다. 같은 채소끼리의 무게가 각각 같을 때 1개의 무게가 무거운 채소부터 차례로 써 보세요.

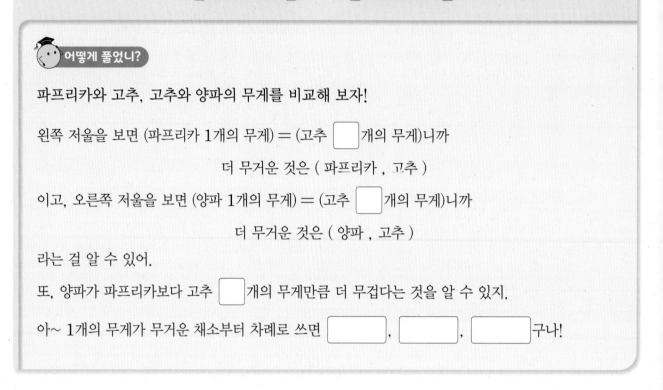

파프리카   고추 2개   고추 5개   양파

🎓 **어떻게 풀었니?**

파프리카와 고추, 고추와 양파의 무게를 비교해 보자!

왼쪽 저울을 보면 (파프리카 1개의 무게) = (고추 ☐개의 무게)니까

더 무거운 것은 (파프리카 , 고추)

이고, 오른쪽 저울을 보면 (양파 1개의 무게) = (고추 ☐개의 무게)니까

더 무거운 것은 (양파 , 고추)

라는 걸 알 수 있어.

또, 양파가 파프리카보다 고추 ☐개의 무게만큼 더 무겁다는 것을 알 수 있지.

아~ 1개의 무게가 무거운 채소부터 차례로 쓰면 ☐, ☐, ☐구나!

7 필통, 풀, 계산기의 무게를 비교한 것입니다. 같은 종류끼리의 무게가 각각 같을 때 1개의 무게가 가벼운 것부터 차례로 써 보세요.

필통   풀 3개   계산기   풀 5개

(   )

8

진도책 141쪽
17번 문제

장기간의 여행을 하면서 조리와 숙박이 가능하도록 만든 자동차를 캠핑카라고 합니다. 무게가 2 t인 캠핑카에 한 개의 무게가 200 kg인 상자를 10개 실었습니다. 상자를 실은 캠핑카의 무게는 모두 몇 t일까요?

👨‍🎓 **어떻게 풀었니?**

캠핑카에 실은 상자의 무게를 구해 보자!

한 개의 무게가 200 kg인 상자 10개의 무게는 200 kg의 10배니까 ☐ kg이야.

1000 kg = 1 t이니까 상자 10개의 무게를 t 단위로 바꿔 보면 ☐ kg = ☐ t이지.

캠핑카의 무게는 2 t이니까 상자를 실은 캠핑카의 무게는 캠핑카의 무게에 실은 상자의 무게를 더해서 구할 수 있어.

(상자를 실은 캠핑카의 무게) = (캠핑카의 무게) + (실은 상자의 무게)

$$= 2\,t + \boxed{}\,t$$

$$= \boxed{}\,t$$

아~ 상자를 실은 캠핑카의 무게는 모두 ☐ t이구나!

9 무게가 5 t인 트럭에 한 묶음의 무게가 300 kg인 철근을 10묶음 실었습니다. 철근을 실은 트럭의 무게는 모두 몇 t일까요?

(   )

10 물건을 3 t까지 실을 수 있는 트럭에 한 개의 무게가 100 kg인 상자를 10개 실었습니다. 트럭에 더 실을 수 있는 무게는 몇 t일까요?

(   )

1

들이/무게의 단위 통일하여 비교하기

들이가 많은 것부터 차례로 기호를 쓰려고 합니다. 풀이 과정을 쓰고 답을 구해 보세요.

| ㉠ 3 L 500 mL | ㉡ 3800 mL | ㉢ 4 L | ㉣ 4100 mL |

단위를 모두 mL로 나타내어 비교하면?

> 1 L=1000 mL야.

🖋 **무엇을 쓸까?** ❶ 단위를 mL로 통일하기

❷ 들이가 많은 것부터 차례로 쓰기

풀이 📝 ㉠ 3 L 500 mL = (　　　　)mL, ㉢ 4 L = (　　　　)mL입니다. --- ❶

따라서 4100 mL > (　　　)mL > (　　　)mL > (　　　)mL이므로

들이가 많은 것부터 차례로 기호를 쓰면 ㉣, (　　), (　　), (　　)입니다. --- ❷

답

1-1

무게가 가벼운 것부터 차례로 기호를 쓰려고 합니다. 풀이 과정을 쓰고 답을 구해 보세요.

| ㉠ 7800 g | ㉡ 6 kg 900 g | ㉢ 6200 g | ㉣ 7 kg |

🖋 **무엇을 쓸까?** ❶ 단위를 g으로 통일하기

❷ 무게가 가벼운 것부터 차례로 쓰기

풀이

답

1-2

냉장고에 오렌지 주스가 1 L 300 mL, 포도 주스가 1550 mL, 사과 주스가 1 L 90 mL 있습니다. 가장 많이 있는 주스는 무엇인지 풀이 과정을 쓰고 답을 구해 보세요.

무엇을 쓸까?
❶ 단위를 통일하여 들이 비교하기
❷ 가장 많이 있는 주스 구하기

풀이 ....

....

....

....

답 ....

5

1-3

동물원에 있는 동물들의 무게를 재었더니 치타는 62 kg 450 g, 표범은 65300 g, 재규어는 69 kg 280 g이었습니다. 가장 무거운 동물은 무엇인지 풀이 과정을 쓰고 답을 구해 보세요.

무엇을 쓸까?
❶ 단위를 통일하여 무게 비교하기
❷ 가장 무거운 동물 구하기

풀이 ....

....

....

....

답 ....

2 가깝게 어림한 사람 찾기

친구들이 2 L인 생수병의 들이를 어림한 것입니다. 가장 가깝게 어림한 사람은 누구인지 풀이 과정을 쓰고 답을 구해 보세요.

유나	혜림	성빈
약 2100 mL	약 1 L 960 mL	약 2 L 50 mL

어림한 들이와 실제 들이의 차가
가장 작은 사람은?

어림한 들이와 실제 들이의 차가 작을수록 더 가깝게 어림한 거야.

✏ **무엇을 쓸까?** ❶ 어림한 들이와 실제 들이의 차 구하기
❷ 가장 가깝게 어림한 사람 쓰기

풀이 예 어림한 들이와 실제 들이의 차를 구하면

유나: (   )mL, 혜림:(   )mL, 성빈: (   )mL입니다. ┄ ❶

따라서 가장 가깝게 어림한 사람은 (   )입니다. ┄ ❷

답

2-1

친구들이 3 kg 500 g인 멜론의 무게를 어림한 것입니다. 가장 가깝게 어림한 사람은 누구인지 풀이 과정을 쓰고 답을 구해 보세요.

서아	준수	은우
약 3 kg 450 g	약 3200 g	약 3 kg 600 g

✏ **무엇을 쓸까?** ❶ 어림한 무게와 실제 무게의 차 구하기
❷ 가장 가깝게 어림한 사람 쓰기

풀이

답

3 저울로 무게 비교하기

사과, 복숭아, 토마토 한 개의 무게를 비교하여 무게가 무거운 것부터 차례로 쓰려고 합니다. 풀이 과정을 쓰고 답을 구해 보세요. (단, 과일별 무게는 각각 같습니다.)

(복숭아 2개)=(토마토 ?개)

두 저울에 모두 복숭아가 있으니까 복숭아를 기준으로 비교해 봐.

무엇을 쓸까? ❶ 복숭아 2개의 무게와 사과, 토마토의 무게 비교하기

❷ 무게가 무거운 것부터 차례로 쓰기

풀이 ⓔ 복숭아 2개의 무게는 사과 (   )개, 토마토 (   )개의 무게와 같습니다. ┄ ❶

따라서 무게가 무거운 것부터 차례로 쓰면 (   ), (   ), (   )입니다. ┄ ❷

답 _____

5

3-1

풀, 가위, 지우개 한 개의 무게를 비교하여 무게가 무거운 것부터 차례로 쓰려고 합니다. 풀이 과정을 쓰고 답을 구해 보세요. (단, 종류별 무게는 각각 같습니다.)

무엇을 쓸까? ❶ 가위 3개의 무게와 풀, 지우개의 무게 비교하기

❷ 무게가 무거운 것부터 차례로 쓰기

풀이 _____

_____

_____

답 _____

4 들이/무게의 덧셈과 뺄셈 활용

2 L 700 mL의 물이 들어 있는 수조에 2 L 500 mL의 물을 더 붓고, 1 L 300 mL의 물을 덜어 냈습니다. 수조에 남아 있는 물은 몇 L 몇 mL인지 풀이 과정을 쓰고 답을 구해 보세요.

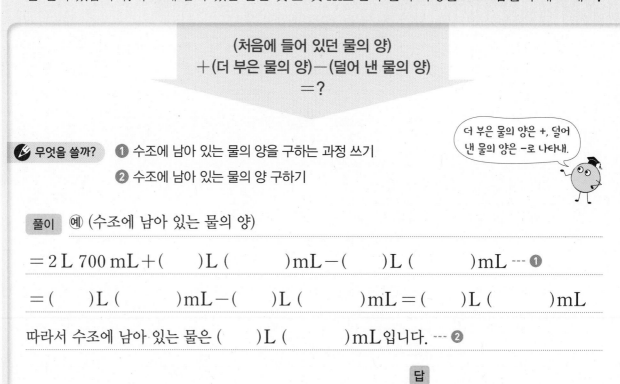

(처음에 들어 있던 물의 양)
+(더 부은 물의 양)−(덜어 낸 물의 양)
=?

✏️ 무엇을 쓸까? ❶ 수조에 남아 있는 물의 양을 구하는 과정 쓰기

❷ 수조에 남아 있는 물의 양 구하기

더 부은 물의 양은 +, 덜어 낸 물의 양은 −로 나타내.

풀이 예 (수조에 남아 있는 물의 양)

= 2 L 700 mL+(　　)L (　　　　)mL−(　　)L (　　　　)mL ┈ ❶

= (　　)L (　　　)mL−(　　)L (　　　)mL = (　　)L (　　　)mL

따라서 수조에 남아 있는 물은 (　　)L (　　　)mL입니다. ┈ ❷

답

4-1 5 L들이 양동이에 1 L 400 mL의 물을 부은 다음 1 L 900 mL의 물을 더 부었습니다. 양동이에 물이 넘치지 않고 가득 차게 하려면 몇 L 몇 mL의 물을 더 부어야 하는지 풀이 과정을 쓰고 답을 구해 보세요.

✏️ 무엇을 쓸까? ❶ 더 부어야 하는 물의 양을 구하는 과정 쓰기

❷ 더 부어야 하는 물의 양 구하기

풀이

답

4-2

고구마를 어제는 4 kg 300 g 캤고, 오늘은 5 kg 250 g 캤습니다. 그중에서 3 kg 800 g을 이웃에게 주었다면 남은 고구마는 몇 kg 몇 g인지 풀이 과정을 쓰고 답을 구해 보세요.

🖋 **무엇을 쓸까?**　❶ 남은 고구마의 양을 구하는 과정 쓰기

❷ 남은 고구마의 양 구하기

풀이

답

5

4-3

사과 3 kg 500 g과 배 4 kg 600 g을 상자에 담아 무게를 재었더니 8 kg 650 g이었습니다. 상자만의 무게는 몇 g인지 풀이 과정을 쓰고 답을 구해 보세요.

🖋 **무엇을 쓸까?**　❶ 상자만의 무게를 구하는 과정 쓰기

❷ 상자만의 무게 구하기

풀이

답

수행 평가

1 주전자와 물병에 물을 가득 채운 후 모양과 크기가 같은 컵에 각각 옮겨 담았습니다. 어느 것의 들이가 더 많을까요?

(   )

2 저울과 바둑돌을 사용하여 필통과 공책의 무게를 비교하려고 합니다. 어느 것이 바둑돌 몇 개만큼 더 무거울까요?

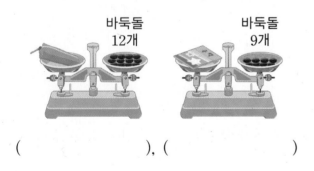

바둑돌 12개   바둑돌 9개

(   ), (   )

3 ☐ 안에 알맞은 수를 써넣으세요.

(1) 5 L 70 mL = ☐ mL

(2) 4820 g = ☐ kg ☐ g

4 보기 에서 알맞은 단위를 골라 ☐ 안에 써넣으세요.

> **보기**
>
> mL   L
> g   kg   t

(1) 요구르트병의 들이는 약 60 ☐ 입니다.

(2) 수조의 들이는 약 10 ☐ 입니다.

(3) 비행기의 무게는 약 45 ☐ 입니다.

(4) 강아지의 무게는 약 7 ☐ 입니다.

5 무게를 비교하여 ○ 안에 >, =, <를 알맞게 써넣으세요.

2060 g ◯ 2 kg 250 g

6 들이가 많은 것부터 차례로 기호를 써 보세요.

> ㉠ 6 L 300 mL ㉡ 7450 mL
> ㉢ 6080 mL ㉣ 7 L 90 mL

( )

7 같은 그릇에 물을 가득 채우려면 가, 나, 다 컵으로 각각 다음과 같이 물을 부어야 합니다. 들이가 많은 컵부터 차례로 기호를 써 보세요.

컵	가	나	다
부은 횟수(번)	5	8	3

( )

8 친구들이 2 kg인 의자의 무게를 어림한 것입니다. 가장 가깝게 어림한 사람은 누구일까요?

> 현수: 약 2100 g
> 윤지: 약 2 kg 150 g
> 민경: 약 1 kg 950 g

( )

9 뜨거운 물 3 L 400 mL와 차가운 물 2 L 700 mL를 섞어서 따뜻한 물을 만들었습니다. 따뜻한 물은 몇 L 몇 mL인지 구해 보세요.

( )

서술형 문제
10 현지의 몸무게는 32 kg 500 g이고 주아의 몸무게는 34 kg 200 g입니다. 누가 몇 kg 몇 g 더 무거운지 풀이 과정을 쓰고 답을 구해 보세요.

풀이

답 ,

5

1

진도책 161쪽
6번 문제

소희네 반 학생들이 여행 가고 싶은 나라를 조사하여 나타낸 표입니다. 미국에 가고 싶은 학생은 이탈리아에 가고 싶은 학생보다 몇 명 더 많을까요?

여행 가고 싶은 나라별 학생 수

나라	프랑스	미국	스위스	이탈리아	합계
남학생 수(명)	4	6	3	2	15
여학생 수(명)	3	3	5	4	15

 어떻게 풀었니?

미국과 이탈리아에 가고 싶은 학생 수를 각각 구해 보자!

학생들이 여행 가고 싶은 나라를 남학생과 여학생으로 나누어 조사하였으니까

각 나라에 가고 싶은 학생 수는 남학생 수와 여학생 수를 더하면 돼.

미국에 가고 싶은 남학생은 ☐명, 여학생은 ☐명이니까 모두 ☐명이고,

이탈리아에 가고 싶은 남학생은 ☐명, 여학생은 ☐명이니까 모두 ☐명이야.

아~ 미국에 가고 싶은 학생은 이탈리아에 가고 싶은 학생보다

☐ － ☐ ＝ ☐(명) 더 많구나!

2

주연이네 반 학생들이 좋아하는 음식을 조사하여 나타낸 표입니다. 떡볶이를 좋아하는 학생은 라면을 좋아하는 학생보다 몇 명 더 많을까요?

좋아하는 음식별 학생 수

음식	떡볶이	치킨	라면	햄버거	합계
남학생 수(명)	3	5	4	3	15
여학생 수(명)	5	3	2	4	14

(   )

3

진도책 163쪽
10번 문제

그해의 더위를 물리친다 하여 복날에는 영양식인 닭 요리를 주로 먹습니다. 어느 치킨 가게에서 초복에 하루 동안 팔린 치킨의 수를 조사하여 나타낸 그림그래프입니다. 하루 동안 팔린 치킨은 모두 몇 마리일까요?

하루 동안 팔린 치킨의 수

종류	치킨의 수
양념치킨	
프라이드치킨	
마늘치킨	
간장치킨	

10마리
1마리

어떻게 풀었니?

하루 동안 팔린 종류별 치킨의 수를 각각 구해 보자!

는 10마리를, 는 1마리를 나타내고, 양념치킨은 3개, 1개니까 ☐ 마리, 프라이드치킨은 4개, 4개니까 ☐ 마리, 마늘치킨은 1개, 5개니까 ☐ 마리, 간장치킨은 2개, 3개니까 ☐ 마리 팔린 거야.

하루 동안 팔린 종류별 치킨의 수를 모두 더하면

☐ + ☐ + ☐ + ☐ = ☐ (마리)야.

아~ 하루 동안 팔린 치킨은 모두 ☐ 마리구나!

4

어느 주스 가게에서 하루 동안 팔린 주스의 수를 조사하여 나타낸 그림그래프입니다. 하루 동안 팔린 주스는 모두 몇 컵일까요?

하루 동안 팔린 주스의 수

종류	주스의 수
딸기 주스	
키위 주스	
바나나 주스	
수박 주스	

10컵
1컵

( )

5

진도책 164쪽
13번 문제

천택이네 학교 학생들이 좋아하는 동물을 조사하여 나타낸 표입니다. 표를 보고 그림그래프로 나타내어 보세요.

좋아하는 동물별 학생 수

동물	토끼	고양이	강아지	기린	합계
학생 수(명)	22	20	31	13	86

🎓 어떻게 풀었니?

그림그래프에서 그림의 종류가 몇 가지인지, 어떤 그림으로 나타내었는지 먼저 살펴보자!

그림그래프에서 그림의 종류는 ◎와 ○ 두 가지이고, ◎는 10명을, ○는 1명을 나타내.

토끼를 좋아하는 학생은 22명이니까 ◎ [ ]개와 ○ [ ]개로,

고양이를 좋아하는 학생은 20명이니까 ◎ [ ]개로,

강아지를 좋아하는 학생은 31명이니까 ◎ [ ]개와 ○ [ ]개로,

기린을 좋아하는 학생은 13명이니까 ◎ [ ]개와 ○ [ ]개로 나타내면 돼.

아~ 표를 보고 그림그래프로 나타내면 아래와 같구나!

좋아하는 동물별 학생 수

동물				
학생 수				

◎ 10명
○ 1명

6

윤지네 학교 학생들이 좋아하는 운동을 조사하여 나타낸 표입니다. 표를 보고 그림그래프로 나타내어 보세요.

좋아하는 운동별 학생 수

운동	축구	피구	발야구	배구	합계
학생 수(명)	25	28	30	19	102

좋아하는 운동별 학생 수

운동	학생 수

◎ 10명
△ 5명
○ 1명

7

진도책 167쪽
18번 문제

준희네 마트에서 일주일 동안 팔린 아이스크림 수를 조사하여 나타낸 그림그래프입니다. 일주일 동안 팔린 아이스크림이 모두 130개일 때, 딸기 아이스크림은 몇 개 팔렸나요?

일주일 동안 팔린 아이스크림 수

아이스크림	아이스크림 수
바닐라	◎ ◎ ○ ○ ○ ○ ○ ○
딸기	
초코	◎ ◎ ◎ ◎ ◎ ○ ○
호두	◎ ○ ○ ○ ○ ○ ○ ○

◎ 10개
○ 1개

🎓 **어떻게 풀었니?**

먼저 딸기 아이스크림을 제외한 나머지 아이스크림이 일주일 동안 팔린 개수를 구해 보자!

◎는 10개를, ○는 1개를 나타내고,

바닐라 아이스크림은 ◎ 2개, ○ 6개니까 ☐ 개, 초코 아이스크림은 ◎ 5개, ○ 2개니까

☐ 개, 호두 아이스크림은 ◎ 1개, ○ 7개니까 ☐ 개 팔렸어.

일주일 동안 팔린 전체 아이스크림 수에서 바닐라, 초코, 호두 아이스크림이 팔린 개수를 빼면 딸기 아이스크림이 팔린 개수를 구할 수 있지.

(팔린 딸기 아이스크림 수) = 130 − ☐ − ☐ − ☐ = ☐ (개)

아~ 딸기 아이스크림은 ☐ 개 팔렸구나!

8

마을별 기르고 있는 돼지 수를 조사하여 나타낸 그림그래프입니다. 네 마을에서 기르고 있는 돼지가 모두 157마리일 때, 나 마을에서 기르고 있는 돼지는 몇 마리일까요?

마을별 기르고 있는 돼지 수

마을	돼지 수
가	🐷 🐷 🐷 🐖 🐖 🐖 🐖
나	
다	🐷 🐷 🐷 🐷 🐖 🐖 🐖
라	🐷 🐷 🐖 🐖 🐖 🐖 🐖 🐖

🐷 10마리
🐖 1마리

(   )

1 그림그래프를 보고 알 수 있는 내용 알아보기

유미네 학교 도서관에 있는 책의 수를 조사하여 나타낸 그림그래프입니다. 그림그래프를 보고 알 수 있는 내용을 2가지 써 보세요.

도서관에 있는 책의 수

종류	책의 수
동화책	📘📘📘📘📘📗📗📗
위인전	📘📘📘📗📗
과학책	📘📘📘📘📗📗📗📗📗

📘 10권
📗 1권

각 항목의 수를 비교해 보면?

그림그래프는 각 항목의 수를 한눈에 비교하기 편리해.

✍ **무엇을 쓸까?**
① 그림그래프를 보고 알 수 있는 내용 1가지 쓰기
② 그림그래프를 보고 알 수 있는 내용 다른 1가지 쓰기

답 ⑳ 유미네 학교 도서관에 가장 많이 있는 책은 (   )입니다. ···①

유미네 학교 도서관에 가장 적게 있는 책은 (   )입니다. ···②

1-1

민주네 학교 학생들이 배우고 싶은 악기를 조사하여 나타낸 그림그래프입니다. 그림그래프를 보고 알 수 있는 내용을 2가지 써 보세요.

배우고 싶은 악기별 학생 수

악기	학생 수
피아노	😊😊😊🙂🙂🙂🙂🙂
바이올린	😊😊😊🙂🙂
플루트	😊😊🙂🙂🙂🙂🙂

😊 10명
🙂 1명

✍ **무엇을 쓸까?**
① 그림그래프를 보고 알 수 있는 내용 1가지 쓰기
② 그림그래프를 보고 알 수 있는 내용 다른 1가지 쓰기

답

2 항목의 수의 합/차 구하기

지혜네 학교 학생들이 생일에 받고 싶은 선물을 조사하여 나타낸 그림그래프입니다. 휴대전화를 받고 싶은 학생은 게임기를 받고 싶은 학생보다 몇 명 더 많은지 풀이 과정을 쓰고 답을 구해 보세요.

생일에 받고 싶은 선물별 학생 수

선물	학생 수
휴대전화	☺ ☺ ☺ ☺ ☺ ☺ ☺
신발	☺ ☺ ☺ ☺ ☺ ☺
게임기	☺ ☺ ☺ ☺ ☺ ☺ ☺
책	☺ ☺ ☺ ☺ ☺ ☺ ☺

☺ 10명
☺ 1명

휴대전화와 게임기를 받고 싶은 학생 수를 각각 구하면?

☺가 ■개, ☺가 ▲개면 ■▲명이야.

무엇을 쏠까? ❶ 휴대전화와 게임기를 받고 싶은 학생 수 각각 구하기
❷ 휴대전화와 게임기를 받고 싶은 학생 수의 차 구하기

풀이 예 휴대전화를 받고 싶은 학생은 (   )명, 게임기를 받고 싶은 학생은 (   )명

입니다. ⋯ ❶ / 따라서 휴대전화를 받고 싶은 학생은 게임기를 받고 싶은 학생보다

(   )−(   )=(   )(명) 더 많습니다. ⋯ ❷

답

6

2-1

위 **2**의 그림그래프에서 신발을 받고 싶은 학생과 책을 받고 싶은 학생은 모두 몇 명인지 풀이 과정을 쓰고 답을 구해 보세요.

무엇을 쏠까? ❶ 신발과 책을 받고 싶은 학생 수 각각 구하기
❷ 신발과 책을 받고 싶은 학생 수의 합 구하기

풀이

답

2-2

해인이네 학교 학생들이 좋아하는 꽃을 조사하여 나타낸 그림그래프입니다. 장미와 튤립 중 어느 꽃을 좋아하는 학생이 몇 명 더 많은지 풀이 과정을 쓰고 답을 구해 보세요.

좋아하는 꽃별 학생 수

꽃	학생 수
장미	☺☺☺☺☺☺☺☺
백합	☺☺☺☺☺☺☺☺☺
튤립	☺☺☺☺☺☺☺

☺ 10명
☺ 1명

✦ 무엇을 쓸까? ❶ 장미와 튤립을 좋아하는 학생 수 각각 구하기

❷ 장미와 튤립 중 어느 꽃을 좋아하는 학생이 몇 명 더 많은지 구하기

풀이 _____

_____

답 _____ , _____

2-3

목장별 우유 생산량을 조사하여 나타낸 그림그래프입니다. 우유 생산량이 가장 많은 목장과 가장 적은 목장의 우유 생산량의 합은 몇 kg인지 풀이 과정을 쓰고 답을 구해 보세요.

목장별 우유 생산량

목장	생산량
가	🥛🥛🥛🥛
나	🥛🥛🥛
다	🥛🥛🥛🥛🥛🥛
라	🥛🥛🥛🥛🥛

🥛 10 kg
🥛 1 kg

✦ 무엇을 쓸까? ❶ 우유 생산량이 가장 많은 목장과 가장 적은 목장 구하기

❷ 우유 생산량이 가장 많은 목장과 가장 적은 목장의 우유 생산량의 합 구하기

풀이 _____

_____

답 _____

3 그림그래프를 보고 예상하기

어느 제과점에서 일주일 동안 팔린 빵의 수를 조사하여 나타낸 그림그래프입니다. 다음 주에는 어떤 빵을 더 많이 준비하면 좋을지 설명해 보세요.

일주일 동안 팔린 빵의 수

종류	빵의 수
크림빵	
크로켓	
도넛	

🍞 100개
🥖 10개

일주일 동안 가장 많이 팔린 빵은?

> 이번 주에 가장 많이 팔린 빵이 다음 주에도 많이 팔리지 않을까?

✏️ **무엇을 쓸까?** ❶ 일주일 동안 가장 많이 팔린 빵 구하기

❷ 어떤 빵을 더 많이 준비하면 좋을지 설명하기

설명 예 일주일 동안 가장 많이 팔린 빵은 (   )입니다. ⋯ ❶

따라서 다음 주에는 (   )을 더 많이 준비하면 좋겠습니다. ⋯ ❷

3-1

어느 중식당에서 일주일 동안 팔린 음식의 수를 조사하여 나타낸 그림그래프입니다. 다음 주에는 어떤 음식을 더 많이 준비하면 좋을지 설명해 보세요.

일주일 동안 팔린 음식의 수

종류	음식의 수
짜장면	
짬뽕	
볶음밥	

🍜 100그릇
🍜 10그릇

✏️ **무엇을 쓸까?** ❶ 일주일 동안 가장 많이 팔린 음식 구하기

❷ 어떤 음식을 더 많이 준비하면 좋을지 설명하기

설명

4 항목의 수를 구하여 그림그래프로 나타내기

과수원별 사과 생산량을 조사하여 나타낸 표를 보고 그림그래프로 나타내려고 합니다. 풀이 과정을 쓰고 그림그래프로 나타내어 보세요.

과수원별 사과 생산량

과수원	싱싱	푸른	햇살	금빛	합계
생산량(상자)	240		340	270	1160

과수원별 사과 생산량

과수원	생산량
싱싱	
푸른	
햇살	
금빛	

◎ 100상자
○ 10상자 --- ❷

전체 합계를 이용하여 푸른 과수원의
사과 생산량을 구하면?

표에서 조사한 수의
합계를 쉽게 알 수 있어.

✎ 무엇을 쓸까? ❶ 푸른 과수원의 사과 생산량 구하기
❷ 그림그래프로 나타내기

풀이 예 (푸른 과수원의 사과 생산량)

= (   ) − 240 − 340 − (   )

= (   )(상자) --- ❶

4-1

선우네 학교 3학년 반별 학생 수를 조사하여 나타낸 표를 보고 그림그래프로 나타내려고 합니다. 풀이 과정을 쓰고 그림그래프로 나타내어 보세요.

반별 학생 수

반	학생 수(명)
1반	24
2반	26
3반	25
4반	
합계	98

반별 학생 수

반	학생 수
1반	
2반	
3반	
4반	

☺10명 ☺1명

✎ **무엇을 쓸까?**   ❶ 4반 학생 수 구하기

❷ 그림그래프로 나타내기

풀이

4-2

민경이네 학교 학생들이 키우고 싶은 반려동물을 조사하여 나타낸 표를 보고 그림그래프로 나타내려고 합니다. 풀이 과정을 쓰고 그림그래프를 완성해 보세요.

키우고 싶은 반려동물별 학생 수

동물	학생 수(명)
강아지	34
고양이	
햄스터	
토끼	20
합계	109

키우고 싶은 반려동물별 학생 수

동물	학생 수
강아지	
고양이	☺ ☺ ☺ ☺
햄스터	
토끼	

☺10명 ☺1명

✎ **무엇을 쓸까?**   ❶ 고양이와 햄스터를 키우고 싶은 학생 수 각각 구하기

❷ 그림그래프 완성하기

풀이

수행 평가

[1~3] 채린이네 학교 학생들이 태어난 계절을 조사하였습니다. 물음에 답하세요.

봄	여름
가을	겨울

1 조사한 자료를 보고 표로 나타내어 보세요.

태어난 계절별 학생 수

계절	봄	여름	가을	겨울	합계
학생 수(명)					

2 표를 보고 그림그래프로 나타내어 보세요.

태어난 계절별 학생 수

계절	학생 수
봄	
여름	
가을	
겨울	

◎10명 ○1명

3 표와 그림그래프 중 가장 많은 학생들이 태어난 계절을 알아보기에 더 편리한 것은 어느 것일까요?

( )

[4~6] 과수원별 귤 생산량을 조사하여 나타낸 그림그래프입니다. 물음에 답하세요.

과수원별 귤 생산량

과수원	생산량
가	
나	
다	
라	

◎100상자 ○10상자

4 가 과수원의 귤 생산량은 몇 상자일까요?

( )

5 라 과수원의 귤 생산량은 나 과수원의 귤 생산량보다 몇 상자 더 많을까요?

( )

6 귤 생산량이 많은 과수원부터 차례로 써 보세요.

( )

[7~8] 성아네 학교 학생들이 가고 싶은 체험학습 장소를 조사하여 나타낸 표입니다. 물음에 답하세요.

가고 싶은 체험학습 장소별 학생 수

장소	놀이공원	박물관	과학관	동물원	합계
학생 수(명)		16	29	30	110

7 체험학습으로 놀이공원에 가고 싶은 학생은 몇 명일까요?

(　　　　　　　)

8 표를 보고 그림그래프로 나타내어 보세요.

가고 싶은 체험학습 장소별 학생 수

장소	학생 수
놀이공원	
박물관	
과학관	
동물원	

◯10명 △5명 ○1명

9 농장별 닭의 수를 조사하여 나타낸 그림그래프입니다. 네 농장의 닭이 모두 175마리일 때, 다 농장의 닭은 몇 마리일까요?

농장별 닭의 수

농장	닭의 수
가	
나	
다	
라	

🐔10마리 🐓1마리

(　　　　　　　)

서술형 문제

10 어느 마트에서 일주일 동안 팔린 우유의 수를 조사하여 나타낸 그림그래프입니다. 다음 주에는 어떤 우유를 더 많이 준비하면 좋을지 설명해 보세요.

일주일 동안 팔린 우유의 수

종류	우유의 수
딸기 우유	
초코 우유	
바나나 우유	

🥛10개 🥛1개

설명

총괄 평가

1 빈칸에 알맞은 수를 써넣으세요.

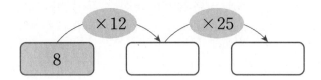

2 나눗셈을 하여 ☐ 안에 몫을, ◯ 안에 나머지를 써넣으세요.

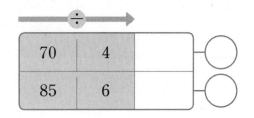

3 큰 분수부터 차례로 기호를 써 보세요.

$$ ㉠ \frac{13}{9} \quad ㉡ 1\frac{7}{9} \quad ㉢ \frac{15}{9} \quad ㉣ 1\frac{5}{9} $$

(   )

[4~5] 농장별 감자 생산량을 조사하여 나타낸 그림그래프입니다. 물음에 답하세요.

농장별 감자 생산량

농장	생산량
가	
나	
다	
라	

🥔 100 kg ● 10 kg

4 감자 생산량이 많은 농장부터 차례로 써 보세요.

(   )

5 가 농장과 다 농장의 감자 생산량의 차는 몇 kg인지 구해 보세요.

(   )

6 원에 대한 설명으로 <u>틀린</u> 것을 모두 고르세요.

(　　　　　)

① 한 원에서 지름의 길이는 모두 같습니다.

② 한 원에서 반지름은 지름의 2배입니다.

③ 원의 지름은 원을 둘로 똑같이 나눕니다.

④ 한 원에서 지름은 셀 수 없이 많이 그을 수 있습니다.

⑤ 원의 반지름은 원 안에 그을 수 있는 가장 긴 선분입니다.

7 계산해 보고 계산 결과가 맞는지 확인해 보세요.

$$7 \overline{)9\ 4}$$

몫 ...., 나머지

확인 $7 \times \boxed{} = \boxed{}$

➡ $\boxed{} + \boxed{} = \boxed{}$

8 저울로 사과, 감, 복숭아의 무게를 비교하려고 합니다. 가장 무거운 과일은 어느 것일까요?

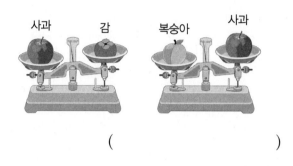

(　　　　　　　　　)

9 곱이 가장 큰 것은 어느 것일까요? (　　　　)

① 185 × 6　　　② 20 × 40

③ 51 × 30　　　④ 43 × 17

⑤ 28 × 54

10 주어진 모양을 그리기 위하여 컴퍼스의 침을 꽂아야 할 곳은 모두 몇 군데일까요?

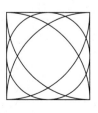

(　　　　　　　　　)

11 준영이는 매일 책을 45분씩 읽습니다. 준영이가 15일 동안 책을 읽은 시간은 모두 몇 분일까요?

(   )

12 같은 주전자에 물을 가득 채우려면 가, 나, 다 컵으로 각각 다음과 같이 물을 부어야 합니다. 가, 나, 다 컵 중 들이가 가장 많은 것은 어느 것일까요?

컵	가	나	다
부은 횟수(번)	8	5	6

(   )

13 가장 무거운 무게와 가장 가벼운 무게의 합은 몇 kg 몇 g인지 구해 보세요.

7 kg   3 kg 700 g   7500 g

(   )

14 다음 분수가 가분수일 때, □ 안에 들어갈 수 있는 자연수는 모두 몇 개인지 구해 보세요.

$$\frac{8}{\square}$$

(   )

15 승호네 학교 3학년 학생들이 좋아하는 계절을 조사하여 나타낸 표와 그림그래프를 완성해 보세요.

좋아하는 계절별 학생 수

계절	봄	여름	가을	겨울	합계
학생 수(명)	23			21	

좋아하는 계절별 학생 수

계절	학생 수
봄	
여름	◎ ○ ○ ○ ○ ○ ○
가을	◎ ○ ○ ○ ○ ○ ○ ○
겨울	

◎10명 ○1명

16 ㉠과 ㉡에 알맞은 수의 합은 얼마인지 구해 보세요.

> • 30의 $\dfrac{4}{5}$ 는 ㉠입니다.
>
> • 7은 28의 $\dfrac{1}{㉡}$ 입니다.

(   )

17 지름이 16 cm인 두 원의 중심과 두 원이 만나는 두 점을 이어 사각형을 그렸습니다. 사각형 ㄱㄴㄷㄹ의 네 변의 길이의 합은 몇 cm일까요?

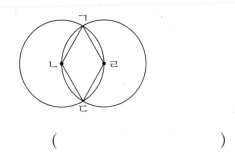

(   )

18 배 150개를 상자에 모두 담으려고 합니다. 한 상자에 배를 9개까지 담을 수 있을 때 상자는 적어도 몇 개 필요할까요?

(   )

서술형 문제

19 어떤 수를 8로 나누어야 할 것을 잘못하여 6으로 나누었더니 몫이 15이고 나머지가 3이었습니다. 바르게 계산한 나눗셈의 몫과 나머지는 얼마인지 풀이 과정을 쓰고 답을 구해 보세요.

풀이 _____

_____

_____

_____

답 몫: _____ , 나머지: _____

서술형 문제

20 일주일 동안 물을 성호는 5 L 300 mL 마셨고, 민주는 성호보다 1 L 500 mL 더 적게 마셨습니다. 성호와 민주가 마신 물은 모두 몇 L 몇 mL인지 풀이 과정을 쓰고 답을 구해 보세요.

풀이 _____

_____

_____

답 _____

국어, 사회, 과학을
한 권으로 끝내는 교재가 있다?

이 한 권에 다 있다! 국·사·과 교과개념 통합본

디딤돌
통합본

국어·사회·과학

3~6학년(학기용)

"그건 바로 디딤돌만이 가능한 3 in 1"

한걸음 한걸음 디딤돌을 걷다 보면
수학이 완성됩니다.

● 개념 다지기
원리, 기본

● 문제해결력 강화
문제유형, 응용

● 심화 완성
최상위 수학S, 최상위 수학

● 연산 개념 다지기
디딤돌 연산

● 개념+문제해결력 강화를 동시에
기본+유형, 기본+응용

● 상위권의 힘, 사고력 강화
최상위 사고력

개념 이해

개념 응용

개념 확장

학습 능력과 목표에 따라
맞춤형이 가능한 디딤돌 초등 수학

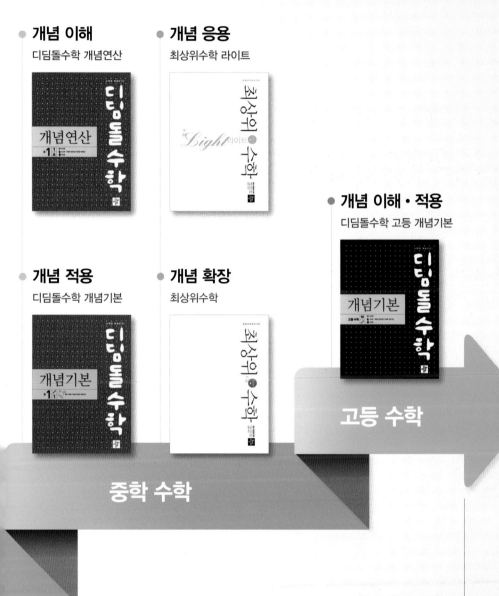

● **개념 이해**
디딤돌수학 개념연산

● **개념 응용**
최상위수학 라이트

● **개념 적용**
디딤돌수학 개념기본

● **개념 확장**
최상위수학

● **개념 이해 · 적용**
디딤돌수학 고등 개념기본

중학 수학

고등 수학

초등부터
고등까지

수학 좀 한다면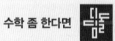

개념을 이해하고, 깨우치고, 꺼내 쓰는
올바른 중고등 개념 학습서

수능까지 연결되는 독해 로드맵

디딤돌 독해력은 수능까지 연결되는 체계적인 라인업을 통하여

수능에서 요구하는 핵심 독해 원리에 대한 이해는 물론,

단계 별로 심화되며 연결되는 학습의 과정을 통해

깊이 있고 종합적인 독해 사고의 능력까지 기를 수 있도록 도와줍니다.

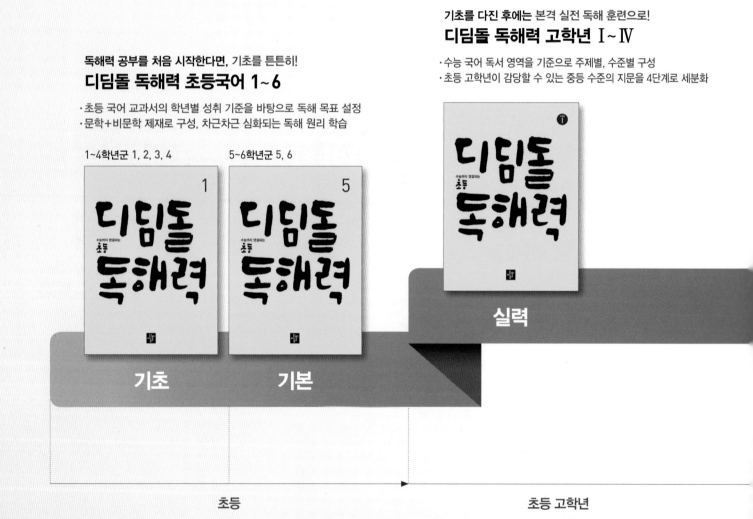

기초를 다진 후에는 본격 실전 독해 훈련으로!
디딤돌 독해력 고학년 I ~ IV

· 수능 국어 독서 영역을 기준으로 주제별, 수준별 구성
· 초등 고학년이 감당할 수 있는 중등 수준의 지문을 4단계로 세분화

독해력 공부를 처음 시작한다면, 기초를 튼튼히!
디딤돌 독해력 초등국어 1~6

· 초등 국어 교과서의 학년별 성취 기준을 바탕으로 독해 목표 설정
· 문학+비문학 제재로 구성, 차근차근 심화되는 독해 원리 학습

1~4학년군 1, 2, 3, 4   5~6학년군 5, 6

실력

기초   기본

초등   초등 고학년

기본 | 정답과 풀이

$\dfrac{3}{2}$

수학 좀 한다면

디딤돌

1 곱셈

학생들은 일상생활에서 배열이나 묶음과 같은 곱셈 상황을 경험합니다. 예를 들면 교실에서 사물함, 책상, 의자 등 줄을 맞춰 배열된 사물들과 묶음 단위로 판매되는 학용품이나 간식 등이 곱셈 상황입니다. 학생들은 이 같은 상황에서 사물의 수를 세거나 필요한 금액 등을 계산할 때 곱셈을 적용할 수 있습니다. 여러 가지 곱셈을 배우는 이번 단원에서는 다양한 형태의 곱셈 계산 원리와 방법을 스스로 발견할 수 있도록 지도합니다. 수 모형 놓아 보기, 모눈의 수 묶어 세기 등의 다양한 활동을 통해 곱셈의 알고리즘이 어떻게 형성되는지를 스스로 탐구할 수 있도록 합니다. 이 단원에서 학습하는 다양한 형태의 곱셈은 고학년에서 학습하게 되는 넓이, 확률 개념 등의 바탕이 됩니다.

교과서 개념 이해 1 일, 십, 백의 자리 수와 한 자리 수를 곱해. **8쪽**

❶ (1) 4 / 40 / 800 / 844
(2) 44 / 800 / 844

❷ (왼쪽에서부터) 8 / 6, 8 / 2, 6, 8

---

❶ (1) $211 = 200 + 10 + 1$이므로 211×4는 200×4, 10×4, 1×4의 합과 같습니다.
(2) $211 = 200 + 11$이므로 211×4는 200×4, 11×4의 합과 같습니다.

❷ $4 \times 2 = 8$이므로 일의 자리에 8을 씁니다.
$3 \times 2 = 6$이므로 십의 자리에 6을 씁니다.
$1 \times 2 = 2$이므로 백의 자리에 2를 씁니다.

교과서 개념 이해 2 일의 자리에서 올림한 수는 십의 자리 곱에 더해. **9쪽**

❶ (위에서부터) (1) 24, 8 / 60, 20 / 300, 100 / 384
(2) 12, 6 / 80, 40 / 800, 400 / 892

❷ (왼쪽에서부터) 1, 2 / 1, 4, 2 / 1, 9, 4, 2

---

❶ (1) $128 = 100 + 20 + 8$이므로 128×3은 100×3, 20×3, 8×3의 합과 같습니다.
(2) $446 = 400 + 40 + 6$이므로 446×2는 400×2, 40×2, 6×2의 합과 같습니다.

❷ $4 \times 3 = 12$이므로 일의 자리에 2를 쓰고 1을 십의 자리 위에 작게 씁니다.
$1 \times 3 = 3$에 올림한 숫자 1을 더하여 십의 자리에 4를 씁니다.
$3 \times 3 = 9$이므로 백의 자리에 9를 씁니다.

교과서 개념 이해 3 십의 자리에서 올림한 수는 백의 자리 곱에 더해. **10~11쪽**

❶ (위에서부터) (1) 6, 2 / 120, 40 / 1500, 500 / 1626
(2) 32, 8 / 240, 60 / 1200, 300 / 1472

❷ (1) 9 / 240 / 300 / 549
(2) 249 / 300 / 549

❸ (왼쪽에서부터) (1) 6 / 2, 4, 6 / 2, 8, 4, 6
(2) 1, 6 / 1, 1, 5, 6 / 1, 1, 1, 1, 5, 6

❹ (1) 482, 1205 / 1687
(2) 723, 964 / 1687

❺ (위에서부터) (1) 2 / 5, 7, 6   (2) 6 / 4, 2, 3, 0
(3) 2, 3 / 2, 6, 3, 2

---

❶ (1) $542 = 500 + 40 + 2$이므로 542×3은 500×3, 40×3, 2×3의 합과 같습니다.
(2) $368 = 300 + 60 + 8$이므로 368×4는 300×4, 60×4, 8×4의 합과 같습니다.

❷ (1) $183 = 100 + 80 + 3$이므로 183×3은 100×3, 80×3, 3×3의 합과 같습니다.
(2) $183 = 100 + 83$이므로 183×3은 100×3, 83×3의 합과 같습니다.

❸ (1) 십의 자리 계산 $4 \times 6 = 24$에서 2는 백의 자리로 올림하고, 백의 자리 계산 $1 \times 6 = 6$에서 올림한 숫자 2를 더합니다.
(2) 일의 자리 계산 $8 \times 2 = 16$에서 1은 십의 자리로 올림하고, 십의 자리 계산 $7 \times 2 = 14$, $14 + 1 = 15$에서 1은 백의 자리로 올림합니다.
백의 자리 계산 $5 \times 2 = 10$, $10 + 1 = 11$에서 1은 천의 자리에 씁니다.

4 (1) $7 = 2 + 5$이므로 241×7은 241×2와 241×5의 합과 같습니다.

(2) $7 = 3 + 4$이므로 241×7은 241×3과 241×4의 합과 같습니다.

---

 1 올림이 없는 **(세 자리 수)×(한 자리 수)**   12~13쪽

1 (1) 220   (2) 330   (3) 440   (4) 550

    ➕ (1) 262   (2) 393

2 (1) $232 \times 3 = 696$ (2) $120 \times 4 = 480$

3 (1) $<$ (2) $>$

4 (계산 순서대로) 202, 808 / 404, 808

5 (1) 884 / 884   (2) 606 / 606

6 966

7 예

      예 333 g

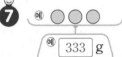 (위에서부터) 4, 8, 2 / 6 / 8, 6

---

2 (1) 232를 3번 더한 값은 $232 \times 3 = 696$과 같습니다.

(2) 120을 4번 더한 값은 $120 \times 4 = 480$과 같습니다.

3 (1) 곱해지는 수가 같을 때에는 곱하는 수가 클수록 곱이 더 큽니다.

(2) 곱하는 수가 같을 때에는 곱해지는 수가 클수록 곱이 더 큽니다.

4 $8 = 2 \times 4 = 4 \times 2$이므로

$101 \times 8 = 101 \times 2 \times 4 = 101 \times 4 \times 2$입니다.

5 곱해지는 수가 커진만큼 곱하는 수가 작아지면 두 곱셈식의 결과는 같습니다.

6 100이 3개, 10이 2개, 1이 2개인 수는 322이고 1이 3개인 수는 3이므로 $322 \times 3 = 966$입니다.

😊 내가 만드는 문제

7 예 구슬 1개의 무게는 111 g이므로 구슬 3개의 무게는 $111 \times 3 = 333(g)$입니다.

---

 2 일의 자리에서 올림이 있는 **(세 자리 수)×(한 자리 수)**   14~15쪽

8 (1) 954   (2) 874   (3) 690   (4) 687

9 (1) 428 / 428 / 856   (2) 226 / 339 / 565

10 (1)

117×4	304×3		425×2	216×3
912	468		648	850

11 (왼쪽에서부터) 900 / 60 / 15 / 975 / $=$ / 900 / 60 / 15 / 975

12 684, 690, 6

13 (1) 216 / 216   (2) 309 / 309

14 예 가 / 예 106, 4, 424

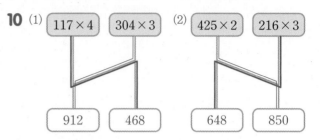 (왼쪽에서부터) 6, 8, 4 / 1, 9, 7, 2

---

8 (1)
$$\begin{array}{r} \overset{2}{3}\,1\,8 \\ \times \quad\quad 3 \\ \hline 9\,5\,4 \end{array}$$

(2)
$$\begin{array}{r} 4\,\overset{1}{3}\,7 \\ \times \quad\quad 2 \\ \hline 8\,7\,4 \end{array}$$

(3)
$$\begin{array}{r} 1\,\overset{3}{1}\,5 \\ \times \quad\quad 6 \\ \hline 6\,9\,0 \end{array}$$

(4)
$$\begin{array}{r} 2\,\overset{2}{2}\,9 \\ \times \quad\quad 3 \\ \hline 6\,8\,7 \end{array}$$

9 (1) $4 = 2 + 2$이므로 214×4는 214×2와 214×2의 합과 같습니다.

(2) $5 = 2 + 3$이므로 113×5는 113×2와 113×3의 합과 같습니다.

10 (1) $117 \times 4 = 468$, $304 \times 3 = 912$

(2) $425 \times 2 = 850$, $216 \times 3 = 648$

11 곱셈에서 두 수를 바꾸어 곱해도 계산 결과는 같습니다.

12 $228 = 230 - 2$이므로 228×3은 230×3과 2×3의 차와 같습니다.

13 곱하는 수가 작아진 만큼 곱해지는 수가 커지면 계산 결과는 같습니다.

😊 내가 만드는 문제

14 가: $106 \times 4 = 424(cm)$

나: $106 \times 3 = 318(cm)$

다: $106 \times 5 = 530(cm)$

라: $106 \times 6 = 636(cm)$

15 (1) 819 (2) 3070 (3) 1356 (4) 3366

16 1285

17 (1) 2 / 284 / 1136   (2) 3 / 639 / 1917

18 (1) 3 / 4 / 5   (2) 7 / 6 / 5

19 2700원

20 예 열쇠고리, 예 3452원

(왼쪽에서부터) 244, 488 / 366, 366

---

15 (1)
$$\begin{array}{r} 2 \\ 2\,7\,3 \\ \times3 \\ \hline 8\,1\,9 \end{array}$$

(2)
$$\begin{array}{r} 2 \\ 6\,1\,4 \\ \times5 \\ \hline 3\,0\,7\,0 \end{array}$$

(3)
$$\begin{array}{r} 1 \\ 4\,5\,2 \\ \times3 \\ \hline 1\,3\,5\,6 \end{array}$$

(4)
$$\begin{array}{r} 3 \\ 5\,6\,1 \\ \times6 \\ \hline 3\,3\,6\,6 \end{array}$$

16 257씩 5번 뛰어 세기 한 것은 257×5로 나타냅니다.
따라서 $257 \times 5 = 1285$입니다.

17 (1)
142×8
$= 142 \times 2 \times 4$
$= 284 \times 4$
$= 1136$

(2)
213×9
$= 213 \times 3 \times 3$
$= 639 \times 3$
$= 1917$

18 (1) $751 \times 2 + 751 = \underbrace{751 + 751}_{751 \times 2} + 751 = 751 \times 3$

$751 \times 3 + 751$
$= \underbrace{751 + 751 + 751}_{751 \times 3} + 751$
$= 751 \times 4$

$751 \times 4 + 751$
$= \underbrace{751 + 751 + 751 + 751}_{751 \times 4} + 751$
$= 751 \times 5$

(2) $342 \times 8 - 342$
$= \underbrace{342 + 342 + \cdots + 342}_{342 \times 8} - 342$
$= 342 + 342 + 342 + 342 + 342 + 342 + 342$
$= 342 \times 7$

$342 \times 7 - 342$
$= \underbrace{342 + 342 + \cdots + 342}_{342 \times 7} - 342$
$= 342 + 342 + 342 + 342 + 342 + 342$
$= 342 \times 6$

$342 \times 6 - 342$
$= \underbrace{342 + 342 + \cdots + 342}_{342 \times 6} - 342$
$= 342 + 342 + 342 + 342 + 342$
$= 342 \times 5$

19 초등학생의 교통요금은 450원이므로 은지네 반 6명의
교통요금은 $450 \times 6 = 2700$(원)입니다.

내가 만드는 문제
20 (초콜릿을 사는 경우) $= 863 \times 5 = 4315$(원)
(자석을 사는 경우) $= 863 \times 3 = 2589$(원)
(카야잼을 사는 경우) $= 863 \times 7 = 6041$(원)
(열쇠고리를 사는 경우) $= 863 \times 4 = 3452$(원)

교과서 개념 이해
4 두 수의 0의 개수만큼 0을 붙여.   18쪽

1 (1) 8 / 800   (2) 15 / 1500

2 (1) 24 / 240 / 240 / 2400
(2) 126 / 1260 / 1260 / 1260

---

1 (1) 40은 4의 10배, 20은 2의 10배이므로 40×20은
4×2의 100배입니다.
(2) 30은 3의 10배, 50은 5의 10배이므로 30×50은
3×5의 100배입니다.

2 (1) 60×40은 6×4의 100배입니다.
(2) 420×3, 42×30은 42×3의 10배입니다.
곱셈에서 두 수를 바꾸어 곱해도 계산 결과는 같습니다.

교과서 개념 이해
5 ▲■×●와 ●×▲■는 같아.   19쪽

1 (왼쪽에서부터) 2, 1 / 1, 5, 0 / 1, 7, 1 // 7, 7 / 50, 50 // 2, 1 / 1, 5, 0 / 1, 7, 1

2 (1) 140   (2) 28   (3) 140 / 28 / 168

---

2 (1) 주황색 모눈은 7개씩 20줄이므로 $7 \times 20 = 140$(개)
입니다.
(2) 초록색 모눈은 7개씩 4줄이므로 $7 \times 4 = 28$(개)입니다.
(3) 색칠된 모눈은 모두 7개씩 24줄이므로
$7 \times 24 = 168$(개)입니다.

6 (몇십몇)×(몇십몇)은
곱셈을 두 번 하는 거야. 20쪽

1 (1) 840 / 168 / 1008　(2) 630 / 189 / 819

2 (위에서부터) (1) 9, 1, 7 / 1, 3, 0, 10 / 2, 2, 1
　　(2) 3, 6, 3 / 6, 0, 0, 50 / 6, 3, 6

1 (1) $24 = 20 + 4$이므로 42×24는 42×20과 42×4의
　합과 같습니다.
　(2) $13 = 10 + 3$이므로 63×13은 63×10과 63×3의
　합과 같습니다.

2 (1) $17 = 10 + 7$이므로 13×17은 13×7과 13×10의
　합과 같습니다.
　(2) $53 = 50 + 3$이므로 12×53은 12×3과 12×50의
　합과 같습니다.

7 올림이 여러 번 있어도
곱셈을 두 번 하는 것은 같아. 21쪽

1 (1) 7 / 1860, 651 / 2511
　(2) 8 / 1620, 432 / 2052

2 (위에서부터) (1) 4, 6, 8, 6 / 3, 1, 2, 0, 40 /
　　3, 5, 8, 8
　(2) 5, 5, 8, 9 / 3, 1, 0, 0, 50 / 3, 6, 5, 8

1 (1) $27 = 20 + 7$이므로 93×27은 93×20과 93×7의
　합과 같습니다.
　(2) $38 = 30 + 8$이므로 54×38은 54×30과 54×8의
　합과 같습니다.

2 (1) $46 = 40 + 6$이므로 78×46은 78×6과 78×40의
　합과 같습니다.
　(2) $59 = 50 + 9$이므로 62×59는 62×9와 62×50의
　합과 같습니다.

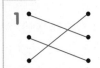
4 (몇십)×(몇십), (몇십몇)×(몇십) 22~23쪽

1 [선 잇기]　➕ (1) 12　(2) 16000

2 (1) 1080 / 1080　(2) 1680 / 1680

3 (1) 3 / 60 / 600　(2) 5 / 200 / 2000

4 (1) 70 / 700 / 70　(2) 30 / 300 / 30

5 (1) 40 / 80 / 120　(2) 12 / 24 / 36

6 63×50에 ○표

7 (위에서부터) 예 4, 9 / 예 3, 1, 2 / 예 1, 8, 2

🎓 200, 40

1 곱셈에서 두 수를 바꾸어 곱해도 계산 결과는 같습니다.
　➕ (1) $3 \times 4 = 12$이므로 $300 \times 40 = 12000$입니다.
　　(2) 80×200은 $8 \times 2 = 16$에 0을 3개 붙입니다.

2 곱해지는 수가 커진만큼 곱하는 수가 작아지면 두 곱셈
식의 결과는 같습니다.

3 (1)　$20 \times \;\; 30$
　　$= 20 \times 3 \times 10$
　　$= 60 \times 10 = 600$
　(2)　$40 \times \;\; 50$
　　$= 40 \times 5 \times 10$
　　$= 200 \times 10 = 2000$

4 (1) $5 \times 7 = 35$이므로 곱의 0의 개수에 맞추어
　70, 700, 70입니다.
　(2) $6 \times 3 = 18$이므로 곱의 0의 개수에 맞추어
　30, 300, 30입니다.

5 (1) 40×10
　$= \underbrace{40 + 40 + \cdots + 40 + 40}_{40 \times 9} + 40$
　$= \underbrace{40 + 40 + \cdots + 40 + 40}_{40 \times 8} + 40 + 40$
　$= \underbrace{40 + 40 + \cdots + 40 + 40}_{40 \times 7} + 40 + 40 + 40$
　(2) 12×30
　$= \underbrace{12 + 12 + \cdots + 12 + 12}_{12 \times 31} - 12$
　$= \underbrace{12 + 12 + \cdots + 12 + 12}_{12 \times 32} - 12 - 12$
　$= \underbrace{12 + 12 + \cdots + 12 + 12}_{12 \times 33} - 12 - 12 - 12$

6 곱해지는 수를 어림하여 계산하면 $70 \times 40 = 2800$,
$90 \times 30 = 2700$, $60 \times 50 = 3000$,
$40 \times 70 = 2800$이므로 곱이 가장 큰 것은 63×50입
니다.

☺ 내가 만드는 문제
7 ■ × ▲ $= 36$이 되는 곱은 1×36, 2×18, 3×12,
4×9, 6×6이 있으므로 0의 개수에 맞추어서
60×60, 90×40, 10×360, 20×180, 36×100,
12×300도 가능합니다.

8 (1) 56　(2) 32　(3) 212　(4) 198

9 (1) 72 / 144　(2) 132 / 396

10 ㉠　　　　　　**11** 52개

12 (1) 8 / 248　(2) 35 / 185

13 75, 90

⑭ ⑩ ■＝4, ◆＝2이면
2, 5, 2 / ＝ / 2, 5, 2

🎓 (왼쪽에서부터) 1, 4 / 1, 8, 4 / 1, 4 / 1, 8, 4 /
같습니다에 ○표

8 (1)
$$\begin{array}{r} 1 \\ 4 \\ \times\ 1\ 4 \\ \hline 5\ 6 \end{array}$$
(2)
$$\begin{array}{r} 1 \\ 2 \\ \times\ 1\ 6 \\ \hline 3\ 2 \end{array}$$
(3)
$$\begin{array}{r} 1 \\ 4 \\ \times\ 5\ 3 \\ \hline 2\ 1\ 2 \end{array}$$
(4)
$$\begin{array}{r} 1 \\ 9 \\ \times\ 2\ 2 \\ \hline 1\ 9\ 8 \end{array}$$

9 (1) 곱하는 수가 2배가 되면 계산 결과도 2배가 됩니다.
(2) 곱하는 수가 3배가 되면 계산 결과도 3배가 됩니다.

10 곱하는 수를 어림하여 계산하면 $5 \times 30 = 150$,
$9 \times 20 = 180$, $7 \times 30 = 210$이므로 계산 결과가 180
보다 작은 것은 ㉠ 5×32입니다.

11 세로에 4줄, 가로에 13줄 채워야 하므로 필요한 쌓기나
무는 $4 \times 13 = 52$(개)입니다.

12 곱하는 수의 십의 자리와 곱하고 일의 자리와 곱한 뒤 더
합니다.
(1) $4 \times 62 = 4 \times 60 + 4 \times 2$
$= 240 + 8 = 248$
(2) $5 \times 37 = 5 \times 30 + 5 \times 7$
$= 150 + 35 = 185$

13 첫 번째 수에 15를 곱하면 두 번째 수 45가 나오고, 세
번째 수에 15를 곱하면 네 번째 수 60이 나옵니다.
규칙에 따라 다섯 번째 수에 15를 곱하면 75, 일곱 번째
수에 15를 곱하면 90이 나옵니다.
따라서 여섯 번째 수는 75, 여덟 번째 수는 90입니다.

☺ 내가 만드는 문제
⑭ ⑩ ■＝4, ◆＝2인 경우
$6 \times 42 = 252$, $42 \times 6 = 252$입니다.
곱셈에서 두 수를 바꾸어 곱해도 계산 결과는 같습니다.

15 (1) 228　(2) 775　➕ (1) 57.6　(2) 66.3

16 (1) 2 / 50 / 350　(2) 6 / 90 / 270

17 (위에서부터) 315, 21 / 336, 21 / 357, 21

18 ㉡, ㉠, ㉢

19 (1) 288 / 288　(2) 351 / 351

20 3172개

㉑ ⑩ 420점

🎓 (위에서부터) 13 / 4, 2 / 1, 4, 0 / 1, 8, 2

15 (1)
$$\begin{array}{r} 1\ 9 \\ \times\ 1\ 2 \\ \hline 3\ 8 \\ 1\ 9\ 0 \\ \hline 2\ 2\ 8 \end{array}$$
(2)
$$\begin{array}{r} 2\ 5 \\ \times\ 3\ 1 \\ \hline 2\ 5 \\ 7\ 5\ 0 \\ \hline 7\ 7\ 5 \end{array}$$

➕ (1)
$$\begin{array}{r} 4.8 \\ \times\ 1\ 2 \\ \hline 9\ 6 \\ 4\ 8\ 0 \\ \hline 5\ 7.6 \end{array}$$
(2)
$$\begin{array}{r} 5.1 \\ \times\ 1\ 3 \\ \hline 1\ 5\ 3 \\ 5\ 1\ 0 \\ \hline 6\ 6.3 \end{array}$$

16 (1) 25×14
$= 25 \times 2 \times 7$
$= 50 \times 7 = 350$
(2) 15×18
$= 15 \times 6 \times 3$
$= 90 \times 3 = 270$

17 곱하는 수가 1씩 커지면 곱은 21씩 커집니다.

18 ㉠ $38 \times 13 = 494$, ㉡ $37 \times 14 = 518$,
㉢ $37 \times 13 = 481$이므로 $518 > 494 > 481$입니다.
따라서 ㉡＞㉠＞㉢입니다.

19 (1) □÷18 = 16이므로 □ = $18 \times 16 = 288$입니다.
(2) □÷13 = 27이므로 □ = $13 \times 27 = 351$입니다.

20 (전체 팔린 상자 수) = $8 + 12 + 15 + 6 + 11$
$= 52$(상자)
따라서 한 상자에 사과가 61개씩 들어 있으므로 5일 동
안 판 사과는 모두 $52 \times 61 = 3172$(개)입니다.

☺ 내가 만드는 문제
㉑ ⑩ 파란색 부분을 맞혔다면 (점수) = $15 \times 12 = 180$(점)
빨간색 부분을 맞혔다면 (점수) = $25 \times 12 = 300$(점)
노란색 부분을 맞혔다면 (점수) = $35 \times 12 = 420$(점)

7 올림이 여러 번 있는 (몇십몇)×(몇십몇) `28~29쪽`

22 (1) 1352　(2) 2016　(3) 2176　(4) 1035

23 (위에서부터) (1) 864 / 216　(2) 864 / 288

24 (1) 85×28에 ○표　(2) 39×63에 ○표

25 (계산 순서대로) (1) 140, 1260 / 252, 1260
　　(2) 180, 1260 / 315, 1260

26 1924 g　➕ (1) 3000　(2) 5

27
```
      6 7
  ×   3 4
  ─────────
    2 6 8
  2 0 1 0
  ─────────
  2 2 7 8
```

28 예 $38 \times 21 = \underline{38 \times 20} + 38$
　　　　$= \quad 760 \quad + 38$
　　　　$= \quad 798$

 (왼쪽에서부터) 1250, 1225 / 980, 245, 1225 / 7, 175, 1225

---

22 (1)
```
      5 2
  ×   2 6
  ─────────
    3 1 2
  1 0 4 0
  ─────────
  1 3 5 2
```
(2)
```
      2 8
  ×   7 2
  ─────────
      5 6
  1 9 6 0
  ─────────
  2 0 1 6
```
(3)
```
      6 4
  ×   3 4
  ─────────
    2 5 6
  1 9 2 0
  ─────────
  2 1 7 6
```
(4)
```
      4 5
  ×   2 3
  ─────────
    1 3 5
    9 0 0
  ─────────
  1 0 3 5
```

23 (1) $36 \times \boxed{24} = 864$
　　$36 \times 6 \times 4 = 864$
　(2) $36 \times \boxed{24} = 864$
　　$36 \times 8 \times 3 = 864$

24 (1) 곱해지는 수가 같은 경우 곱하는 수가 클수록 곱은 커집니다.
　(2) 곱하는 수가 같은 경우 곱해지는 수가 클수록 곱은 커집니다.

25 (1) $5 \times 9 = 9 \times 5$이므로 $28 \times 5 \times 9 = 28 \times 9 \times 5$입니다.
　(2) $7 \times 4 = 4 \times 7$이므로 $7 \times 4 \times 45 = 4 \times 7 \times 45$입니다.

26 장수풍뎅이는 자기 몸무게의 52배나 되는 물건도 밀 수 있다고 하였으므로 장수풍뎅이는 무게가 $37 \times 52 = 1924(g)$인 물건까지 밀 수 있습니다.

27 67×3은 실제로 67×30을 나타내므로 $67 \times 30 = 2010$을 자리에 맞춰 써야 합니다.

☺ 내가 만드는 문제
28 두 자리 수를 자유롭게 정하여 [보기] 와 같은 방법으로 (몇십몇)×(몇십몇)을 계산합니다.

발전 문제 `30~32쪽`

1 (왼쪽에서부터) 84 / 84, 1680

2 (1) 3100　(2) 3100　(3) 3100

3 2940　　**4** 1656

5 1515　　**6** 2870

7 5　　**8** 4

9 (위에서부터) 8 / 3　　**10** 70

11 60 / 80　　**12** 20 / 60

13 1, 2, 3에 ○표　　**14** 3

15 7　　**16** 4, 2 / 462

17 7 / 5, 2　　**18** 5952

1
```
    1
      7              ┌──→ 8 4
  × 1 2              × 2 0
  ───────            ─────────
      8 4 ──────────┘ 1 6 8 0
```

2 곱셈은 계산 순서를 바꾸어도 계산 결과는 같으므로 계산하기 편한 수를 먼저 계산할 수 있습니다.

3 $6 \times 14 = 84$ ➡ ♥ $= 84$
　$84 \times 35 = 2940$ ➡ ★ $= 2940$

4 $23 ♣ 72 = 23 \times 72$
　　$= 1656$

5 $54 ♥ 30 = 54 \times 30 - 105$
　　$= 1620 - 105$
　　$= 1515$

6 $41 ★ 69 = 41 \times 69 + 41$
　　$= 2829 + 41$
　　$= 2870$

7 $3 \times \square$의 일의 자리 숫자가 5이므로 $\square = 5$입니다.

8 일의 자리의 곱은 $6 \times 3 = 18$이므로 십의 자리로 올림한 수는 1이고, 백의 자리의 곱은 $2 \times 3 = 6$이므로 십의 자리에서 백의 자리로 올림한 수는 1입니다.

따라서 십의 자리의 계산은 $\square \times 3 + 1 = 13$이므로 $\square \times 3 = 12$, $\square = 4$입니다.

9
$$\begin{array}{r} 7 \\ \times\ 4\ \bigcirc \\ \hline 3\ \square\ 6 \end{array}$$
$7 \times \bigcirc$의 일의 자리 숫자가 6이므로 $\bigcirc = 8$입니다. 일의 자리의 곱은 $7 \times 8 = 56$이므로 십의 자리로 올림한 수는 5이고, 십의 자리의 계산은 $7 \times 4 + 5 = 33$이므로 $\square = 3$입니다.

다른 풀이 | $7 \times 4\square$가 어려울 경우 $4\square \times 7$로 바꾸어 곱해도 계산 결과는 같습니다.

10 $7 \times 7 = 49$이고 4900은 0이 두 개, 70은 0이 한 개이므로 $\square$ 안에 알맞은 수는 70입니다.

11 $4 \times 6 = 24$이고 2400은 0이 두 개, 40은 0이 한 개이므로 $\square$ 안에 알맞은 수는 60입니다.
$3 \times 8 = 24$이고 2400은 0이 두 개, 30은 0이 한 개이므로 $\square$ 안에 알맞은 수는 80입니다.

12 $25 \times 72 = 1800$이므로 $1800 = \square \times 90 = 30 \times \square$입니다.
$2 \times 9 = 18$이고 1800은 0이 두 개, 90은 0이 한 개이므로 $\square$ 안에 알맞은 수는 20입니다.
$3 \times 6 = 18$이고 1800은 0이 두 개, 30은 0이 한 개이므로 $\square$ 안에 알맞은 수는 60입니다.

13 $1 \times 52 = 52$, $2 \times 52 = 104$, $3 \times 52 = 156$, $4 \times 52 = 208$, $5 \times 52 = 260$이므로 $\square$ 안에 들어갈 수 있는 수는 1, 2, 3입니다.

14 $419 \times 1 = 419$, $419 \times 2 = 838$, $419 \times 3 = 1257$, $419 \times 4 = 1676$이므로 $\square$ 안에 들어갈 수 있는 자연수는 1, 2, 3입니다.
따라서 $\square$ 안에 들어갈 수 있는 사연수 중에서 가장 큰 수는 3입니다.

15 78은 80에 가까우므로 $80 \times \square 0$이 5000에 가깝게 되는 $\square$를 찾으면 6, 7입니다.
$78 \times 60 = 4680$, $78 \times 70 = 5460$에서 5000보다 큰 수는 5460이므로 $\square$ 안에 들어갈 수 있는 자연수 중에서 가장 작은 수는 7입니다.

16 곱이 가장 큰 곱셈식이 되려면 곱해지는 두 자리 수가 가장 큰 두 자리 수이어야 합니다.
따라서 만들 수 있는 두 자리 수 24와 42 중 42가 들어가야 하고, 두 수의 곱을 구하면 $42 \times 11 = 462$입니다.

17 $2 \times 75 = 150$, $5 \times 72 = 360$, $7 \times 52 = 364$이므로 곱이 가장 큰 곱셈식은 7×52입니다.

다른 풀이 | $\bigcirc > \bigcirc > \bigcirc$일 때, 곱이 가장 큰 (한 자리 수)$\times$(두 자리 수)의 곱셈식은 $\bigcirc \times \bigcirc \bigcirc$입니다. $7 > 5 > 2$이므로 곱이 가장 큰 곱셈식은 7×52입니다.

18 곱이 가장 큰 곱셈식이 되려면 두 수의 십의 자리에 큰 수를 각각 놓아야 합니다.
$93 \times 64 = 5952$, $94 \times 63 = 5922$이므로 가장 큰 곱은 5952입니다.

---

1 단원 **단원 평가** **33~35쪽**

1 268		**2** 4000	
3 (1) 515 (2) 752			
4 1400 / 1750 / 2100		**5** (1) $>$ (2) $<$	
6 (위에서부터) 3650 / 730			
7 $218 \times 5 = 1090$			
8 270 / 306		**9**	

9
$$\begin{array}{r} 3\ 7 \\ \times\ 8\ 1 \\ \hline 3\ 7 \\ 2\ 9\ 6\ 0 \\ \hline 2\ 9\ 9\ 7 \end{array}$$

10 (1) 2 / 4 / 106, 4 (2) 3 / 9 / 101, 9
11 78, 1872   **12** ③
13 3888   **14** 70 / 70
15 615   **16** (1) 70 (2) 60
17 (위에서부터) 7 / 1 / 7 **18** 3 / 5, 9 / 177
19 805분   **20** 7

1 백 모형은 $1 \times 2 = 2$(개), 십 모형은 $3 \times 2 = 6$(개), 일 모형은 $4 \times 2 = 8$(개)이므로 $134 \times 2 = 268$입니다.

2 80은 8의 10배, 50은 5의 10배이므로 80×50은 8×5의 100배입니다.
따라서 $80 \times 50 = 4000$입니다.

정답과 풀이 **7**

3 (1)
$$
\begin{array}{r}
1 \\
1\,0\,3 \\
\times\quad 5 \\
\hline
5\,1\,5
\end{array}
$$

(2)
$$
\begin{array}{r}
3 \\
8 \\
\times\;9\,4 \\
\hline
7\,5\,2
\end{array}
$$

4 곱하는 수가 1씩 커짐에 따라 곱은 350씩 커집니다.

5 (1) 곱해지는 수가 같을 때에는 곱하는 수가 클수록 곱이 큽니다.

(2) 곱하는 수가 같을 때에는 곱해지는 수가 클수록 곱이 큽니다.

6 73×50은 73×10의 5배입니다.

7 $\underbrace{218 + 218 + 218 + 218 + 218}_{5번} = 218 \times 5$
$$= 1090$$

8 곱하는 수의 십의 자리와 곱하고 일의 자리와 곱한 뒤 더합니다.

$9 \times 34 = 9 \times 30 + 9 \times 4$
$\qquad\quad = 270 + 36 = 306$

9 37×8은 실제로 37×80을 나타내므로
$37 \times 80 = 2960$을 자리에 맞춰 써야 합니다.

10 (1) $848 = \underline{424} \times 2$
$\qquad = \underline{212} \times 2 \times 2$
$\qquad = \underline{106} \times 2 \times 2 \times 2$
$\qquad = 106 \times 2 \times 4$

(2) $1818 = \underline{606} \times 3$
$\qquad\quad = \underline{202} \times 3 \times 3$
$\qquad\quad = \underline{101} \times 2 \times 3 \times 3$
$\qquad\quad = 101 \times 2 \times 9$

11
$$
\begin{array}{r}
6 \\
\times\,1\,3 \\
\hline
1\,8 \\
6\,0 \\
\hline
7\,8
\end{array}
\qquad
\begin{array}{r}
7\,8 \\
\times\quad2\,4 \\
\hline
3\,1\,2 \\
1\,5\,6\,0 \\
\hline
1\,8\,7\,2
\end{array}
$$

12 ① $38 \times 60 = 2280$ ② $70 \times 30 = 2100$
③ $52 \times 45 = 2340$ ④ $61 \times 34 = 2074$
⑤ $26 \times 79 = 2054$
따라서 곱이 가장 큰 것은 ③입니다.

13 100이 4개, 10이 3개, 1이 2개인 수는 432이고 1이 9개인 수는 9이므로 $432 \times 9 = 3888$입니다.

14 $70 \times 40 = \underbrace{70 + 70 + \cdots + 70 + 70 + 70}_{70 \times 39}$

$70 \times 40 = \underbrace{70 + 70 + \cdots + 70 + 70}_{70 \times 41} - 70$

15 $123 \spadesuit 6 = 123 \times 6 - 123$
$\qquad\quad\; = 738 - 123$
$\qquad\quad\; = 615$

16 (1) $75 \times 28 = 2100$이므로 $2100 = 30 \times \square$입니다.
$3 \times 7 = 21$이고 2100은 0이 두 개, 30은 0이 한 개이므로 $\square$ 안에 알맞은 수는 70입니다.

(2) $96 \times 50 = 4800$이므로 $4800 = 80 \times \square$입니다.
$8 \times 6 = 48$이고 4800은 0이 두 개, 80은 0이 한 개이므로 $\square$ 안에 알맞은 수는 60입니다.

17
$$
\begin{array}{r}
2\,\text{㉠} \\
\times\;\text{㉡}\,3 \\
\hline
8\,1 \\
2\,\text{㉢}\,0 \\
\hline
3\,5\,1
\end{array}
$$

㉠ $\times 3$의 일의 자리 숫자가 1이므로 ㉠ $= 7$입니다.
계산 결과가 351이므로 $81 + 2$㉢$0 = 351$, ㉢ $= 7$입니다.
27과 십의 자리의 곱이 270이므로 ㉡ $= 1$입니다.

18 $3 \times 59 = 177$, $5 \times 39 = 195$, $9 \times 35 = 315$이므로 곱이 가장 작은 곱셈식은 $3 \times 59 = 177$입니다.

서술형
19 예 대훈이가 하루에 35분씩 운동을 하므로 23일 동안 운동을 한 시간은 $35 \times 23 = 805$(분)입니다.

평가 기준	배점
23일 동안 운동을 한 시간을 구하는 식을 세웠나요?	2점
23일 동안 운동을 한 시간을 구했나요?	3점

서술형
20 예 52는 50에 가까우므로 $50 \times \square 3$이 4000에 가깝게 되는 $\square$를 찾으면 7, 8입니다.
$52 \times 73 = 3796$, $52 \times 83 = 4316$에서 4000보다 작은 수는 3796이므로 $\square$ 안에 들어갈 수 있는 자연수 중에서 가장 큰 수는 7입니다.

평가 기준	배점
곱을 어림하여 $\square$ 안에 들어갈 수 있는 자연수를 구하는 식을 세웠나요?	2점
$\square$ 안에 들어갈 수 있는 가장 큰 자연수를 구했나요?	3점

2 나눗셈

우리는 일상생활 속에서 많은 양의 물건을 몇 개의 그릇에 나누어 담거나 일정한 양을 몇 사람에게 똑같이 나누어 주어야 하는 경우를 종종 경험하게 됩니다. 이렇게 나눗셈이 이루어지는 실생활에서 나눗셈의 의미를 이해하고 식을 세워 문제를 해결할 수 있어야 합니다. 이 단원에서는 이러한 나눗셈 상황의 문제를 해결하기 위해 수 모형으로 조작해 보고 계산 원리를 발견하게 됩니다. 또한 나눗셈의 몫과 나머지의 의미를 바르게 이해하고 구하는 과정을 학습합니다. 이때 단순히 나눗셈 알고리즘의 훈련만으로 학습하는 것이 아니라 실생활의 문제 상황을 적절히 도입하여 곱셈과 나눗셈의 학습이 자연스럽게 이루어지도록 합니다.

교과서 개념 이해 1 (몇십)÷(몇)의 계산은 (몇)÷(몇)을 이용해. 38쪽

1️⃣ 20

2️⃣ (1) 2 / 20 (2) 3 / 30

3️⃣ (1) (위에서부터) 4, 0 / 2, 8, 0
   (2) 50, 5, 10

1️⃣ 십 모형 6개를 똑같이 3묶음으로 나누면 한 묶음에 십 모형이 2개씩입니다.

2️⃣ 나누어지는 수가 10배가 되면 몫도 10배가 됩니다.

3️⃣ 나눗셈식을 세로로 쓸 때에는 나누어지는 수를 $\sqrt{}$ 의 아래쪽에, 나누는 수를 $\sqrt{}$ 의 왼쪽에, 몫을 $\sqrt{}$ 의 위쪽에 씁니다.

교과서 개념 이해 2 나눗셈은 곱하고 빼는 거야. 39쪽

1️⃣ (왼쪽에서부터) 3, 6 / 3, 6, 1, 0 / 3, 5, 6, 1, 0, 1, 0 / 3, 5, 6, 1, 0, 1, 0, 0

2️⃣ (1) 25 / 25 (2) 15 / 15

1️⃣ 십의 자리, 일의 자리 순서로 계산합니다.

2️⃣ (1) $50 \div 2 = 25 \Rightarrow 2 \times 25 = 50$
   (2) $60 \div 4 = 15 \Rightarrow 4 \times 15 = 60$

교과서 개념 이해 3 몫이 두 자리 수이면 나눗셈을 2번 하는 거야. 40쪽

1️⃣ (왼쪽에서부터) 3, 6 / 3, 6, 4 / 3, 2, 6, 4, 4 / 3, 2, 6, 4, 4, 0

2️⃣ (1) 21, 6, 3, 3, 0 / 확인 21, 63
   (2) 22, 6, 6, 6, 0 / 확인 22, 66
   (3) 23, 6, 9, 9, 0 / 확인 23, 69

1️⃣ 십의 자리, 일의 자리 순서로 계산합니다.

2️⃣ (나누는 수) × (몫) = (나누어지는 수)가 되어야 합니다.

교과서 개념 이해 4 십의 자리 계산에서 남은 수는 내림하여 계산해. 41쪽

1️⃣ (왼쪽에서부터) 1, 3 / 1, 3, 1, 5 / 1, 5, 3, 1, 5, 1, 5 / 1, 5, 3, 1, 5, 1, 5, 0

2️⃣ (1) 13, 5, 15, 15, 0 / 확인 13, 65
   (2) 15, 5, 25, 25, 0 / 확인 15, 75
   (3) 17, 5, 35, 35, 0 / 확인 17, 85

1️⃣ 십의 자리, 일의 자리 순서로 계산합니다.

2️⃣ (나누는 수) × (몫) = (나누어지는 수)가 되어야 합니다.

개념 적용 1 내림이 없는 (몇십)÷(몇) 42~43쪽

1 (1) 1 / 10 / 100 (2) 2 / 20 / 200
➕ 4 / 4

2 (1) 20 / 20, 80 (2) 10 / 10, 50

3 (1) 6 (2) 9

4 10 m

5 30, 10

6 (1) 예 6, 0, 6 / 예 9, 0, 9
   (2) 예 4, 0, 2 / 예 6, 0, 3

7 예 40, 4, 10 / 예 80, 2, 40

😊 (위에서부터) 2, 20 / 2, 2, 0

1 나누는 수가 같고 나누어지는 수가 10배, 100배가 되면 몫도 10배, 100배가 됩니다.
➕ $32 \div 8 = 4$이므로 $320 \div 80 = 4$입니다.

2 (1) $80 \div 4 = 20$ ➡ $4 \times 20 = 80$
(2) $50 \div 5 = 10$ ➡ $5 \times 10 = 50$

3 (1) $2 \times 3 = 6$이므로 □ $= 6$입니다.
(2) $3 \times 3 = 9$이므로 □ $= 9$입니다.

4 7년에 70 m를 자라므로 1년에는 $70 \div 7 = 10$(m)씩 자라는 셈입니다.

5 $90 \div 3 = 30$, $30 \div 3 = 10$

6 여러 가지 나눗셈식을 만들 수 있습니다.

☺ 내가 만드는 문제
7 여러 가지 나눗셈식을 만들 수 있습니다.
예 $40 \div 2 = 20$, $60 \div 2 = 30$,
$60 \div 3 = 20$, $80 \div 4 = 20$

개념 적용 2 내림이 있는 (몇십)÷(몇)
44~45쪽

8 (1)
```
    3 5
2) 7 0
    6
    1 0
    1 0
      0
```
(2)
```
    1 2
5) 6 0
    5
    1 0
    1 0
      0
```

9 (1) $<$ (2) $>$

10 15

11 (1) 15 / 30 (2) 15 / 45

12 (1) 15 g (2) 16 g **13** 12개

☺
14 예

(왼쪽에서부터) 5, 45 / 35, 10, 45 / 30, 15, 45

9 (1) $70 < 80$이므로 $70 \div 5 < 80 \div 5$입니다.
(2) $5 < 6$이므로 $90 \div 5 > 90 \div 6$입니다.

10 60을 똑같이 4로 나누면 한 칸의 크기는 $60 \div 4 = 15$ 입니다.

11 (1) 나누어지는 수가 2배가 되면 몫도 2배가 됩니다.
(2) 나누어지는 수가 3배가 되면 몫도 3배가 됩니다.

12 (1) $60 \div 4 = 15$(g) (2) $80 \div 5 = 16$(g)

13 마스크는 모두 $10 \times 6 = 60$(개)입니다.
(한 명에게 줄 수 있는 마스크 수) $= 60 \div 5 = 12$(개)

☺ 내가 만드는 문제
14 예 70을 60과 10으로 가르기 하여 계산한 것입니다.
다른 풀이 |
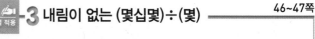

개념 적용 3 내림이 없는 (몇십몇)÷(몇)
46~47쪽

15 (1)
```
    3 4
2) 6 8
    6
    8
    8
    0
```
(2)
```
    3 2
3) 9 6
    9
    6
    6
    0
```

16 (1) 11 / 11 (2) 12 / 12

17 (1) 66 / 33 / 22 (2) 84 / 42 / 21

18
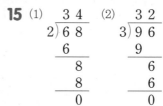

19 22 cm ➕ 36, 3, 12

☺
20 예 43

🐟 10, 11, 12, 13, 14

15 십의 자리, 일의 자리 순서로 계산합니다.

16 나누어지는 수와 나누는 수를 똑같이 ●배 하면 몫은 같습니다.

17 나누어지는 수가 같고 나누는 수가 커지면 몫은 작아집니다.

18 $86 \div 2 = 43$

19 정사각형은 네 변의 길이가 모두 같으므로
(정사각형의 한 변의 길이) $= 88 \div 4 = 22$(cm)입니다.

20 만들 수 있는 두 자리 수는 46, 48, 64, 68, 84, 86입니다.

2로 나눈 몫은 $46 \div 2 = 23$, $48 \div 2 = 24$, $64 \div 2 = 32$, $68 \div 2 = 34$, $84 \div 2 = 42$, $86 \div 2 = 43$입니다.

개념 적용 4 내림이 있는 (몇십몇)÷(몇) 　　　　48~49쪽

21 (1)
$$\begin{array}{r} 2\,8 \\ 2\overline{)5\,6} \\ 4 \\ \hline 1\,6 \\ 1\,6 \\ \hline 0 \end{array}$$
(2)
$$\begin{array}{r} 2\,9 \\ 2\overline{)5\,8} \\ 4 \\ \hline 1\,8 \\ 1\,8 \\ \hline 0 \end{array}$$

22 (1) < (2) <

23 (위에서부터) (1) 12 / 48 (2) 12 / 36

24 (1) 24 / 16 / 8 (2) 42 / 21 / 14 ➕ 16

25 16　　　　**26** (1) 15 (2) 15

27 (1) 예 2, 6, 2 (2) 예 6, 8, 4

🎓 (왼쪽에서부터) 12, 12 / 10, 10

---

22 (1) 9>3이므로 $45 \div 9 < 45 \div 3$입니다.

(2) 64<76이므로 $64 \div 4 < 76 \div 4$입니다.

23 (1) $8 = 2 \times 4$이므로 $96 \div 8$은 96을 2로 나눈 후 그 몫을 4로 나눈 것과 같습니다.

(2) $6 = 2 \times 3$이므로 $72 \div 6$은 72를 2로 나눈 후 그 몫을 3으로 나눈 것과 같습니다.

24 나누어지는 수가 같고 나누는 수가 커지면 몫은 작아집니다.

25 ●가 6개, ▲가 4개이므로 64입니다. ➡ $64 \div 4 = 16$

26 (1) 75 cm를 5도막으로 나누면 한 도막의 길이는 $75\text{ cm} \div 5 = 15\text{ cm}$입니다.

(2) 75 cm를 5 cm씩 자르면 $75\text{ cm} \div 5\text{ cm} = 15$도막입니다.

27 여러 가지 나눗셈식을 만들 수 있습니다.

(1) $52 \div 4 = 13$이므로 몫이 13이 되는 나눗셈식을 만듭니다.

(2) $34 \div 2 = 17$이므로 몫이 17이 되는 나눗셈식을 만듭니다.

교과서 개념 이해 5 더 이상 나눌 수 없는 수가 나머지야. 　　50쪽

1 (1) 5, 2 (2) 9, 1

2 (왼쪽에서부터) 6, 4, 2, 0 / (○) / 7, 3, 5, 3 / (×) / 9, 7, 2, 2 / (×) / 9, 5, 4, 0 / (○)

1 (1) 사과 17개를 3개씩 묶으면 5묶음이 되고 2개가 남습니다.

➡ $17 \div 3 = 5 \cdots 2$

(2) 사과 19개를 2개씩 묶으면 9묶음이 되고 1개가 남습니다.

➡ $19 \div 2 = 9 \cdots 1$

교과서 개념 이해 6 나머지는 나누는 수보다 항상 작아야 해. 　　51쪽

1 (왼쪽에서부터) 1, 3 / 1, 3, 1, 6 / 1, 5, 3, 1, 6, 1, 5 / 1, 5, 3, 1, 6, 1, 5, 1

2 (1) 12, 14, 12, 2 / 확인 12, 72, 72, 2

(2) 12, 15, 12, 3 / 확인 12, 72, 72, 3

1 십의 자리, 일의 자리 순서로 계산합니다.

2 나누는 수와 몫의 곱에 나머지를 더하면 나누어지는 수가 되어야 합니다.

교과서 개념 이해 7 백, 십, 일의 자리 순서로 몫을 구해. 　　52쪽

1 (1) 2, 1, 3, 6, 3, 3, 9, 9, 0

(2) 1, 3, 5, 4, 1, 4, 1, 2, 2, 0, 2, 0, 0

(3) 7, 1, 4, 2, 6, 6, 0

2 (　)(○)(○)(　)

1 백의 자리, 십의 자리, 일의 자리 순서로 계산합니다.

2 나누어지는 수의 백의 자리 수가 나누는 수와 같거나 큰 것에 모두 ○표 합니다.

교과서 개념 이해 8 나눌 수 없는 자리에는 0을 내려 써. 53쪽

1 (1) 9, 5, 5, 4, 3, 3, 3, 0, 3
  (2) 8, 1, 5, 6, 1, 3, 7, 6
  (3) 7, 1, 5, 6, 1, 3, 8, 5

2 (1)
```
    2 0 5
3 ) 6 1 7
    6
    1 7
    1 5
      2
```
(2)
```
    1 0 6
5 ) 5 3 4
    5
    3 4
    3 0
      4
```

1 백의 자리, 십의 자리, 일의 자리 순서로 계산합니다.

2 (1) 십의 자리에서 1을 3으로 나눌 수 없으므로 몫의 십의 자리에 0을 씁니다.
  (2) 십의 자리에서 3을 5로 나눌 수 없으므로 몫의 십의 자리에 0을 씁니다.

개념 적용 5 내림이 없고 나머지가 있는 (몇십몇)÷(몇) 54~55쪽

1 (1)
```
      9
5 ) 4 9
    4 5
      4
```
(2)
```
      9
7 ) 6 5
    6 3
      2
```

2 □÷4, □÷5에 ○표

3 (1) 5, 1 / 5, 2 / 5, 3 / 6, 0
  (2) 8, 0 / 8, 1 / 8, 2 / 8, 3

4 (1) 7, 7, 7, 2 / 4, 2 (2) 8, 8, 8, 8, 4 / 5, 4

5 2 cm

6 (1) 4, 2 (2) 5, 6

7 예 7 / 예 61

 1

2 나머지는 항상 나누는 수보다 작아야 합니다.
  따라서 □÷4와 □÷5에서는 나머지가 5가 될 수 없습니다.

3 나누어지는 수가 1씩 커지는 식을 계산합니다.

4 나누는 수와 몫의 곱에 나머지를 더하면 나누어지는 수가 되는지 확인합니다.

5 65 cm를 9 cm씩 자르고 남은 길이를 구합니다.
  65÷9 = 7…2이므로 색칠한 부분의 길이는 2 cm입니다.

6 (1) 30÷7 = 4…2이므로
  30일은 4주일과 2일입니다.
  (2) 41÷7 = 5…6이므로
  41일은 5주일과 6일입니다.

😊 내가 만드는 문제
7 예 나머지를 7이라고 하면 (어떤 수)÷9 = 6…7입니다.
  9×6 = 54, 54＋7 = 61이므로 어떤 수는 61입니다.

개념 적용 6 내림이 있고 나머지가 있는 (몇십몇)÷(몇) 56~57쪽

8 (1)
```
      1 6
3 ) 4 9
    3
    1 9
    1 8
      1
```
(2)
```
      1 6
6 ) 9 8
    6
    3 8
    3 6
      2
```

9 (1) 20 / 7, 1 / 27, 1 (2) 10 / 5, 3 / 15, 3

10 (1) 12 / 3 (2) 28 / 1

11 16명, 1개

12 (1) 65 (2) 95 ➕ 10, 15

13 예 4 / 예 92 cm

🎓 12, 1

9 (1) 55는 40과 15의 합이므로 55÷2의 몫과 나머지는 40÷2와 15÷2의 몫과 나머지의 합과 같습니다.
  (2) 78은 50과 28의 합이므로 78÷5의 몫과 나머지는 50÷5와 28÷5의 몫과 나머지의 합과 같습니다.

10 (1) ♥÷★ = 63÷5 = 12…3
  (2) ♣÷● = 85÷3 = 28…1

11 65÷4 = 16…1이므로 16명에게 나누어 줄 수 있고, 1개가 남습니다.

12 (1) 3×21 = 63, 63＋2 = 65이므로
  ●에 알맞은 수는 65입니다.
  (2) 6×15 = 90, 90＋5 = 95이므로
  ●에 알맞은 수는 95입니다.
  ➕ 10×9 = 90, 15×6 = 90이므로 90을 나누어떨어지게 하는 수는 10, 15입니다.

😊 내가 만드는 문제
13 예 남은 부분의 길이를 $4\,cm$라고 하여 나눗셈식으로
나타내면 □÷8＝11…4입니다.
$8×11＝88$, $88＋4＝92$이므로 색 테이프의
전체 길이는 $92\,cm$입니다.

🖐 7 개념 적용 나머지가 없는
(세 자리 수)÷(한 자리 수)   58~59쪽

14
(1)
```
     6 3
  4)2 5 2
    2 4
    ─────
    1 2
    1 2
    ─────
      0
```
(2)
```
     1 1 2
  6)6 7 2
    6
    ─────
      7
      6
    ─────
      1 2
      1 2
      ─────
        0
```

15 (1) 21 / 210   (2) 13 / 130

16 (위에서부터) (1) 25 / 50   (2) 36 / 108

17 23대

18 (1) 150÷6＝25   (2) 225÷3＝75

19 (1) 21   (2) 25

😊 **20** (위에서부터) 예 58 / 예 116

🎓 (왼쪽에서부터) 24, 21 / 21, 63

---

15 나누어지는 수가 10배가 되면 몫도 10배가 됩니다.

16 (1) $6＝3×2$이므로 $150÷6$은 150을 3으로 나눈 후
그 몫을 2로 나눈 것과 같습니다.
(2) $9＝3×3$이므로 $324÷9$는 324를 3으로 나눈 후
그 몫을 3으로 나눈 것과 같습니다.

17 $138÷6＝23$(대)

18 (세 자리 수)÷(한 자리 수)이므로
(1) $150÷6＝25$
$6×25＝150$
(2) $225÷3＝75$
$3×75＝225$

19 (1) 쌓기나무는 1층 4개, 2층 1개로 모두 5개입니다.
(쌓기나무 1개의 무게)＝$105÷5＝21$(g)
(2) 쌓기나무는 1층 5개, 2층 1개로 모두 6개입니다.
(쌓기나무 1개의 무게)＝$150÷6＝25$(g)

😊 내가 만드는 문제
20 예 ○에 58을 넣으면 $58×4＝232$이고
$○×2＝232$이므로 $○＝232÷2＝116$입니다.

🖐 8 개념 적용 나머지가 있는
(세 자리 수)÷(한 자리 수)

21
(1)
```
     2 2 4
  3)6 7 3
    6
    ─────
      7
      6
    ─────
      1 3
      1 2
      ─────
        1
```
(2)
```
       8 7
  6)5 2 4
    4 8
    ─────
      4 4
      4 2
      ─────
        2
```

22 (1) 30 / 8, 1 / 38, 1   (2) 40 / 1, 5 / 41, 5

23
```
     1 3 6
  5)6 8 4
    5
    ─────
    1 8
    1 5
    ─────
      3 4
      3 0
      ─────
        4
```

24 (왼쪽에서부터)
314÷6, 515÷8,
129÷5

25 (1) 2 / 3 / 4   (2) 1 / 2 / 3

26 13

😊 **27** 예 208÷9＝23…1 / 예 23일, 1쪽

🎓 (왼쪽에서부터) 20, 0 / 2 / 0, 2, 같지 않습니다에 ○표

---

22 (1) 153은 120과 33의 합이므로 153÷4의 몫과 나머
지는 120÷4와 33÷4의 몫과 나머지의 합과 같습
니다.
(2) 251은 240과 11의 합이므로 251÷6의 몫과 나머
지는 240÷6과 11÷6의 몫과 나머지의 합과 같습
니다.

23 백의 자리에서 6을 5로 나누고 남은 1과 십의 자리 8을
내려 쓴 18을 5로 나누어야 합니다.

24 $129÷5＝25…4$, $314÷6＝52…2$,
$515÷8＝64…3$이므로 나머지가 작은 식부터 차례로
씁니다.

25 (1) 10씩 커지는 수를 5로 나누면 몫이 2씩 커지고 나머
지는 같습니다.
(2) 100씩 커지는 수를 5로 나누면 몫이 20씩 커지고 나
머지는 같습니다.

26 $122－9－9－\cdots－9＝5$ ➡ $122÷9＝13…5$이
(■번)
므로 ■에 알맞은 수는 13입니다.

😊 내가 만드는 문제
27 예 위인전을 골랐다면 $208÷9＝23…1$이므로 23일
동안 읽을 수 있고 1쪽이 남습니다.

발전 문제

62~64쪽

1 7, 3   **2** 20

3 63   **4** 3, 4에 ○표

5 7   **6** 8

7 ⓒ   **8** 1, 2, 3, 6, 9에 ○표

9 1, 4, 7   **10** 36 / 36

11 82   **12** 149

13 (위에서부터) 6, 9, 4

14 (위에서부터) 1, 1, 9, 6, 6

15 (위에서부터) 2, 3, 8, 1, 3, 2

16 5, 2 / 8, 2

17 42 / 1   **18** 17 / 1

---

1 $45 \div 6 = 7 \cdots 3$

2 $15 \times 4 = 60 \Rightarrow ♥ = 60$
$60 \div 3 = 20 \Rightarrow ★ = 20$

3 $75 \div 5 = 15 \Rightarrow ● = 15$
$★ \div 4 = 15 \cdots 3$이므로
$4 \times 15 = 60$, $60 + 3 = 63$,
$★ = 63$입니다.

4 나머지는 항상 나누는 수보다 작아야 합니다.
따라서 어떤 수를 5로 나누었을 때 나머지가 될 수 있는 수는 5보다 작은 수인 3, 4입니다.

5 나눗셈식에서 ⓒ은 나머지입니다. 나머지는 나누는 수인 8보다 작아야 하므로 ⓒ이 될 수 있는 가장 큰 자연수는 7입니다.

6 나눗셈식에서 ●는 나누는 수입니다. 나누는 수는 나머지인 7보다 커야 하므로 나누는 수가 될 수 있는 가장 작은 자연수는 8입니다.

7 ㉠ $74 \div 6 = 12 \cdots 2$ ㉡ $516 \div 4 = 129$
➡ 나누어떨어지는 나눗셈은 ㉡입니다.

8 $54 \div 1 = 54$, $54 \div 2 = 27$, $54 \div 3 = 18$,
$54 \div 4 = 13 \cdots 2$, $54 \div 5 = 10 \cdots 4$, $54 \div 6 = 9$,
$54 \div 7 = 7 \cdots 5$, $54 \div 8 = 6 \cdots 6$, $54 \div 9 = 6$
따라서 54를 나누어떨어지게 하는 수는 1, 2, 3, 6, 9입니다.

9 □ $= 0$이라고 하면 $80 \div 3 = 26 \cdots 2$로 나머지가 2이므로 80보다 1 큰 수인 81은 3으로 나누어떨어집니다.
또 81보다 3 큰 수인 84, 84보다 3 큰 수인 87도 3으로 나누어떨어집니다.
따라서 □ 안에 들어갈 수 있는 수는 1, 4, 7입니다.

10 $3 \times 12 = 36 \Rightarrow 36 \div 3 = 12$

11 $5 \times 16 = 80$, $80 + 2 = 82$

12 나누는 수가 6이므로 나머지가 될 수 있는 가장 큰 자연수는 5입니다.
㉠ $\div 6 = 24 \cdots 5$
➡ $6 \times 24 = 144$, $144 + 5 = 149$이므로 ㉠이 될 수 있는 가장 큰 자연수는 149입니다.

13
$$8 \overline{)\, 4\,ⓒ\,}$$
(위: ㉠)
ⓒ 8
1
ⓒ $- 8 = 1$에서 ⓒ $= 9$입니다.
$8 \times 6 = 48$이므로 ㉠ $= 6$, ⓒ $= 4$입니다.

14
(㉠ ⓒ / $6 \overline{)\, 6\,ⓒ\,}$ / ㉣ / 9 / ㉤ / 3)
$9 - ㉤ = 3$에서 ㉤ $= 6$입니다.
ⓒ $= 9$이고 $6 \times 1 = 6$이므로
㉠ $= 1$, ㉣ $= 6$, ⓒ $= 1$입니다.

15
(㉠ 3 / $4 \overline{)\, 9\,ⓒ\,}$ / ⓒ / ㉣ ㉤ / 1 ㉥ / 1)
$4 \times 2 = 8$이므로 ㉠ $= 2$, ⓒ $= 8$입니다.
$4 \times 3 = 12$이므로 ㉥ $= 2$입니다.
$12 + 1 = 13$이므로
㉣ $= 1$, ⓒ $= ㉤ = 3$입니다.

16 수 카드로 만들 수 있는 47과 74를 9로 나누어 봅니다.
$47 \div 9 = 5 \cdots 2$, $74 \div 9 = 8 \cdots 2$

17 몫이 가장 크려면 가장 큰 두 자리 수를 가장 작은 한 자리 수로 나누어야 합니다.
만들 수 있는 가장 큰 두 자리 수는 85이므로
$85 \div 2 = 42 \cdots 1$입니다.

18 몫이 가장 작으려면 가장 작은 세 자리 수를 가장 큰 한 자리 수로 나누어야 합니다.
만들 수 있는 가장 작은 세 자리 수는 137이므로
$137 \div 8 = 17 \cdots 1$입니다.

2단원 단원 평가

1 3, 30

2 (1) 4 / 400　(2) 12 / 120

3 (1) 6, 3, 0, 3, 0, 0　(2) 4, 8, 8, 0

4 (1) 16　(2) 72

5 (1) 20 / 7 / 27　(2) 10 / 3 / 13

6 (　)(○)　　**7** 48 / 24 / 16

8 16, 4 / 확인 $5 \times 16 = 80, 80 + 4 = 84$

9 (위에서부터) 35 / 70　　**10** ㉠

11
$$\begin{array}{r} 1\,8 \\ 3\overline{)5\,5} \\ \underline{3} \\ 2\,5 \\ \underline{2\,4} \\ 1 \end{array}$$

12 >

13 94　　**14** 14 cm

15 35 g　　**16** 1, 2, 4

17 1

18 (위에서부터) 1, 7, 6, 2, 7, 4

19 9통, 2포기　　**20** 251 / 1

---

4 (1)
$$\begin{array}{r} 1\,6 \\ 4\overline{)6\,4} \\ \underline{4} \\ 2\,4 \\ \underline{2\,4} \\ 0 \end{array}$$
(2)
$$\begin{array}{r} 7\,2 \\ 6\overline{)4\,3\,2} \\ \underline{4\,2} \\ 1\,2 \\ \underline{1\,2} \\ 0 \end{array}$$

백의 자리에서 나눌 수 없을 때에는 십의 자리에서 나눕니다.

5 (1) 54는 40과 14의 합이므로 $54 \div 2$는 $40 \div 2$와 $14 \div 2$의 합과 같습니다.
(2) 65는 50과 15의 합이므로 $65 \div 5$는 $50 \div 5$와 $15 \div 5$의 합과 같습니다.

6 $34 \div 5 = 6 \cdots 4$, $56 \div 8 = 7$이므로 나누어떨어지는 나눗셈은 $56 \div 8$입니다.

7 나누어지는 수가 같고 나누는 수가 커지면 몫은 작아집니다.

8
$$\begin{array}{r} 1\,6 \leftarrow \text{몫} \\ 5\overline{)8\,4} \\ \underline{5} \\ 3\,4 \\ \underline{3\,0} \\ 4 \leftarrow \text{나머지} \end{array}$$

9 $6 = 3 \times 2$이므로 $210 \div 6$은 210을 3으로 나눈 후 그 몫을 2로 나눈 것과 같습니다.

10 나머지는 항상 나누는 수보다 작아야 합니다.
따라서 나누는 수가 6인 □÷6에서는 나머지가 6이 될 수 없습니다.

11 나머지가 나누는 수보다 크므로 몫을 1 크게 하여 계산합니다.

12 $87 \div 6 = 14 \cdots 3$, $407 \div 9 = 45 \cdots 2$
나머지의 크기를 비교하면 $3 > 2$입니다.

13 $6 \times 15 = 90$, $90 + 4 = 94$

14 정사각형은 네 변의 길이가 모두 같으므로
(한 변의 길이) $= 56 \div 4 = 14$(cm)입니다.

15 쌓기나무가 1층에 4개, 2층에 1개, 3층에 1개이므로 모두 6개입니다. 따라서 쌓기나무 1개의 무게는
$210 \div 6 = 35$(g)입니다.

16 $52 \div 1 = 52$, $52 \div 2 = 26$, $52 \div 3 = 17 \cdots 1$,
$52 \div 4 = 13$, $52 \div 5 = 10 \cdots 2$, $52 \div 6 = 8 \cdots 4$,
$52 \div 7 = 7 \cdots 3$, $52 \div 8 = 6 \cdots 4$, $52 \div 9 = 5 \cdots 7$
따라서 52를 나누어떨어지게 하는 수는 1, 2, 4입니다.

17 ■$\div 4 = 12 \cdots 3$ ➡ $4 \times 12 = 48$, $48 + 3 = 51$이므로
■$= 51$입니다.
■$\div 5 = 51 \div 5 = 10 \cdots 1$이므로 ★$= 1$입니다.

18
$$\begin{array}{r} ㉠\,4 \\ 6\overline{)8\,㉡} \\ ㉢ \\ \underline{㉣\,㉤} \\ 2\,㉥ \\ 3 \end{array}$$
$6 \times 1 = 6$이므로 ㉠$= 1$, ㉢$= 6$입니다.
$6 \times 4 = 24$이므로 ㉥$= 4$입니다.
$24 + 3 = 27$이므로 ㉣$= 2$,
㉤$= ㉡ = 7$입니다.

서술형
19 예) (전체 배추의 수) ÷ (한 통에 담을 배추의 수)
$= 65 \div 7 = 9 \cdots 2$
따라서 배추를 9통에 담을 수 있고 2포기가 남습니다.

평가 기준	배점
문제에 알맞은 나눗셈식을 세웠나요?	2점
배추를 몇 통에 담을 수 있고 몇 포기가 남는지 구했나요?	3점

서술형
20 예) 몫이 가장 크려면 가장 큰 세 자리 수를 가장 작은 한 자리 수로 나누어야 합니다. 만들 수 있는 가장 큰 세 자리 수는 754이므로 $754 \div 3 = 251 \cdots 1$입니다.

평가 기준	배점
알맞은 나눗셈식을 만들었나요?	2점
몫과 나머지를 구했나요?	3점

3 원

학생들은 2학년 1학기에 기본적인 평면도형과 입체도형의 구성과 함께 원을 배웠습니다. 일상생활에서 둥근 모양의 물체를 찾아보고 그러한 모양을 원이라고 학습하였으므로 학생들은 원을 찾아 보고 본뜨는 활동을 통해 원을 이해하고 있습니다. 이 단원은 원을 그리는 방법을 통하여 원의 의미를 이해하는 데 중점을 두고 있습니다. 정사각형 안에 꽉 찬 원 그리기, 점을 찍어 원 그리기, 자를 이용하여 원 그리기 활동 등을 통하여 원의 의미를 이해할 수 있을 것입니다. 또한 원의 지름과 반지름의 성질, 원의 지름과 반지름 사이의 관계를 이해함으로써 6학년 1학기 원의 넓이 학습을 준비합니다.

※ 선분 ㄱㄴ과 같이 기호를 나타낼 때 선분 ㄴㄱ으로 읽어도 정답으로 인정합니다.

1 원의 중심만 알면 지름과 반지름을 찾을 수 있어. 70쪽

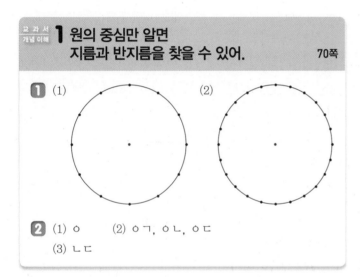

1 (1) (2)

2 (1) ㅇ (2) ㅇㄱ, ㅇㄴ, ㅇㄷ
    (3) ㄴㄷ

1 주어진 점들을 이어 원을 그립니다.

2 원의 중심과 원 위의 한 점을 이은 선분을 원의 반지름이라 하고, 원 위의 두 점을 이은 선분 중 원의 중심을 지나는 선분을 원의 지름이라고 합니다.

2 지름만 알면 반지름을 알 수 있어. 71쪽

1 (1) ㄱㄷ, ㄱㄹ (2) ㄴㄹ, ㄴㄹ

2 (1) 6 (2) 3 (3) 2

1 (1) 원을 똑같이 둘로 나누는 선분은 원의 중심을 지나므로 원의 지름입니다.

(2) 원 위의 두 점을 이은 선분 중 가장 긴 선분은 원의 중심을 지나므로 원의 지름입니다.

2 한 원에서 지름은 반지름의 2배입니다.

3 컴퍼스를 이용하면 정확하게 원을 그릴 수 있어. 72쪽

1 ㄴ, ㄱ   **2** ㄹ

3

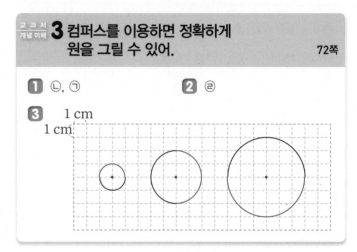

1 원의 중심이 되는 점 ㅇ을 정하고 컴퍼스를 원의 반지름만큼 벌려서 컴퍼스의 침을 점 ㅇ에 꽂고 원을 그립니다.

2 컴퍼스의 침이 자의 눈금 0에 위치하고 연필심의 끝이 자의 눈금 3에 위치하도록 컴퍼스를 벌린 것을 찾습니다.

3 모눈 한 칸이 1 cm이므로 컴퍼스를 1칸, 2칸, 3칸만큼 벌린 후 원의 중심이 되는 점에 컴퍼스의 침을 꽂고 원을 그립니다.

4 원을 이용해서 여러 가지 모양을 그릴 수 있어. 73쪽

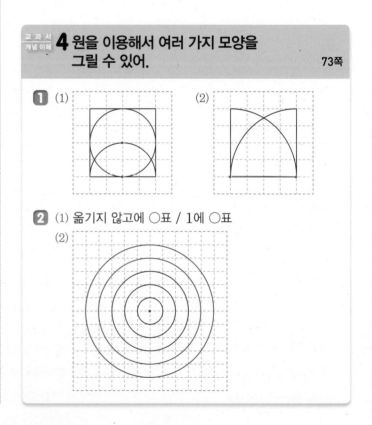

1 (1) (2)

2 (1) 옮기지 않고에 ○표 / 1에 ○표
    (2)

1 컴퍼스의 침을 꽂아야 할 곳은 원의 중심이므로 원의 중심을 찾으면 각각 2개씩입니다.

2 ⑵ 원의 중심은 같고 원의 반지름이 4칸, 5칸인 원을 각각 그립니다.

74~75쪽

개념 적용 -1 원의 중심, 반지름, 지름

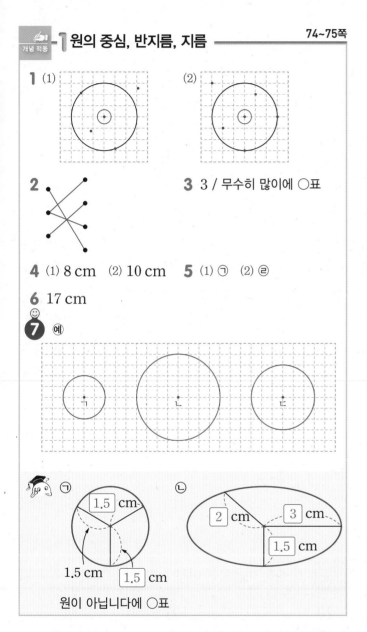

1 (1) (2)

2

3 3 / 무수히 많이에 ○표

4 ⑴ 8 cm ⑵ 10 cm

5 ⑴ ㉠ ⑵ ㉢

6 17 cm

7 ㉠

㉠ 1.5 cm
1.5 cm 1.5 cm

㉡ 2 cm 3 cm 1.5 cm

원이 아닙니다에 ○표

1 누름 못과 띠 종이로 원을 그렸을 때 누름 못이 꽂혔던 점을 원의 중심이라고 하므로 원의 한가운데 있는 점이 원의 중심입니다.

2 원의 반지름은 원의 중심 점 ㅇ과 원 위의 점 ㄱ, 점 ㄴ을 이은 선분 ㅇㄱ, 선분 ㅇㄴ입니다.
원의 지름은 원 위의 두 점을 이은 선분 중 원의 중심 점 ㅇ을 지나는 선분이므로 선분 ㄱㄴ입니다.

3 한 원에서 반지름은 모두 같으므로 3 cm이고 무수히 많이 그을 수 있습니다.

4 원 위의 두 점을 이은 선분 중 원의 중심을 지나는 선분이 원의 지름입니다.

5 누름 못이 꽂힌 곳에서 가장 먼 구멍에 연필심을 넣어야 가장 큰 원을 그릴 수 있습니다.

6 삼각형의 세 변의 길이의 합은 반지름 2개의 길이와 7 cm를 합한 길이이므로 $5 + 5 + 7 = 17$(cm)입니다.

😊 내가 만드는 문제

7 원 모양의 물건을 본 뜨기, 자를 이용하여 점을 찍어 원 그리기, 누름 못과 띠 종이를 이용하여 원 그리기 등 여러 가지 방법으로 원 3개를 그립니다.

개념 적용 -2 원의 성질

76~77쪽

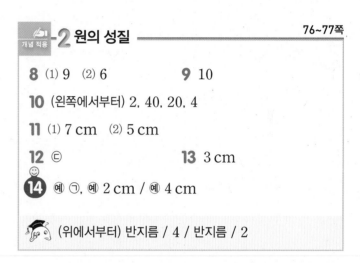

8 ⑴ 9 ⑵ 6   9 10

10 (왼쪽에서부터) 2, 40, 20, 4

11 ⑴ 7 cm ⑵ 5 cm

12 ㉢   13 3 cm

14 예 ㉠, 예 2 cm / 예 4 cm

(위에서부터) 반지름 / 4 / 반지름 / 2

8 ⑴ 한 원에서 지름은 모두 같으므로 9 cm입니다.
⑵ 한 원에서 지름은 반지름의 2배입니다.
원의 반지름이 3 cm이므로 지름은 $3 \times 2 = 6$(cm)입니다.

9 □ 안에 알맞은 수는 원의 반지름과 같습니다.
원의 지름이 20 cm이므로 □ $= 20 \div 2 = 10$(cm)입니다.

10 반지름이 2 cm이므로 지름은 $2 \times 2 = 4$(cm)입니다.
1 cm $=$ 10 mm이므로 반지름은 2 cm $=$ 20 mm, 지름은 4 cm $=$ 40 mm입니다.

11 정사각형의 한 변의 길이와 원의 지름은 같고 원의 반지름은 지름의 반입니다.
⑴ $14 \div 2 = 7$(cm) ⑵ $10 \div 2 = 5$(cm)

12 원의 지름을 알아보면 ㉠ 8 cm, ㉡ 7 cm, ㉢ $6 \times 2 = 12$(cm), ㉣ $4 \times 2 = 8$(cm)입니다.
지름이 길수록 원의 크기가 크므로 지름이 12 cm인 원 ㉢이 가장 큽니다.

13 (작은 원의 지름) $=$ (큰 원의 반지름) $= 12 \div 2 = 6$(cm)
➡ (선분 ㄱㄴ) $=$ (작은 원의 반지름) $= 6 \div 2 = 3$(cm)

내가 만드는 문제

14 ㉠ 반지름은 2칸이므로 2 cm, 지름은 반지름의 2배이
므로 $2 \times 2 = 4$(cm)입니다.

㉡ 반지름은 4칸이므로 4 cm, 지름은 $4 \times 2 = 8$(cm)
입니다.

㉢ 반지름은 1칸이므로 1 cm, 지름은 $1 \times 2 = 2$(cm)
입니다.

㉣ 반지름은 3칸이므로 3 cm, 지름은 $3 \times 2 = 6$(cm)
입니다.

개념 적용 -3 컴퍼스를 이용하여 원 그리기   78~79쪽

15 (1) 4 cm (2) 10 cm

16

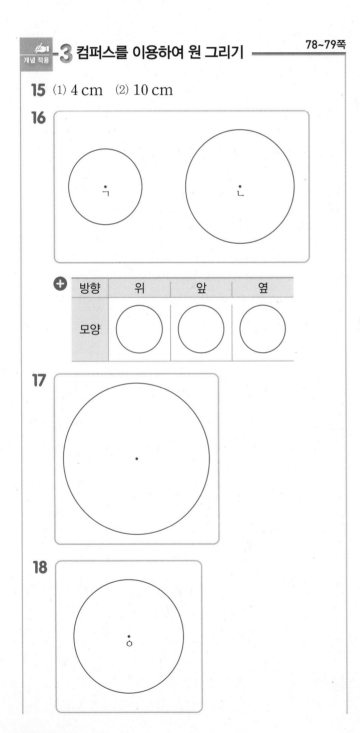

방향	위	앞	옆
모양	○	○	○

17

18

19

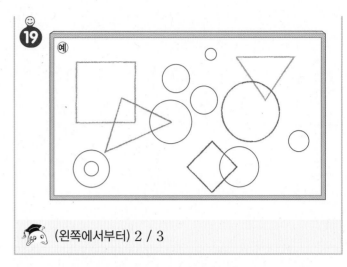

(왼쪽에서부터) 2 / 3

15 (1) 컴퍼스를 2 cm만큼 벌렸으므로 원의 반지름은
2 cm, 지름은 $2 \times 2 = 4$(cm)입니다.

(2) 컴퍼스를 5 cm만큼 벌렸으므로 원의 반지름은
5 cm, 지름은 $5 \times 2 = 10$(cm)입니다.

16 컴퍼스를 1 cm만큼 벌리고 컴퍼스의 침을 점 ㄱ에 꽂아
원을 그립니다.
같은 방법으로 컴퍼스를 1.5 cm만큼 벌리고 컴퍼스의
침을 점 ㄴ에 꽂아 원을 그립니다.
➕ 축구공을 위, 앞, 옆에서 본 모양은 모두 원 모양으로 같습니다.

17 컴퍼스를 2 cm만큼 벌리고 컴퍼스의 침을 중앙에 있는
점에 꽂아 원을 그립니다.

18 주어진 선분의 길이는 1.5 cm이므로 컴퍼스를 1.5 cm
만큼 벌리고 컴퍼스의 침을 점 ㅇ에 꽂아 원을 그립니다.

내가 만드는 문제

19 컴퍼스를 이용하여 다양한 크기의 원을 자유롭게 그려
미술 작품을 완성합니다.

개념 적용 -4 원을 이용하여 여러 가지 모양 그리기   80~81쪽

20 다   **21** 8 cm

22 ㉠   **23**

24

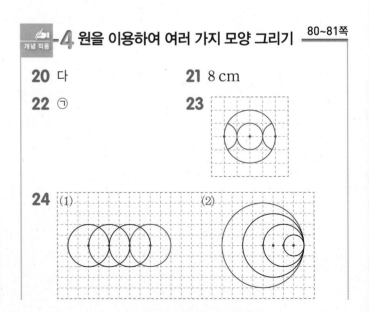

25 (예)

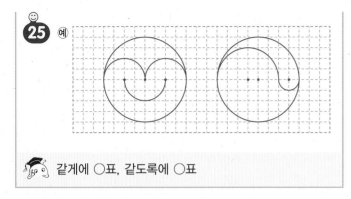

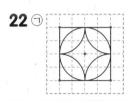
같게에 ○표, 같도록에 ○표

20 가: 원의 중심은 다르고 반지름을 같게 하여 그린 모양입니다.

나: 원의 중심은 같고 반지름을 다르게 하여 그린 모양입니다.

다: 원의 중심과 반지름을 다르게 하여 그린 모양입니다.

21 원의 중심은 같고 원의 반지름이 2 cm씩 늘어나는 규칙입니다.

따라서 다음에 그릴 원의 반지름은

$2+2+2+2=8$(cm)입니다.

22 ㉠

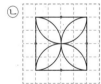

정사각형의 4개의 꼭짓점과 정중앙이 원의 중심이므로 컴퍼스의 침을 꽂아야 할 곳은 모두 5군데입니다.

㉡

정사각형의 네 변의 가운데가 원의 중심이므로 컴퍼스의 침을 꽂아야 할 곳은 모두 4군데입니다.

따라서 컴퍼스의 침을 꽂아야 할 곳이 더 많은 것은 ㉠입니다.

23 반지름이 모눈 1칸과 모눈 2칸인 원을 그리고, 반지름이 모눈 1칸인 원의 일부분을 2개 그립니다.

24 (1) 원의 중심이 오른쪽으로 2칸씩 옮겨 가고 원의 반지름은 같은 규칙입니다.

(2) 원의 중심이 왼쪽으로 1칸씩 옮겨 가고 원의 반지름이 1칸씩 늘어나는 규칙입니다.

☺ 내가 만드는 문제
25 컴퍼스를 이용하여 원을 자유롭게 그려 자신만의 모양을 그립니다.

---

1 2 cm **2** 7 cm

3 10 cm **4** 점 ㄴ

5

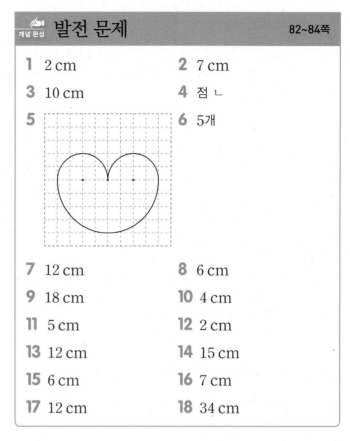

6 5개

7 12 cm **8** 6 cm

9 18 cm **10** 4 cm

11 5 cm **12** 2 cm

13 12 cm **14** 15 cm

15 6 cm **16** 7 cm

17 12 cm **18** 34 cm

1 컴퍼스를 이용하여 원을 그릴 때에는 컴퍼스를 원의 반지름만큼 벌려야 합니다. 컴퍼스를 2 cm만큼 벌렸으므로 원의 반지름은 2 cm입니다.

2 컴퍼스를 원의 반지름만큼 벌려야 하므로

(원의 반지름) = (원의 지름) ÷ 2 = 14 ÷ 2 = 7(cm)입니다.

3 원의 지름이 20 cm이므로 반지름은

20 ÷ 2 = 10(cm)입니다.

컴퍼스는 원의 반지름만큼 벌려야 하므로 컴퍼스의 침과 연필심 사이를 10 cm만큼 벌려야 합니다.

4 누름 못과 띠 종이로 원을 그렸을 때 누름 못이 꽂혔던 점을 원의 중심이라고 하므로 원의 한가운데 있는 점이 원의 중심입니다.

5 컴퍼스의 침이 꽂히는 부분은 원의 중심이므로 원의 중심을 찾으면 모두 3개입니다.

➡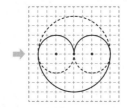

6

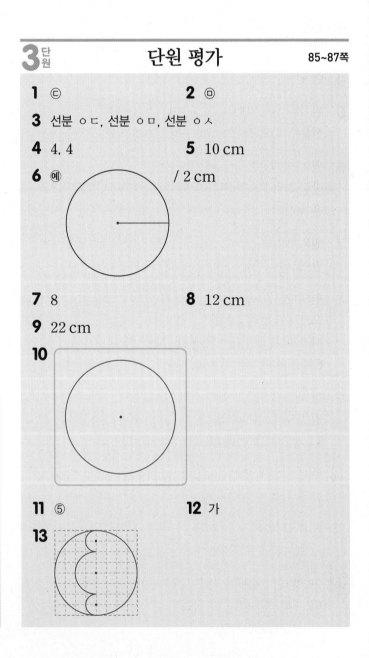

➡ 5개

7 큰 원의 반지름이 2 + 4 = 6(cm)이므로 지름은
6 × 2 = 12(cm)입니다.

8 큰 원의 반지름이 16 ÷ 2 = 8(cm)이므로 작은 원의 반지름은 8 − 5 = 3(cm)입니다.
따라서 작은 원의 지름은 3 × 2 = 6(cm)입니다.

9 가장 작은 원의 반지름이 4 ÷ 2 = 2(cm)이므로 가장 큰 원의 반지름은 2 + 3 + 4 = 9(cm)입니다.
따라서 가장 큰 원의 지름은 9 × 2 = 18(cm)입니다.

10 정사각형의 한 변의 길이는 원의 지름과 같으므로
(원의 반지름) = (원의 지름) ÷ 2 = 8 ÷ 2 = 4(cm)입니다.

11 정사각형의 한 변의 길이는 원의 지름의 2배입니다.
따라서 원의 지름은 20 ÷ 2 = 10(cm)이고,
반지름은 10 ÷ 2 = 5(cm)입니다.

12 직사각형의 네 변의 길이의 합은 원의 지름의 6배입니다.
따라서 원의 지름은 24 ÷ 6 = 4(cm)이고,
반지름은 4 ÷ 2 = 2(cm)입니다.

13 선분 ㄱㄴ의 길이는 원의 반지름의 2배이므로
6 × 2 = 12(cm)입니다.

14 (선분 ㄱㄴ) = (큰 원의 반지름) = 9 cm
(선분 ㄴㄹ) = (작은 원의 지름) = 3 × 2 = 6(cm)
➡ (선분 ㄱㄹ) = 9 + 6 = 15(cm)

15 (두 번째로 큰 원의 반지름)
= (가장 큰 원의 반지름) ÷ 2
= 8 ÷ 2 = 4(cm)
(가장 작은 원의 반지름)
= (두 번째로 큰 원의 반지름) ÷ 2
= 4 ÷ 2 = 2(cm)
➡ (선분 ㄱㄷ) = 2 + 4 = 6(cm)

16 선분 ㄱㄴ은 원의 반지름과 같습니다.
따라서 반지름이 7 cm이므로 선분 ㄱㄴ의 길이는
7 cm입니다.

17 (삼각형의 한 변의 길이)
= (원의 반지름) × 2
= 2 × 2 = 4(cm)
삼각형의 세 변의 길이는 모두 같으므로 세 변의 길이의
합은 4 × 3 = 12(cm)입니다.

18 (선분 ㄷㄱ) = 12 cm
(선분 ㄴㄷ) = 8 cm
(선분 ㄱㄴ) = 12 + 8 − 6 = 14(cm)
따라서 삼각형 ㄱㄴㄷ의 세 변의 길이의 합은
14 + 8 + 12 = 34(cm)입니다.

3단원 **단원 평가** 85~87쪽

1 ㉢   **2** ㉤

3 선분 ㅇㄷ, 선분 ㅇㅁ, 선분 ㅇㅅ

4 4, 4   **5** 10 cm

6 예 / 2 cm

7 8   **8** 12 cm

9 22 cm

10

11 ⑤   **12** 가

13

14

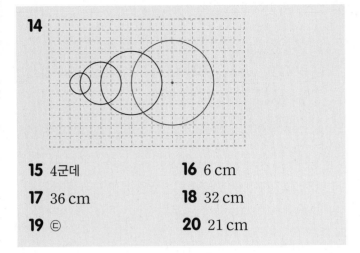

15 4군데   **16** 6 cm

17 36 cm   **18** 32 cm

19 ㉢   **20** 21 cm

1 원의 한가운데 있는 점이 원의 중심이므로 ㉢입니다.

2 누름 못이 꽂힌 곳에서 가장 가까운 ㉥에 연필심을 넣어야 가장 작은 원을 그릴 수 있습니다.

3 원의 반지름은 원의 중심과 원 위의 한 점을 이은 선분입니다.

4 한 원에서 반지름은 모두 같습니다.

5 원 위의 두 점을 이은 선분 중에서 원의 중심을 지나는 선분이 원의 지름이므로 지름은 10 cm입니다.

6 원의 반지름은 원 위의 한 점의 위치에 따라 셀 수 없이 많이 그을 수 있습니다. 원의 중심과 원 위의 한 점을 이은 선분의 길이를 재어 보면 2 cm입니다.

7 원의 지름은 16 cm입니다. 한 원에서 반지름은 지름의 반이므로 반지름은 $16 \div 2 = 8$(cm)입니다.

8 원의 반지름은 컴퍼스의 침과 연필심 사이의 길이와 같으므로 6 cm입니다.
따라서 원의 지름은 반지름의 2배이므로 $6 \times 2 = 12$(cm)입니다.

9 한 원에서 지름은 반지름의 2배입니다.
원 모양의 접시의 반지름이 11 cm이므로 지름은 $11 \times 2 = 22$(cm)입니다.

10 주어진 원의 반지름(1.5 cm)만큼 컴퍼스를 벌리고 컴퍼스의 침을 주어진 점에 꽂아 원을 그립니다.

11 ⑤ 원의 중심과 원 위의 한 점을 이은 선분을 원의 반지름이라고 합니다.

12 가: 원의 반지름이 같고 원의 중심을 옮겨 가며 그린 모양
나: 원의 반지름이 일정하게 늘어나고 원의 중심을 옮겨 가며 그린 모양

13 반지름이 모눈 4칸인 원을 그리고, 반지름이 모눈 1칸, 모눈 2칸, 모눈 1칸인 반원 3개를 맞닿게 그립니다.

14 원의 중심이 오른쪽으로 2칸, 3칸, 4칸 옮겨 가고, 원의 반지름은 1칸, 2칸, 3칸, 4칸으로 1칸씩 늘어나는 규칙입니다.

15 원의 중심이 되는 곳을 모두 찾습니다.
컴퍼스의 침을 꽂아야 할 곳은 모두 4군데입니다.

16 큰 원의 반지름은 $24 \div 2 = 12$(cm)이고 작은 원의 지름과 같습니다.
따라서 작은 원의 반지름은 $12 \div 2 = 6$(cm)입니다.

17 직사각형의 네 변의 길이의 합은 원의 지름의 6배입니다.
따라서 원의 지름이 6 cm이므로 직사각형의 네 변의 길이의 합은 $6 \times 6 = 36$(cm)입니다.

18 사각형 ㄱㄴㄷㄹ의 네 변의 길이는 모두 원의 반지름이므로 네 변의 길이가 모두 같습니다.
따라서 사각형 ㄱㄴㄷㄹ의 네 변의 길이의 합은 원의 반지름의 4배이므로 $8 \times 4 = 32$(cm)입니다.

서술형
19 예 원의 반지름이 길수록 원의 크기가 큽니다.
원의 반지름을 알아보면
㉠ 8 cm, ㉡ $14 \div 2 = 7$(cm), ㉢ 9 cm입니다.
따라서 반지름을 비교하면
7 cm < 8 cm < 9 cm이므로 가장 큰 원은 ㉢입니다.

평가 기준	배점
원의 반지름 또는 지름을 각각 구했나요?	2점
반지름 또는 지름을 비교해서 가장 큰 원을 구했나요?	3점

서술형
20 예 선분 ㄱㄷ의 길이는 왼쪽에서 첫 번째 원의 반지름, 두 번째 원의 지름, 세 번째 원의 반지름을 합한 것과 같습니다.
따라서 (선분 ㄱㄷ) $= 4 + 14 + 3 = 21$(cm)입니다.

평가 기준	배점
선분 ㄱㄷ의 길이를 구하는 식을 세웠나요?	2점
선분 ㄱㄷ의 길이를 구했나요?	3점

4 분수

분수는 전체에 대한 부분, 비, 몫, 연산자 등과 같이 여러 가지 의미를 가지고 있어 초등학생에게 어려운 개념으로 인식되고 있습니다. 3학년 1학기에 학생들은 원, 직사각형, 삼각형과 같은 영역을 합동인 부분으로 등분할 하는 경험을 통하여 분수를 도입하였습니다. 이 단원에서는 이산량에 대한 분수를 알아봅니다. 이산량을 분수로 표현하는 것은 영역을 등분할 하여 분수로 표현하는 것보다 어렵습니다. 그것은 전체를 어떻게 부분으로 묶는가에 따라 표현되는 분수가 달라지기 때문입니다. 따라서 이 단원에서는 이러한 어려움을 인식하고 영역을 이용하여 분수를 처음 도입하는 것과 같은 방법으로 이산량을 등분할 하고 부분을 세어 보는 과정을 통해 이산량에 대한 분수를 도입하도록 합니다.

교과서 개념 이해 1 전체 묶음을 분모, 부분 묶음을 분자에 나타내.
90쪽

1 (1) 7 (2) 7, 1, $\frac{1}{7}$

2 (1) 3, 1, $\frac{1}{3}$ (2) 5, 2, $\frac{2}{5}$

2 (1) 15를 똑같이 3묶음으로 나누면 5는 전체 3묶음 중의 1묶음이므로 15의 $\frac{1}{3}$입니다.

(2) 15를 똑같이 5묶음으로 나누면 6은 전체 5묶음 중의 2묶음이므로 15의 $\frac{2}{5}$입니다.

교과서 개념 이해 2 전체의 $\frac{▲}{■}$는 전체를 똑같이 ■묶음으로 나눈 것 중의 ▲묶음이야.
91쪽

1 (1) 6 (2) 2, 6, 12 (3) 3, 6, 18 (4) 4, 6, 24

2 예

(1) 6 (2) 12 (3) 18

1 (1) 30의 $\frac{1}{5}$은 30을 똑같이 5묶음으로 나눈 것 중의 1묶음이므로 30÷5＝6입니다.

(2) 30의 $\frac{2}{5}$는 30을 똑같이 5묶음으로 나눈 것 중의 2묶음이므로 6×2＝12입니다.

(3) 30의 $\frac{3}{5}$은 30을 똑같이 5묶음으로 나눈 것 중의 3묶음이므로 6×3＝18입니다.

(4) 30의 $\frac{4}{5}$는 30을 똑같이 5묶음으로 나눈 것 중의 4묶음이므로 6×4＝24입니다.

2 (1) 24의 $\frac{1}{4}$은 24를 똑같이 4묶음으로 나눈 것 중의 1묶음이므로 24÷4＝6입니다.

(2) 24의 $\frac{2}{4}$는 24를 똑같이 4묶음으로 나눈 것 중의 2묶음이므로 6×2＝12입니다.

(3) 24의 $\frac{3}{4}$은 24를 똑같이 4묶음으로 나눈 것 중의 3묶음이므로 6×3＝18입니다.

교과서 개념 이해 3 길이나 시간도 분수로 나타낼 수 있어.
92~93쪽

1 (1) 3 (2) 2, 6 (3) 4, 12

2 (1) 0 1 2 3 4 5 6 7 8 9 10 11 12 13 14(cm)
예 / 2

(2) 0 1 2 3 4 5 6 7 8 9 10 11 12 13 14(cm)
예 / 10

3 (1) 5 / 10 (2) 3 / 6 / 12

4 (1) 20 (2) 60   **5** (1) 10 (2) 15

6 (1) 예 / 8 (2) 예 / 8

1 (1) 18 cm의 $\frac{1}{6}$은 18 cm를 똑같이 6부분으로 나눈 것 중의 1부분이므로 18÷6＝3(cm)입니다.

(2) 18 cm의 $\frac{2}{6}$는 18 cm를 똑같이 6부분으로 나눈 것 중의 2부분이므로 $3 \times 2 = 6$(cm)입니다.

(3) 18 cm의 $\frac{4}{6}$는 18 cm를 똑같이 6부분으로 나눈 것 중의 4부분이므로 $3 \times 4 = 12$(cm)입니다.

2 (1) 14 cm의 $\frac{1}{7}$은 14 cm를 똑같이 7부분으로 나눈 것 중의 1부분을 색칠합니다.

(2) 14 cm의 $\frac{5}{7}$는 14 cm를 똑같이 7부분으로 나눈 것 중의 5부분을 색칠합니다.

3 (1) 15 cm의 $\frac{1}{3}$은 15 cm를 똑같이 3부분으로 나눈 것 중의 1부분이므로 $15 \div 3 = 5$(cm)입니다.

15 cm의 $\frac{2}{3}$는 15 cm를 똑같이 3부분으로 나눈 것 중의 2부분이므로 $5 \times 2 = 10$(cm)입니다.

(2) 15 cm의 $\frac{1}{5}$은 15 cm를 똑같이 5부분으로 나눈 것 중의 1부분이므로 $15 \div 5 = 3$(cm)입니다.

15 cm의 $\frac{2}{5}$는 15 cm를 똑같이 5부분으로 나눈 것 중의 2부분이므로 $3 \times 2 = 6$(cm)입니다.

15 cm의 $\frac{4}{5}$는 15 cm를 똑같이 5부분으로 나눈 것 중의 4부분이므로 $3 \times 4 = 12$(cm)입니다.

4 (1) 1 m의 $\frac{1}{5}$은 1 m $=$ 100 cm를 똑같이 5부분으로 나눈 것 중의 1부분이므로 $100 \div 5 = 20$(cm)입니다.

(2) 1 m의 $\frac{3}{5}$는 1 m $=$ 100 cm를 똑같이 5부분으로 나눈 것 중의 3부분이므로 $20 \times 3 = 60$(cm)입니다.

5 (1) 1시간의 $\frac{1}{6}$은 1시간 $=$ 60분을 똑같이 6부분으로 나눈 것 중의 1부분이므로 $60 \div 6 = 10$(분)입니다.

(2) 1시간의 $\frac{1}{4}$은 1시간 $=$ 60분을 똑같이 4부분으로 나눈 것 중의 1부분이므로 $60 \div 4 = 15$(분)입니다.

6 (1) 12시간의 $\frac{2}{3}$는 12시간을 똑같이 3부분으로 나눈 것 중의 2부분이므로 $4 \times 2 = 8$(시간)입니다.

(2) 12시간의 $\frac{4}{6}$는 12시간을 똑같이 6부분으로 나눈 것 중의 4부분이므로 $2 \times 4 = 8$(시간)입니다.

개념 적용 1 분수로 나타내기

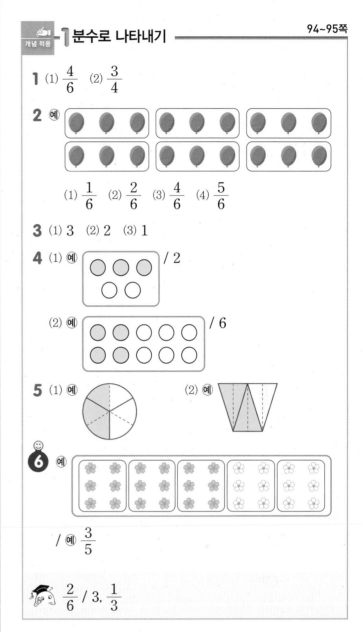

1 (1) $\frac{4}{6}$ (2) $\frac{3}{4}$

2 예
(1) $\frac{1}{6}$ (2) $\frac{2}{6}$ (3) $\frac{4}{6}$ (4) $\frac{5}{6}$

3 (1) 3 (2) 2 (3) 1

4 (1) 예 / 2
(2) 예 / 6

5 (1) 예 (2) 예

6 예
/ 예 $\frac{3}{5}$

$\frac{2}{6}$ / 3, $\frac{1}{3}$

1 (1) 색칠한 부분은 전체를 똑같이 6묶음으로 나눈 것 중의 4묶음이므로 전체의 $\frac{4}{6}$입니다.

(2) 색칠한 부분은 전체를 똑같이 4묶음으로 나눈 것 중의 3묶음이므로 전체의 $\frac{3}{4}$입니다.

2 (1) 18을 3씩 묶으면 3은 전체 6묶음 중의 1묶음이므로 18의 $\frac{1}{6}$입니다.

(2) 18을 3씩 묶으면 6은 전체 6묶음 중의 2묶음이므로 18의 $\frac{2}{6}$입니다.

(3) 18을 3씩 묶으면 12는 전체 6묶음 중의 4묶음이므로 18의 $\frac{4}{6}$입니다.

(4) 18을 3씩 묶으면 15는 전체 6묶음 중의 5묶음이므로 18의 $\frac{5}{6}$입니다.

3 (1) 12를 2씩 묶으면 6묶음이고 6은 전체 6묶음 중 3묶음이므로 12의 $\frac{3}{6}$입니다.

(2) 12를 3씩 묶으면 4묶음이고 6은 전체 4묶음 중 2묶음이므로 12의 $\frac{2}{4}$입니다.

(3) 12를 6씩 묶으면 2묶음이고 6은 전체 2묶음 중 1묶음이므로 12의 $\frac{1}{2}$입니다.

4 (1) 5개를 똑같이 5묶음으로 묶고 3묶음을 색칠하면 3개를 색칠하고 남은 ○은 2개입니다.

(2) 10개를 똑같이 5묶음으로 묶고 2묶음을 색칠하면 4개를 색칠하고 남은 ○은 6개입니다.

5 분모의 수만큼 모양과 크기가 똑같이 되도록 도형을 선으로 나누고 분자의 수만큼 색칠합니다.

☺ 내가 만드는 문제

6 30을 몇씩 묶는지에 따라 18을 여러 가지 분수로 나타낼 수 있습니다. 1씩 묶으면 $\frac{18}{30}$, 2씩 묶으면 $\frac{9}{15}$, 3씩 묶으면 $\frac{6}{10}$, 6씩 묶으면 $\frac{3}{5}$입니다.

개념 적용 1-2 분수만큼은 얼마인지 알아보기(1) 　96~97쪽

7 (1) 예 ⓐ ◯◯ ◯ ◯ ◯◯ ◯ ◯ / 2

(2) 예 ◯◯ ◯ ◯◯ ◯ ◯ ◯ / 4

8 (1) 6 / 24　(2) 4 / 28

9 예 ♥♥♥♥♥♥♥♥♥♥♥♥♥♥

　　8 / 6

10
```
       항      상   응  원  해      요
  ├─┬─┬─┬─┬─┬─┬─┬─┬─┬─┬─┬─┬─┬─┬─┬─┬─┬─┬─┬─┬─┬─┬─┬─┤
  0 1 2 3 4 5 6 7 8 9 10 11 12 13 14 15 16 17 18 19 20 21 22 23 24
```
/ 항상 응원해요

11 (1) 32　(2) 63　　**12** 숫자

☺

13 예 공책, 예 4권

🐶 2 / 4 / 8

---

7 (1) 8을 똑같이 4묶음으로 나눈 것 중의 1묶음은 2입니다.

(2) 8을 똑같이 4묶음으로 나눈 것 중의 1묶음은 2이므로 2묶음은 2×2 = 4입니다.

8 (1) 36의 $\frac{1}{6}$은 36을 똑같이 6묶음으로 나눈 것 중의 1묶음이므로 6입니다.

36의 $\frac{4}{6}$는 36을 똑같이 6묶음으로 나눈 것 중의 4묶음이므로 1묶음의 4배인 6×4 = 24입니다.

(2) 36의 $\frac{1}{9}$은 36을 똑같이 9묶음으로 나눈 것 중의 1묶음이므로 4입니다.

36의 $\frac{7}{9}$은 36을 똑같이 9묶음으로 나눈 것 중의 7묶음이므로 1묶음의 7배인 4×7 = 28입니다.

9 14의 $\frac{4}{7}$는 14를 똑같이 7묶음으로 나눈 것 중의 4묶음이므로 8입니다. 14의 $\frac{3}{7}$은 14를 똑같이 7묶음으로 나눈 것 중의 3묶음이므로 6입니다.
따라서 보라색으로 8개, 초록색으로 6개를 색칠합니다.

10 24의 $\frac{2}{4}$는 24를 똑같이 4묶음으로 나눈 것 중의 2묶음이므로 12, 24의 $\frac{1}{3}$은 24를 똑같이 3묶음으로 나눈 것 중의 1묶음이므로 8, 24의 $\frac{5}{6}$는 24를 똑같이 6묶음으로 나눈 것 중의 5묶음이므로 20입니다.
따라서 12에 '응', 8에 '상', 20에 '요'가 들어갑니다.

11 (1) ◆를 똑같이 4묶음으로 나눈 것 중의 1묶음이 8이므로 ◆ = 8×4 = 32입니다.

(2) ◆를 똑같이 7묶음으로 나눈 것 중의 1묶음이 9이므로 ◆ = 9×7 = 63입니다.

12 비밀번호 10개 중 숫자가 10개의 $\frac{2}{5}$이므로 숫자는 4개입니다. 보이는 숫자는 '8', '4', '7'로 3개이므로 빈칸에는 숫자가 들어갑니다.

☺ 내가 만드는 문제

13 연필을 선택한 경우: 24자루의 $\frac{1}{4}$ ➡ 6(자루)

지우개를 선택한 경우: 12개의 $\frac{1}{4}$ ➡ 3(개)

자를 선택한 경우: 8개의 $\frac{1}{4}$ ➡ 2(개)

공책을 선택한 경우: 16권의 $\frac{1}{4}$ ➡ 4(권)

개념 적용 3 분수만큼은 얼마인지 알아보기(2)

14 (1) 500 (2) 800 **15** ②

16 (1) 7 / 14 (2) 3 / 9

17 0 1 2 3 4 5 6 7 8 9 10 11 12 13 14 15 16(cm)

예 ▮▮▮▮▮▮▮▮▮▮▮▮

18 **19** 예

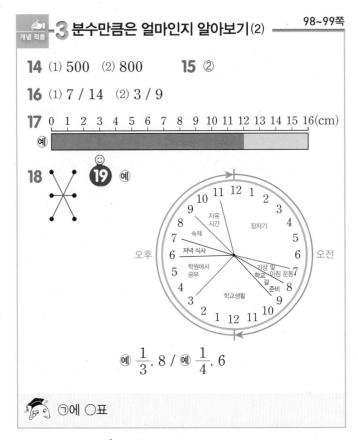

예 $\frac{1}{3}$, 8 / 예 $\frac{1}{4}$, 6

㉠에 ○표

14 (1) 1 km의 $\frac{1}{2}$은 1 km = 1000 m를 똑같이 2부분으로 나눈 것 중의 1부분이므로 500 m입니다.

(2) 1 km의 $\frac{4}{5}$는 1 km = 1000 m를 똑같이 5부분으로 나눈 것 중의 4부분이므로 800 m입니다.

15 18의 $\frac{1}{3}$은 18을 똑같이 3부분으로 나눈 것 중의 1부분이므로 6, 18의 $\frac{6}{9}$은 18을 똑같이 9부분으로 나눈 것 중의 6부분이므로 12입니다.
따라서 거북이는 오른쪽 방향으로 6칸, 토끼는 왼쪽 방향으로 12칸 이동하므로 ②에서 만납니다.

16 (1) 21 m의 $\frac{1}{3}$은 21 m를 똑같이 3부분으로 나눈 것 중의 1부분이므로 7 m입니다.
21 m의 $\frac{2}{3}$는 21 m를 똑같이 3부분으로 나눈 것 중의 2부분이므로 1부분의 2배인 7 × 2 = 14(m)입니다.

(2) 12시간의 $\frac{1}{4}$은 12시간을 똑같이 4부분으로 나눈 것 중의 1부분이므로 3시간입니다.
12시간의 $\frac{3}{4}$은 12시간을 똑같이 4부분으로 나눈 것 중의 3부분이므로 1부분의 3배인 3 × 3 = 9(시간)입니다.

17 빨간색은 16 cm의 $\frac{3}{4}$이므로 16 cm를 똑같이 4부분으로 나눈 것 중의 3부분은 12 cm입니다.
노란색은 16 cm의 $\frac{2}{8}$이므로 16 cm를 똑같이 8부분으로 나눈 것 중의 2부분은 4 cm입니다.
따라서 16 cm의 색 테이프 중 빨간색으로 12 cm, 노란색으로 4 cm를 색칠합니다.

18 (1) □를 똑같이 5부분으로 나눈 것 중의 1부분이 8 cm 이므로 □ = 8 × 5 = 40(cm)입니다.

(2) □를 똑같이 6부분으로 나눈 것 중의 3부분이 12 cm 이므로 6부분으로 나눈 것 중의 1부분은 12 ÷ 3 = 4(cm)입니다.
따라서 □ = 4 × 6 = 24(cm)입니다.

(3) □를 똑같이 7부분으로 나눈 것 중의 4부분이 32 cm 이므로 7부분으로 나눈 것 중의 1부분은 32 ÷ 4 = 8(cm)입니다.
따라서 □ = 8 × 7 = 56(cm)입니다.

내가 만드는 문제
19 예 잠을 자는 시간이 24시간의 $\frac{1}{3}$이면 24시간을 똑같이 3부분으로 나눈 것 중의 1부분인 8시간입니다.
학교에서 생활하는 시간이 24시간의 $\frac{1}{4}$이면 24시간을 똑같이 4부분으로 나눈 것 중의 1부분인 6시간입니다.

교과서 개념 이해
4 분모, 분자의 크기에 따라 분수의 종류가 달라.

1 (1) 예 $\frac{1}{3}$이 1개 $\frac{1}{3}$이 2개 $\frac{1}{3}$이 3개 $\frac{1}{3}$이 4개

0 $\frac{1}{3}$ $\frac{2}{3}$ $\frac{3}{3}$ $\frac{4}{3}$ = 1 $\frac{1}{3}$

(2) 진분수 / 가분수 / 대분수 / 자연수

2 (1) $\frac{8}{5}$ (2) $1\frac{2}{4}$

3 (1) 예 0 ⟨────1────2(cm)⟩

(2) 예 0 ⟨────1────2(cm)⟩

4 (위에서부터) 가, 진, 대, 진 / 대, 진, 가, 가

5 2, $\frac{3}{3}$, $\frac{4}{4}$, $\frac{5}{5}$

2 (1) $\frac{1}{5}$이 8개이므로 $\frac{8}{5}$입니다.

(2) 1과 $\frac{2}{4}$이므로 $1\frac{2}{4}$입니다.

3 (1) $\frac{8}{7}$은 $\frac{1}{7}$을 8칸 색칠합니다.

(2) $1\frac{5}{7}$는 1만큼 색칠한 후 $\frac{1}{7}$을 5칸 색칠합니다.

4 분자가 분모보다 작으면 진분수, 분자가 분모와 같거나 분모보다 크면 가분수, 자연수와 진분수로 이루어진 분수는 대분수입니다.

5 자연수 1을 분수 형태로 나타내면 분자와 분모의 크기가 같습니다.

교과서 개념 이해 5 같은 수를 대분수와 가분수로 나타낼 수 있어.

102쪽

1 (1) $\frac{14}{6}$ (2) $\frac{8}{5}$ / $1\frac{3}{5}$

2 (1)

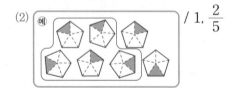

/ 2, $\frac{1}{2}$

(2)

/ 1, $\frac{2}{5}$

1 (1) $2\frac{2}{6}$에서 자연수 2를 가분수 $\frac{12}{6}$로 나타내면 $\frac{1}{6}$이 모두 14개이므로 $2\frac{2}{6} = \frac{14}{6}$입니다.

(2) $\frac{1}{5}$이 8개이므로 $\frac{8}{5}$입니다. $\frac{8}{5}$에서 자연수로 표현할 수 있는 가분수 $\frac{5}{5}$를 자연수 1로 나타내면 1과 $\frac{3}{5}$이므로 $\frac{8}{5} = 1\frac{3}{5}$입니다.

2 (1) $\frac{1}{2}$이 2개면 1이므로 $\frac{1}{2}$을 2개씩 2묶음으로 만들면 $\frac{1}{2}$이 1개 남습니다.

따라서 자연수는 2, 진분수는 $\frac{1}{2}$입니다.

---

(2) $\frac{1}{5}$이 5개면 1이므로 $\frac{1}{5}$을 5개씩 1묶음으로 만들면 $\frac{1}{5}$이 2개 남습니다.

따라서 자연수는 1, 진분수는 $\frac{2}{5}$입니다.

교과서 개념 이해 6 가분수는 분자를, 대분수는 자연수와 분자를 비교해.

103쪽

1 (1) $\frac{9}{5}$ (2) $3\frac{1}{3}$ (3) $1\frac{3}{4}$

2 (왼쪽에서부터) (1) $3\frac{2}{7}$, $3\frac{5}{7}$ (2) $\frac{20}{8}$, $2\frac{4}{8}$

1 (1) 분자의 크기를 비교하면 7<9이므로 $\frac{7}{5}<\frac{9}{5}$입니다.

(2) 자연수 부분의 크기를 비교하면 3>2이므로 $3\frac{1}{3}>2\frac{2}{3}$입니다.

(3) 자연수 부분이 같으므로 분자의 크기를 비교하면 1<3이므로 $1\frac{1}{4}<1\frac{3}{4}$입니다.

2 (1) $\frac{23}{7}$을 대분수로 나타내면 $\frac{23}{7}=3\frac{2}{7}$이므로 $3\frac{5}{7}>3\frac{2}{7}$입니다. 따라서 더 큰 수는 $3\frac{5}{7}$입니다.

(2) $2\frac{4}{8}$를 가분수로 나타내면 $2\frac{4}{8}=\frac{20}{8}$이므로 $\frac{18}{8}<\frac{20}{8}$입니다. 따라서 더 큰 수는 $2\frac{4}{8}$입니다.

개념 적용 4 여러 가지 분수 알아보기(1)

104~105쪽

1 (1) 예

/ 가분수

(2) 예

/ 진분수

2 (1) $\frac{6}{6}$ (2) $\frac{6}{3}$ (3) $\frac{12}{4}$ ➕ (1) 2, 4   (2) 2

3 (1) 진   (2) 가   (3) 예 대   (4) 가

4 가분수   **5** $\frac{5}{9}$

6 예 $\frac{1}{3}$, $\frac{4}{6}$ / 예 $\frac{6}{3}$, $\frac{9}{4}$

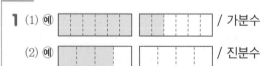 가 / 가, 진 / 다른에 ○표

1 (1) $\frac{8}{6}$은 $\frac{1}{6}$을 8칸 색칠하고, 1보다 크므로 가분수입니다.

(2) $\frac{3}{4}$은 $\frac{1}{4}$을 3칸 색칠하고, 1보다 작으므로 진분수입니다.

2 (1) $\frac{1}{6}$이 6칸 색칠되어 있으므로 $1 = \frac{6}{6}$입니다.

(2) $\frac{1}{3}$이 6칸 색칠되어 있으므로 $2 = \frac{6}{3}$입니다.

(3) $\frac{1}{4}$이 12칸 색칠되어 있으므로 $3 = \frac{12}{4}$입니다.

➕ (1) $\frac{1}{2}$은 $\frac{1}{4}$이 2칸이므로 $\frac{2}{4}$, $\frac{1}{8}$이 4칸이므로 $\frac{4}{8}$와 같습니다.

(2) $\frac{1}{4}$은 $\frac{1}{8}$이 2칸이므로 $\frac{2}{8}$와 같습니다.

3 (1) $\frac{1}{8}$이 5개인 수는 $\frac{5}{8}$이므로 진분수입니다.

(2) $\frac{1}{6}$이 9개인 수는 $\frac{9}{6}$이므로 가분수입니다.

(3) 1보다 $\frac{3}{9}$ 큰 수는 $1\frac{3}{9}$이므로 대분수입니다.

참고 | 대분수와 가분수는 크기가 같으므로 가분수로 답을 쓴 경우도 정답으로 인정합니다.

(4) $\frac{1}{7}$이 7개인 수는 $\frac{7}{7}$이므로 가분수입니다.

4 • 진분수: $\frac{7}{8}$, $\frac{3}{5}$ ➡ 2개

• 가분수: $\frac{9}{9}$, $\frac{14}{12}$, $\frac{10}{3}$ ➡ 3개

• 대분수: $1\frac{1}{6}$, $9\frac{2}{4}$ ➡ 2개

5 진분수는 $\frac{6}{8}$, $\frac{5}{9}$, $\frac{4}{8}$이므로 이 중 분모와 분자의 합이 14인 분수는 $\frac{6}{8}$, $\frac{5}{9}$입니다. 따라서 $\frac{6}{8}$과 $\frac{5}{9}$ 중 분모가 분자보다 4가 큰 분수는 $\frac{5}{9}$입니다.

☺ 내가 만드는 문제

6 진분수는 분자가 분모보다 작도록, 가분수는 분자가 분모와 같거나 분모보다 크도록 자유롭게 만듭니다.

106~107쪽

개념 적용 5 여러 가지 분수 알아보기(2)

7 (1) 예 ➡ $\frac{13}{6}$

(2) 예 ➡ $2\frac{2}{4}$

---

8 (1) 4, 5, 4, 9   (2) 3, 7, 7, 3, 17   ➕ (1) $\frac{9}{8}$ (2) $\frac{7}{8}$

9 $2\frac{3}{5}$, $\frac{13}{5}$

10 (1) $\frac{23}{7}$ (2) $\frac{21}{4}$ (3) $2\frac{5}{8}$ (4) $3\frac{8}{9}$

➕ (왼쪽에서부터) (1) 3, 2, 3, 2   (2) 4, 3, 4, 3

⑪ 예  / 예 $\frac{7}{3}$, $2\frac{1}{3}$

🐬 대분수가 아닙니다에 ○표 / 대분수입니다에 ○표

7 (1) $2\frac{1}{6}$에서 자연수 2를 가분수 $\frac{12}{6}$로 나타내면 $\frac{1}{6}$이 모두 13개이므로 $2\frac{1}{6} = \frac{13}{6}$입니다.

(2) $\frac{10}{4}$에서 자연수로 표현할 수 있는 가분수 $\frac{8}{4}$을 자연수 2로 나타내면 2와 $\frac{2}{4}$이므로 $\frac{10}{4} = 2\frac{2}{4}$입니다.

8 (1) $1\frac{4}{5}$에서 자연수 1을 $1 = \frac{5}{5}$로 나타내면 $\frac{1}{5}$이 모두 9개이므로 $1\frac{4}{5} = \frac{9}{5}$입니다.

(2) $2\frac{3}{7}$에서 자연수 2를 $2 = \frac{7}{7} + \frac{7}{7}$로 나타내면 $\frac{1}{7}$이 모두 17개이므로 $2\frac{3}{7} = \frac{17}{7}$입니다.

9 빨간색 화살표가 나타내는 분수는 2에서 $\frac{3}{5}$ 더 간 수이므로 $2\frac{3}{5}$입니다.

$2\frac{3}{5}$에서 자연수 2를 가분수 $\frac{10}{5}$으로 나타내면 $\frac{1}{5}$이 13개이므로 $2\frac{3}{5} = \frac{13}{5}$입니다.

10 (1) $3\frac{2}{7}$는 $3(= \frac{21}{7})$과 $\frac{2}{7}$이므로 $\frac{23}{7}$입니다.

(2) $5\frac{1}{4}$은 $5(= \frac{20}{4})$와 $\frac{1}{4}$이므로 $\frac{21}{4}$입니다.

(3) $\frac{21}{8}$은 $\frac{16}{8}(= 2)$과 $\frac{5}{8}$이므로 $2\frac{5}{8}$입니다.

(4) $\frac{35}{9}$는 $\frac{27}{9}(= 3)$과 $\frac{8}{9}$이므로 $3\frac{8}{9}$입니다.

➕ 분자를 분모로 나누었을 때 몫이 대분수의 자연수 부분이 되고, 나머지가 대분수의 분자가 됩니다.

☺내가 만드는 문제

11 예 삼각형을 모두 똑같이 3으로 나누었으므로 한 칸의 크기는 $\frac{1}{3}$입니다.

$\frac{1}{3}$이 7개이므로 가분수로 나타내면 $\frac{7}{3}$이고, 2개의 삼각형과 $\frac{1}{3}$이므로 대분수로 나타내면 $2\frac{1}{3}$입니다.

다른 풀이 | 예

예 삼각형을 모두 똑같이 4로 나누었으므로 한 칸의 크기는 $\frac{1}{4}$입니다. $\frac{1}{4}$이 10개이므로 가분수로 나타내면 $\frac{10}{4}$이고, 2개의 삼각형과 $\frac{2}{4}$이므로 대분수로 나타내면 $2\frac{2}{4}$입니다.

개념 적용 6 분모가 같은 분수의 크기 비교하기 108~109쪽

12 (1) < (2) > (3) > (4) <

13

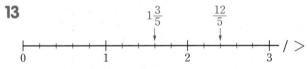

/ >

14 ㉠ 예

㉡ 예

㉢ 예

/ ㉡, ㉠, ㉢

15 (위에서부터) $\frac{17}{9}$ / $\frac{17}{9}$, $1\frac{5}{9}$

16 용산역~남영역   **17** (1) 4 (2) 22

☺**18** 예 $1\frac{4}{5}$, 예 $2\frac{1}{5}$, 예 $3\frac{2}{5}$

🎓 (왼쪽에서부터) $1\frac{3}{4}$, <, 같게에 ○표 / <, 오른쪽에 ○표

12 (1) 분자의 크기를 비교하면 8<11이므로 $\frac{8}{8} < \frac{11}{8}$입니다.

(2) 자연수 부분의 크기를 비교하면 5>3이므로 $5\frac{1}{3} > 3\frac{2}{3}$입니다.

---

(3) 가분수를 대분수로 나타내면 $\frac{15}{2} = 7\frac{1}{2}$이므로 $\frac{15}{2} > 6\frac{1}{2}$입니다.

(4) 대분수를 가분수로 나타내면 $4\frac{4}{9} = \frac{40}{9}$이므로 $\frac{37}{9} < 4\frac{4}{9}$입니다.

13 $\frac{12}{5} = 2\frac{2}{5}$이므로 수직선에서 $1\frac{3}{5}$보다 오른쪽에 있습니다. 따라서 $\frac{12}{5} > 1\frac{3}{5}$입니다.

14 ㉡ 1보다 $\frac{3}{4}$ 큰 수는 $1\frac{3}{4}$이므로 $1\frac{3}{4} = \frac{7}{4}$, ㉢ $\frac{1}{4}$이 5개인 수는 $\frac{5}{4}$입니다. 따라서 $\frac{7}{4} > \frac{6}{4} > \frac{5}{4}$이 므로 큰 순서대로 기호를 쓰면 ㉡, ㉠, ㉢입니다.

15 17>13이므로 $\frac{17}{9} > \frac{13}{9}$이고, 2<5이므로 $1\frac{2}{9} < 1\frac{5}{9}$입니다. $\frac{17}{9}$과 $1\frac{5}{9}$에서 대분수를 가분수로 나타내면 $1\frac{5}{9} = \frac{14}{9}$이므로 $\frac{17}{9} > 1\frac{5}{9}$입니다.

16 남영역에서 서울역까지의 거리를 가분수로 나타내면 $1\frac{7}{9} = \frac{16}{9}$(km)입니다. 따라서 $\frac{24}{9} > \frac{16}{9} > \frac{14}{9}$이므로 용산역과 남영역 사이의 거리가 가장 가깝습니다.

17 (1) $\frac{17}{6} = 2\frac{5}{6}$이므로 $2\frac{\square}{6} < 2\frac{5}{6}$에서 $\square < 5$에 들어 갈 수 있는 가장 큰 자연수는 4입니다.

(2) $3\frac{2}{7} = \frac{23}{7}$이므로 $\frac{23}{7} > \frac{\square}{7}$에서 $23 > \square$에 들어 갈 수 있는 가장 큰 자연수는 22입니다.

☺내가 만드는 문제

18 분모가 같을 때에는 자연수 부분과 분자가 커질수록 더 큰 수입니다.

개념 완성 발전 문제 110~112쪽

1 예

/ $\frac{1}{3}$

2 (1) $\frac{3}{6}$ (2) $\frac{2}{4}$ **3** (1) $\frac{5}{8}$ (2) $\frac{3}{7}$

4 (1) $\dfrac{7}{9}$, $\dfrac{2}{5}$, $\dfrac{8}{10}$ (2) $\dfrac{12}{8}$, $\dfrac{6}{6}$, $\dfrac{9}{4}$

5 (1) 7 (2) 4   **6** 5, 6

7 $>$ **8** $\dfrac{13}{6}$, $\dfrac{11}{6}$, $\dfrac{7}{6}$

9 $\dfrac{17}{9}$, $2\dfrac{1}{9}$에 ○표   **10** $\dfrac{4}{6}$

11 $\dfrac{6}{8}$ **12** $\dfrac{4}{6}$, $\dfrac{12}{18}$

13 5개   **14** $\dfrac{44}{9}$, $\dfrac{45}{9}$, $\dfrac{46}{9}$

15 8개   **16** $\dfrac{7}{5}$

17 $\dfrac{4}{7}$ **18** $2\dfrac{6}{8}$

1 9를 3씩 묶으면 3은 전체 3묶음 중의 1묶음이므로 9의 $\dfrac{1}{3}$입니다.

2 (1) 12를 2씩 묶으면 6묶음이고 6은 전체 6묶음 중 3묶음이므로 12의 $\dfrac{3}{6}$입니다.

(2) 12를 3씩 묶으면 4묶음이고 6은 전체 4묶음 중 2묶음이므로 12의 $\dfrac{2}{4}$입니다.

다른 풀이 | (1)

(2)

3 (1) 24를 3씩 묶으면 8묶음이고 15는 전체 8묶음 중 5묶음이므로 24의 $\dfrac{5}{8}$입니다.

(2) 35를 5씩 묶으면 7묶음이고 15는 전체 7묶음 중 3묶음이므로 35의 $\dfrac{3}{7}$입니다.

4 (1) 분자가 분모보다 작은 분수는 $\dfrac{7}{9}$, $\dfrac{2}{5}$, $\dfrac{8}{10}$입니다.

(2) 분자가 분모와 같거나 분모보다 큰 분수는 $\dfrac{12}{8}$, $\dfrac{6}{6}$, $\dfrac{9}{4}$입니다.

5 가분수는 분자가 분모와 같거나 분모보다 큰 분수입니다.
(1) 분모가 7인 가분수의 분자는 7, 8, 9, 10, …이므로 그중 가장 작은 수는 7입니다.

(2) 분자가 4인 가분수의 분모는 1, 2, 3, 4이므로 그중 가장 큰 수는 4입니다.

6 가분수는 분자가 분모와 같거나 분모보다 큰 분수입니다.
분모가 3인 가분수의 분자는 3, 4, 5, 6, …
분자가 8인 가분수의 분모는 1, 2, 3, 4, 5, 6, 7, 8
분자가 5인 가분수의 분모는 5, 6, 7, 8, …
분모가 6인 가분수의 분자는 1, 2, 3, 4, 5, 6
따라서 □ 안에 공통으로 들어갈 수 있는 수는 5, 6입니다.

7 대분수의 자연수 부분이 같으므로 분자의 크기를 비교하면 4>2이므로 $1\dfrac{4}{8}>1\dfrac{2}{8}$입니다.

8 가분수의 분자의 크기를 비교하면 13>11>7이므로 $\dfrac{13}{6}>\dfrac{11}{6}>\dfrac{7}{6}$입니다.

9 $1\dfrac{7}{9}=\dfrac{16}{9}$이므로 $\dfrac{16}{9}$보다 크고 $\dfrac{20}{9}$보다 작은 분수를 찾습니다.
$1\dfrac{5}{9}=\dfrac{14}{9}$, $\dfrac{17}{9}$, $2\dfrac{3}{9}=\dfrac{21}{9}$, $\dfrac{12}{9}$, $2\dfrac{1}{9}=\dfrac{19}{9}$이므로 $\dfrac{16}{9}$보다 크고 $\dfrac{20}{9}$보다 작은 분수는 $\dfrac{17}{9}$, $2\dfrac{1}{9}=\dfrac{19}{9}$입니다.

10 $\dfrac{2}{3}$는 $\dfrac{1}{6}$이 4개인 수와 같으므로 $\dfrac{2}{3}=\dfrac{4}{6}$입니다.

11 $\dfrac{1}{4}$이 3개인 수는 $\dfrac{3}{4}$입니다. $\dfrac{3}{4}$은 1이 똑같이 8부분으로 나누어진 $\dfrac{1}{8}$이 6개인 수와 같으므로 $\dfrac{3}{4}=\dfrac{6}{8}$입니다.

12 빨간색 점이 나타내는 분수는 1이 똑같이 6부분으로 나누어진 $\dfrac{1}{6}$이 4개인 수이므로 $\dfrac{4}{6}$입니다. $\dfrac{4}{6}$는 1이 똑같이 18부분으로 나누어진 $\dfrac{1}{18}$이 12개인 수와 같으므로 $\dfrac{4}{6}=\dfrac{12}{18}$입니다.

13 분모가 10인 분수 중 $\dfrac{3}{10}$보다 크고 $\dfrac{9}{10}$보다 작은 분수는 $\dfrac{4}{10}$, $\dfrac{5}{10}$, $\dfrac{6}{10}$, $\dfrac{7}{10}$, $\dfrac{8}{10}$로 모두 5개입니다.

14 $4\dfrac{7}{9}=\dfrac{43}{9}$, $5\dfrac{2}{9}=\dfrac{47}{9}$이므로 분모가 9인 가분수를 $\dfrac{□}{9}$라 하면 $\dfrac{43}{9}<\dfrac{□}{9}<\dfrac{47}{9}$입니다. 43<□<47이므로 □ 안에 들어갈 수 있는 수는 44, 45, 46입니다. 따라서 $\dfrac{44}{9}$, $\dfrac{45}{9}$, $\dfrac{46}{9}$입니다.

15 $1\frac{9}{11} = \frac{20}{11}$, $2\frac{7}{11} = \frac{29}{11}$ 이므로 $\frac{20}{11} < \frac{\square}{11} < \frac{29}{11}$ 입니다.

따라서 $20 < \square < 29$이므로 $\square$ 안에 들어갈 수 있는 자연수는 21, 22, 23, 24, 25, 26, 27, 28로 모두 8개입니다.

16 분모는 5이고 분모와 분자의 합은 12이므로 분자는 $12 - 5 = 7$입니다.

따라서 조건을 만족하는 가분수는 $\frac{7}{5}$ 입니다.

17 구하려는 분수가 진분수이므로 분자를 $\square$라 하면 분모는 $\square + 3$입니다. 분모와 분자의 합이 11이므로 $\square + \square + 3 = 11$, $\square + \square = 8$, $\square = 4$입니다.

따라서 분자는 4, 분모가 $4 + 3 = 7$인 진분수는 $\frac{4}{7}$ 입니다.

18 2보다 크고 3보다 작은 수이므로 대분수의 자연수 부분은 2입니다. 대분수에서 진분수의 분자를 $\square$라 하면 분모는 $\square + 2$입니다. 분모와 분자의 합이 14이므로 $\square + \square + 2 = 14$, $\square + \square = 12$, $\square = 6$입니다.

따라서 분자는 6, 분모가 $6 + 2 = 8$, 자연수 부분이 2인 대분수는 $2\frac{6}{8}$ 입니다.

4단원 단원 평가 | 113~115쪽

1 $\frac{2}{3}$

2 예

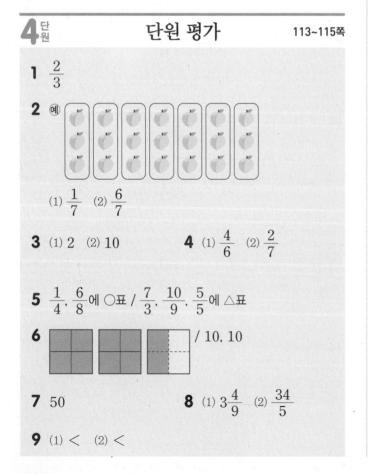

(1) $\frac{1}{7}$ (2) $\frac{6}{7}$

3 (1) 2 (2) 10   **4** (1) $\frac{4}{6}$ (2) $\frac{2}{7}$

5 $\frac{1}{4}$, $\frac{6}{8}$에 ○표 / $\frac{7}{3}$, $\frac{10}{9}$, $\frac{5}{5}$에 △표

6 [ ] / 10, 10

7 50   **8** (1) $3\frac{4}{9}$ (2) $\frac{34}{5}$

9 (1) < (2) <

10 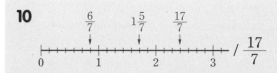 / $\frac{17}{7}$

11 4시간   **12** 7개

13 진분수   **14** (1) 32 (2) 54

15 $\frac{42}{9}$ **16** 27, 28, 29, 30

17 4   **18** $\frac{11}{5}$

19 예 대분수는 자연수와 진분수로 이루어진 분수입니다.

$1\frac{5}{3}$에서 $\frac{5}{3}$는 분자가 분모보다 크므로 가분수입니다.

따라서 $\frac{5}{3}$가 진분수가 아니므로 $1\frac{5}{3}$는 대분수가 아닙니다.

20 36 cm

1 12를 4씩 묶으면 3묶음이고 8은 전체 3묶음 중의 2묶음이므로 12의 $\frac{2}{3}$ 입니다.

2 (1) 21을 3씩 묶으면 7묶음이고 3은 전체 7묶음 중의 1묶음이므로 21의 $\frac{1}{7}$ 입니다.

(2) 21을 3씩 묶으면 7묶음이고 18은 전체 7묶음 중의 6묶음이므로 21의 $\frac{6}{7}$ 입니다.

3 (1) 16의 $\frac{1}{8}$ 은 16을 똑같이 8묶음으로 나눈 것 중의 1묶음이므로 2입니다.

(2) 16의 $\frac{5}{8}$ 는 16을 똑같이 8묶음으로 나눈 것 중의 5묶음이므로 $2 \times 5 = 10$입니다.

4 (1) 18을 3씩 묶으면 6묶음이고 12는 전체 6묶음 중의 4묶음이므로 18의 $\frac{4}{6}$ 입니다.

(2) 42를 6씩 묶으면 7묶음이고 12는 전체 7묶음 중의 2묶음이므로 42의 $\frac{2}{7}$ 입니다.

5 진분수는 분자가 분모보다 작은 분수이므로 $\frac{1}{4}$, $\frac{6}{8}$ 입니다. 가분수는 분자가 분모와 같거나 분모보다 큰 분수이므로 $\frac{7}{3}$, $\frac{10}{9}$, $\frac{5}{5}$ 입니다.

6 $2\frac{2}{4}$ 에서 자연수 2를 가분수 $\frac{8}{4}$ 로 나타내면 $\frac{1}{4}$ 이 모두 10개이므로 $2\frac{2}{4} = \frac{10}{4}$ 입니다.

7 1 m의 $\frac{1}{2}$은 1 m = 100 cm를 똑같이 2부분으로 나눈 것 중의 1부분이므로 50 cm입니다.

8 (1) $\frac{31}{9}$은 $\frac{27}{9}(=3)$과 $\frac{4}{9}$이므로 $3\frac{4}{9}$입니다.

(2) $6\frac{4}{5}$는 $6(=\frac{30}{5})$과 $\frac{4}{5}$이므로 $\frac{34}{5}$입니다.

9 (1) $7\frac{2}{4}=\frac{30}{4}$이므로 $\frac{29}{4}<7\frac{2}{4}$입니다.

(2) $8\frac{4}{6}=\frac{52}{6}$이므로 $8\frac{4}{6}<\frac{55}{6}$입니다.

10 수직선에서 1이 똑같이 7칸으로 나누어져 있으므로 수직선에서 작은 눈금 한 칸의 크기는 $\frac{1}{7}$입니다. 따라서 가장 큰 분수는 분수를 수직선에 나타내었을 때 가장 오른쪽에 있는 $\frac{17}{7}$입니다.

11 하루는 24시간이므로 24시간의 $\frac{1}{6}$은 24시간을 똑같이 6부분으로 나눈 것 중의 1부분이므로 4시간입니다. 따라서 준수가 하루에 학원에서 보내는 시간은 4시간입니다.

12 대분수는 자연수와 진분수로 이루어진 분수이므로 대분수의 분자는 분모인 8보다 작아야 합니다.

따라서 조건을 만족하는 대분수는 $3\frac{1}{8}$, $3\frac{2}{8}$, $3\frac{3}{8}$, $3\frac{4}{8}$, $3\frac{5}{8}$, $3\frac{6}{8}$, $3\frac{7}{8}$로 모두 7개입니다.

13 ・진분수: $\frac{10}{11}$, $\frac{7}{9}$, $\frac{2}{4}$, $\frac{5}{8}$ ➡ 4개

・가분수: $\frac{9}{7}$, $\frac{6}{6}$ ➡ 2개

・대분수: $3\frac{3}{5}$, $6\frac{8}{13}$ ➡ 2개

14 (1) □를 똑같이 8묶음으로 나눈 것 중의 3묶음이 12이므로 똑같이 8묶음으로 나눈 것 중의 1묶음은 12÷3 = 4입니다. 따라서 □ = 4×8 = 32입니다.

(2) □를 똑같이 9묶음으로 나눈 것 중의 5묶음이 30이므로 똑같이 9묶음으로 나눈 것 중의 1묶음은 30÷5 = 6입니다. 따라서 □ = 6×9 = 54입니다.

다른 풀이 | (1)　　　　　(2)

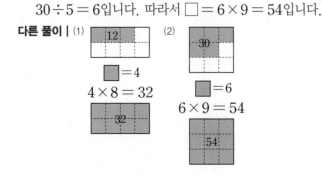

15 가장 작은 대분수를 만들려면 자연수 부분에 가장 작은 수를 쓰고 나머지 두 수로 진분수를 만들어야 하므로 $4\frac{6}{9}$입니다. $4\frac{6}{9}$은 $4(=\frac{36}{9})$와 $\frac{6}{9}$이므로 $\frac{42}{9}$입니다.

16 $3\frac{5}{7}=\frac{26}{7}$, $4\frac{3}{7}=\frac{31}{7}$이므로 $\frac{26}{7}<\frac{\square}{7}<\frac{31}{7}$입니다. 따라서 26<□<31이므로 □ 안에 들어갈 수 있는 자연수는 27, 28, 29, 30입니다.

17 대분수는 자연수와 진분수로 이루어진 분수이므로 분자가 분모보다 작아야 합니다.

분모가 6인 대분수의 분자는 1, 2, 3, 4, 5
분자가 2인 대분수의 분모는 3, 4, 5, 6, 7, …
분모가 5인 대분수의 분자는 1, 2, 3, 4
분자가 3인 대분수의 분모는 4, 5, 6, 7, 8, …
따라서 □ 안에 공통으로 들어갈 수 있는 자연수는 4입니다.

18 구하려는 분수가 가분수이므로 분모를 □라 하면 분자는 □＋6입니다. 분모와 분자의 합이 16이므로 □＋□＋6 = 16, □＋□ = 10, □ = 5입니다.

따라서 분모가 5, 분자가 5＋6 = 11인 가분수는 $\frac{11}{5}$입니다.

서술형
20 예 54의 $\frac{2}{6}$는 18이므로 사용한 종이테이프의 길이는 18 cm입니다. 따라서 남은 종이테이프의 길이는 54 － 18 = 36(cm)입니다.

평가 기준	배점
사용한 종이테이프의 길이를 구했나요?	3점
사용하고 남은 종이테이프의 길이를 구했나요?	2점

5 들이와 무게

들이와 무게는 측정 영역에서 학생들이 다루게 되는 핵심적인 속성입니다. 들이와 무게는 실생활과 직접적으로 연결되어 있기 때문에 들이와 무게의 측정 능력을 기르는 것은 실제 생활의 문제를 해결하는 데 필수적입니다. 따라서 들이와 무게를 지도할 때에는 다음과 같은 사항에 중점을 둡니다. 첫째, 측정의 필요성이 강조되어야 합니다. 둘째, 실제 측정 경험이 제공되어야 합니다. 셋째, 어림과 양감 형성에 초점을 두어야 합니다. 넷째, 실생활 및 타 교과와의 연계가 이루어져야 합니다. 이 단원은 초등학교에서 들이와 무게를 다루는 마지막 단원이므로 이러한 점을 강조하여 들이와 무게를 정확히 이해할 수 있도록 지도합니다.

교과서 개념 이해 1 얼마나 긴지를 알려면 길이, 얼마나 더 담을 수 있는지 알려면 들이. 118~119쪽

1 (1) 물병 (2) 우유병

2 (1) 6 (2) 4 (3) 가

3 (1) 나, 다, 가 (2) 가, 다, 나

4 양동이

1 (1) 주스병에 가득 채운 물을 물병에 옮겨 담았을 때 물병이 가득 차지 않으므로 물병의 들이가 더 많습니다.
   (2) 우유병에 가득 채운 물을 대접에 옮겨 담았을 때 대접의 물이 넘쳤으므로 우유병의 들이가 더 많습니다.

2 (3) 물을 옮겨 담은 컵의 수를 비교하면 6>4이므로 가 물병의 들이가 더 많습니다.

3 그릇의 모양과 크기가 같으므로 물의 높이가 높을수록 물이 많이 담겨 있습니다.

4 그릇에 담긴 물의 높이를 비교하면 양동이가 더 높으므로 양동이의 들이가 더 많습니다.

교과서 개념 이해 2 길이는 cm, m, …, 들이는 mL, L로 나타내. 120쪽

1 (1) 1 / 1000 / 1800 (2) 3000 / 3 / 3, 600

2 (1) 600 (2) 3

1 1 L = 1000 mL

2 (1) 물이 채워진 그림의 눈금을 읽으면 600 mL입니다.
   (2) 물이 채워진 그림의 눈금을 읽으면 3 L입니다.

교과서 개념 이해 3 많은 들이는 L, 적은 들이는 mL로 나타내. 121쪽

1 2

2 (1) mL에 ○표 (2) L에 ○표 (3) L에 ○표

1 페인트 통의 들이는 우유갑 들이의 4배 정도이므로 약 2 L입니다.

2 들이가 많은 물건에는 L를 사용하고 들이가 적은 물건에는 mL를 사용합니다.

교과서 개념 이해 4 L 단위의 수끼리, mL 단위의 수끼리 계산해. 122~123쪽

1 (1) 3, 700 (2) 7, 800

2 (1) 1, 300 (2) 1, 200

3 (1) 3, 700, 3700 (2) 2, 700, 2700

4 (1) 5700 / 5, 700 (2) 3300 / 3, 300

5 (1) 2, 100 (2) 9, 200

6 (1) 1, 700 (2) 4, 300

1 L 단위의 수끼리, mL 단위의 수끼리 더합니다.

2 L 단위의 수끼리, mL 단위의 수끼리 뺍니다.

4 (1) 5700 mL = 5000 mL + 700 mL
   = 5 L 700 mL
   (2) 3300 mL = 3000 mL + 300 mL
   = 3 L 300 mL

5 mL 단위의 수끼리의 합이 1000이거나 1000보다 크면 1000 mL를 1 L로 받아올림합니다.

6 mL 단위의 수끼리 뺄 수 없을 때에는 1 L를 1000 mL로 받아내림합니다.

(1)
```
        5   1000
    6 L  300 mL
  − 4 L  600 mL
    1 L  700 mL
```

(2)
```
        7   1000
    8 L  100 mL
  − 3 L  800 mL
    4 L  300 mL
```

개념 적용 1 들이 비교하기

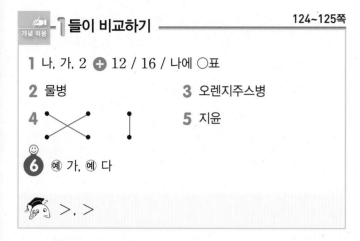

1 나, 가, 2 ➕ 12 / 16 / 나에 ○표

2 물병

3 오렌지주스병

4 (선 연결)

5 지윤

6 예 가, 예 다

🎓 >, >

1 가 물병의 물은 그릇 3개, 나 물병의 물은 그릇 5개이므로 나 물병이 가 물병보다 그릇 2개만큼 물이 더 많이 들어갑니다.

2 꽃병의 물이 물병에 다 들어가지 않으므로 물병의 들이가 더 적습니다.

3 주스의 높이를 비교하면 오렌지주스 > 키위주스 > 포도주스이므로 들이가 가장 많은 것은 오렌지주스병입니다.

4 컵의 수가 많을수록 들이가 많고, 컵의 수가 적을수록 들이가 적습니다.

5 유진: 가 컵으로 3번, 나 컵으로 6번 물을 부어야 하므로 가 컵의 들이가 나 컵의 들이의 2배입니다.
따라서 틀린 말입니다.

개념 적용 2 들이의 단위와 들이 어림하기

7 1, 450

8 (1) < (2) <

9 (선 연결)

10 다

11 ⓒ

12 약 2 L

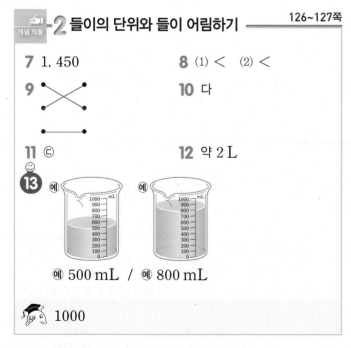

예 500 mL / 예 800 mL

🎓 1000

7 1 L보다 450 mL 더 많은 들이는 1 L 450 mL입니다.

8 (1) 4850 mL = 4 L 850 mL이므로
4 L 800 mL < 4 L 850 mL입니다.

(2) 7700 mL = 7 L 700 mL이므로
7 L 70 mL < 7 L 700 mL입니다.

9 들이가 많은 물건에는 L를 사용하고 들이가 적은 물건에는 mL를 사용합니다.

10 가, 나는 3 L, 다는 2 L 500 mL입니다.

11 ⓒ 4 L 10 mL = 4010 mL

12 1 L들이의 통에 비가 반 정도씩 들어 있으므로 2개의 통에 들어 있는 비는 약 1 L입니다.
따라서 통이 4개이므로 비의 양은 약 2 L입니다.

☺ 내가 만드는 문제
13 물의 양을 바르게 색칠했는지 확인합니다.

개념 적용 3 들이의 덧셈과 뺄셈

14 (1) 7 L 320 mL (2) 3 L 650 mL

15 1 L 800 mL

16 (1) 1 L 800 mL (2) 1 L 400 mL

17 1 L 800 mL

18 37 L 800 mL

19 예 3 L 400 mL

🎓 5, 500 / 500

14 (1) mL 단위의 수끼리의 합이 1000이거나 1000보다 크면 1000 mL를 1 L로 받아올림합니다.

(2) mL 단위의 수끼리 뺄 수 없을 때에는 1 L를 1000 mL로 받아내림합니다.

15 $\frac{1}{2}$ L는 1 L의 반인 500 mL이므로 왼쪽의 물은
1 L 500 mL이고 오른쪽의 물은 300 mL입니다.
➡ 1 L 500 mL + 300 mL = 1 L 800 mL

16 (1) 주스는 모두 1 L + 200 mL = 1 L 200 mL이므로
3 L가 되려면
3 L − 1 L 200 mL = 1 L 800 mL 더 필요합니다.

(2) 주스는 모두
500 mL + 800 mL + 300 mL
= 1 L 600 mL이므로 3 L가 되려면
3 L − 1 L 600 mL = 1 L 400 mL 더 필요합니다.

17 7500 mL = 7 L 500 mL이므로 들이가 가장 많은 것은 7500 mL, 가장 적은 것은 5 L 700 mL입니다.

➡ 7500 mL − 5 L 700 mL
= 7 L 500 mL − 5 L 700 mL
= 1 L 800 mL

18 (두 말 한 되) = 18 L + 18 L + 1 L 800 mL
= 37 L 800 mL

😊 내가 만드는 문제

19 (예) 다 그릇에 물을 가득 채운 후 나 그릇으로 덜어 냈다면
5 L 200 mL − 1800 mL
= 5 L 200 mL − 1 L 800 mL
= 3 L 400 mL입니다.

교과서 개념 이해 **5** 얼마나 더 무거운지 알려면 무게를 비교해. **130~131쪽**

1 (1) 참외   (2) 볼링공
2 (1) 공책에 ○표   (2) 숟가락에 ○표
3 (1) 20   (2) 14   (3) 6
4 (1) 18개, 23개   (2) 컵
5 (1) 수첩   (2) 구슬   (3) 수첩, 구슬, 풀

1 (1) 저울이 참외가 있는 쪽으로 내려갔으므로 더 무거운 것은 참외입니다.
(2) 저울이 볼링공이 있는 쪽으로 내려갔으므로 더 무거운 것은 볼링공입니다.

2 (1) 저울이 가위가 있는 쪽으로 내려갔으므로 더 가벼운 것은 공책입니다.
(2) 저울이 국자가 있는 쪽으로 내려갔으므로 더 가벼운 것은 숟가락입니다.

3 (3) 가시는 100원짜리 동전 20개, 오이는 100원짜리 동전 14개와 무게가 같으므로 가지는 오이보다 100원짜리 동전 20 − 14 = 6(개)만큼 더 무겁습니다.

4 (2) 100원짜리 동전의 개수가 컵이 더 많으므로 컵이 더 무겁습니다.

5 (1) 저울이 수첩이 있는 쪽으로 내려갔으므로 수첩이 더 무겁습니다.
(2) 저울이 구슬이 있는 쪽으로 내려갔으므로 구슬이 더 무겁습니다.
(3) 수첩 > 구슬, 구슬 > 풀이므로 무거운 것부터 차례로 쓰면 수첩, 구슬, 풀입니다.

교과서 개념 이해 **6** 무게는 g, kg, t으로 나타내. **132쪽**

1 (1) 3000   (2) 5   (3) 2 / 2000 / 2400
(4) 4000 / 4 / 4, 500
2 (1) 2   (2) 1200

1 1 t = 1000 kg, 1 kg = 1000 g

2 (2) 저울이 1 kg에서 작은 눈금 2칸을 더 지났으므로 1200 g입니다.

교과서 개념 이해 **7** 무거운 무게는 t, kg, 가벼운 무게는 g으로 나타내. **133쪽**

1 (   )(○)(   )(○)
2 (1) g에 ○표   (2) kg에 ○표   (3) t에 ○표

1 과자와 농구공은 1 kg보다 가볍습니다.

2 1 t = 1000 kg, 1 kg = 1000 g임을 생각하며 물건의 무게에 알맞은 단위를 알아봅니다.

교과서 개념 이해 **8** kg 단위의 수끼리, g 단위의 수끼리 계산해. **134~135쪽**

1 (1) 3, 900   (2) 7, 800
2 (1) 1, 100   (2) 3, 400
3 (1) 4, 600 / 4600   (2) 3, 500 / 3500
4 (1) 6200 / 6, 200   (2) 4100 / 4, 100
5 (1) 4, 100   (2) 9, 400
6 (1) 1, 700   (2) 2, 300

4 (1) 6200 g = 6000 g + 200 g = 6 kg 200 g
(2) 4100 g = 4000 g + 100 g = 4 kg 100 g

5 kg 단위의 수끼리의 합이 1000이거나 1000보다 크면 1000 g을 1 kg으로 받아올림합니다.

6 g 단위의 수끼리 뺄 수 없을 때에는 1 kg을 1000 g으로 받아내림합니다.

(1)
$$\begin{array}{r} \overset{5}{\cancel{6}} \text{ kg } \overset{1000}{}300 \text{ g} \\ - 4 \text{ kg } 600 \text{ g} \\ \hline 1 \text{ kg } 700 \text{ g} \end{array}$$

(2)
$$\begin{array}{r} \overset{6}{\cancel{7}} \text{ kg } \overset{1000}{}100 \text{ g} \\ - 4 \text{ kg } 800 \text{ g} \\ \hline 2 \text{ kg } 300 \text{ g} \end{array}$$

4 무게 비교하기 136~137쪽

1 복숭아, 토마토, 10

2 주스병

3 바르게 비교하지 않았습니다.

　이유 　예 500원짜리 동전 12개와 100원짜리 동전 12개의 무게가 다르기 때문입니다.

4 (1) 파프리카에 ○표 / 양파에 ○표
　(2) 양파, 파프리카, 고추

5 예 무게가 무거운 것부터 차례로 쓰면 무, 감자, 오이입니다.

　가에 ○표 / 가에 ○표

---

1 복숭아는 바둑돌 26개, 토마토는 바둑돌 16개이므로 복숭아가 토마토보다 바둑돌 10개만큼 더 무겁습니다.

2 주스병 2개의 무게와 우유갑 3개의 무게가 같습니다.
따라서 한 개의 무게가 더 무거운 것은 주스병입니다.

4 (2) 파프리카 1개가 고추 2개의 무게와 같고 양파 1개가 고추 5개의 무게와 같으므로 양파가 파프리카보다 고추 3개의 무게만큼 더 무겁습니다. 따라서 1개의 무게가 무거운 채소부터 차례로 쓰면 양파, 파프리카, 고추입니다.

---

 5 무게의 단위와 무게 어림하기 138~139쪽

6 (왼쪽에서부터) 500 g, 300 g, 400 g

7 예 코끼리 한 마리의 무게는 약 2 t입니다.

8 3 kg ➕ 8　　　　　**9** 민주

10 ㉢　　　　　　　**11** 은호

12 예 수박, 6 kg

　(위에서부터) 1000 / 1, 1000 / 1

---

6 1 kg = 1000 g임을 이용하여 각각의 무게에 얼마만큼의 무게가 더 있어야 1 kg이 되는지 알아봅니다.

7 코끼리의 무게는 무거우므로 약 2 t입니다.

8 백과사전은 쌓기나무 3개의 무게와 같으므로 3 kg입니다.
➕ 1층이 5개, 2층이 2개, 3층이 1개이므로 주어진 모양과 똑같이 쌓는 데 필요한 쌓기나무는 8개입니다.

---

9 3050 g = 3000 g + 50 g = 3 kg 50 g
3 kg 50 g < 3 kg 500 g이므로 민주가 받은 꿀의 무게가 더 무겁습니다.

10 구슬 5개의 무게가 1 kg = 1000 g이므로 구슬 1개의 무게는 200 g입니다.
따라서 200 g보다 가벼운 물건은 ㉢입니다.

11 어림한 무게와 실제 무게의 차가 적은 사람이 더 잘 어림한 것입니다. 저울로 잰 상자의 무게는 2 kg 600 g이므로 실제 무게와 민주는 400 g, 은호는 100 g 차이가 나므로 실제 무게에 더 가깝게 어림한 사람은 은호입니다.

😊 내가 만드는 문제
12 무: 2 kg, 수박: 6 kg, 설탕: 3 kg 500 g입니다.

---

 6 무게의 덧셈과 뺄셈 140~141쪽

13 (1) 10 kg 150 g　(2) 5 kg 540 g

14 5 kg 400 g　　　　　**15** 2 kg 200 g

16 (1) 750　(2) 9

17 4 t ➕ 2400 / 6000 / 6

18 예 480 / 예 1280 g

　(왼쪽에서부터) 13 / 130 / 4, 300

---

13 (1) g 단위의 수끼리의 합이 1000이거나 1000보다 크면 1000 g을 1 kg으로 받아올림합니다.
　(2) g 단위의 수끼리 뺄 수 없을 때에는 1 kg을 1000 g으로 받아내림합니다.

14 9 kg 800 g − 4 kg 400 g = 5 kg 400 g

15 빈 상자의 무게는 1 kg 700 g이고 인형이 담긴 상자의 무게는 3 kg 900 g입니다.
따라서 인형의 무게는
3 kg 900 g − 1 kg 700 g = 2 kg 200 g입니다.

16 (1) (소금 3봉지의 무게)
　　= 250 g + 250 g + 250 g = 750 g
　(2) (밀가루 2봉지의 무게)
　　= 4500 g + 4500 g = 9000 g = 9 kg

17 200 kg인 상자 10개의 무게는 2000 kg = 2 t입니다.
따라서 상자를 실은 캠핑카의 무게는 2 t + 2 t = 4 t입니다.

😊 내가 만드는 문제

18 예 사과 갈은 것 400 g, 오렌지 과육 400 g, 설탕 480 g을 넣으면 사과잼의 무게는
400 g + 400 g + 480 g = 1280 g입니다.

발전 문제
개념 완성

142~145쪽

1 가 병

2 우유병

3 나 컵

4 10 L 800 mL

5 3 L 600 mL

6 10 L 300 mL

7 나

8 가

9 가, 다, 나

10 가위

11 바나나

12 참외, 복숭아, 귤

13 약 3 kg

14 약 500 g

15 약 250 g

16 7 kg 100 g

17 700 g

18 11 kg 100 g

19 300 g

20 800 g

21 1800 g(=1 kg 800 g)

22 5

23 예 가 그릇에 물을 가득 담아 나 그릇이 찰 때까지 붓고 남는 것을 물통에 넣습니다.

24 예 가 그릇에 물을 가득 담아 물통에 2번 붓고, 나 그릇에 가득 차도록 물통에서 물을 담아 덜어 냅니다.

1 가 병의 물은 컵 6개, 나 병의 물은 컵 4개이므로 가 병의 들이가 더 많습니다.

2 들이가 적을수록 많은 횟수만큼 부어야 하므로 들이가 더 적은 것은 우유병입니다.

3 들이가 많을수록 적은 횟수만큼 붓게 되므로 부은 횟수가 가장 적은 나 컵의 들이가 가장 많습니다.

4 2 L 500 mL + 8 L 300 mL = 10 L 800 mL

5 5 L > 2600 mL > 1 L 400 mL이므로 가장 많은 들이는 5 L, 가장 적은 들이는 1 L 400 mL입니다.
➡ 5 L − 1 L 400 mL = 3 L 600 mL

6 8 L 500 mL − 3 L 800 mL + 5 L 600 mL
= 4 L 700 mL + 5 L 600 mL
= 10 L 300 mL

7 처음에 들어 있던 물의 양이 더 많은 것은 물이 넘친 나입니다.

8 가는 구슬을 1개, 나는 구슬을 2개 넣었더니 그릇에 물이 가득 찼으므로 처음에 들어 있던 물의 양이 더 많은 것은 가입니다.

9 가는 구슬을 2개, 나는 4개, 다는 3개를 넣었더니 그릇에 물이 가득 찼으므로 구슬을 적게 넣은 그릇의 물이 많습니다. 따라서 처음에 들어 있던 물의 양이 많은 것부터 차례로 기호를 쓰면 가, 다, 나입니다.

10 풀은 동전 8개의 무게와 같고 가위는 동전 10개의 무게와 같습니다. 따라서 가위가 풀보다 더 무겁습니다.

11 바나나 2개와 감 3개의 무게가 같으므로 바나나 1개가 감 1개보다 더 무겁습니다.

12 참외 1개의 무게는 귤 3개의 무게와 같고, 복숭아 2개의 무게는 귤 3개의 무게와 같습니다.
따라서 참외 1개의 무게가 복숭아 2개의 무게와 같으므로 1개의 무게가 무거운 것부터 차례로 쓰면 참외, 복숭아, 귤입니다.

13 저울의 눈금이 3 kg과 4 kg 사이에 있고 3 kg에 더 가까우므로 설탕의 무게는 약 3 kg입니다.

14 호박 3개의 무게는 1 kg 500 g = 1500 g입니다. 무게가 비슷하므로 호박 3개의 무게인 1500 g은 호박 한 개의 무게의 약 3배입니다.
따라서 호박 1개의 무게는 약 500 g입니다.

15 양파 2개와 당근 3개의 무게는 모두 1 kg 100 g입니다. 당근 3개의 무게는 약 600 g이므로 양파 2개의 무게는 약 1100 g − 600 g = 약 500 g입니다.
따라서 양파 1개의 무게는 약 250 g입니다.

16 1 kg 800 g + 5 kg 300 g
= 7 kg 100 g

17 (가방의 무게)
= (가방을 메고 잰 무게) − (가방을 메지 않고 잰 무게)
= 32 kg − 31 kg 300 g
= 700 g

18 (시우가 캔 고구마의 무게)
= 6 kg 300 g − 1 kg 500 g
= 4 kg 800 g
(예진이와 시우가 캔 고구마 무게의 합)
= 6 kg 300 g + 4 kg 800 g
= 11 kg 100 g

19 ● 3개의 무게가 900 g이므로 ● 1개의 무게는 300 g입니다.

20 ● 5개의 무게가 1 kg = 1000 g이므로
● 1개의 무게는 200 g입니다.
●●● = 1 kg 200 g에서
●● = 200 g + 200 g = 400 g이므로
● = 1 kg 200 g − 400 g = 800 g입니다.

21 ● 4개의 무게가 2 kg = 2000 g이므로 ● 1개의 무게
는 500 g입니다.
●● = 1 kg 400 g이므로
● = 1400 g − 500 g = 900 g입니다.
따라서 ● 2개의 무게는
900 g + 900 g = 1800 g(= 1 kg 800 g)입니다.

22 그릇에 물을 가득 담아 물통에 5번 붓습니다.

23 800 mL − 600 mL = 200 mL

24 2 L 500 mL + 2 L 500 mL − 1 L 500 mL
= 5 L − 1 L 500 mL
= 3 L 500 mL

5단원 단원 평가
146~148쪽

1 오이

2 물병

3 1000, 1

4 2, 200

5 (1) 3500　(2) 6, 200

6 (1) 7 L 600 mL　(2) 3 L 300 mL

7 ㉢

8 (1) 7 kg 800 g　(2) 4 kg 500 g

9 (1) kg　(2) t　(3) g

10

11 풀, 바둑돌 2개

12 ㉢, ㉣, ㉡, ㉠

13 진영

14 1 kg 600 g

15 바나나, 귤, 자두

16 다 컵

17 1600 g(= 1 kg 600 g)

18 예 나 그릇에 물을 가득 담아 물통에 2번 붓고, 가 그릇
에 물을 가득 담아 물통에 1번 붓습니다.

19 6 kg 300 g

20 5 L 100 mL

---

1 저울은 무게가 무거운 쪽으로 내려갑니다.

2 주스병은 컵 4개, 물병은 컵 5개이므로 물병이 주스병보
다 들이가 더 많습니다.

3 700 kg보다 300 kg 더 무거운 무게는 1000 kg이고
1000 kg = 1 t입니다.

4 물이 채워진 그림의 눈금을 읽으면 큰 눈금 2칸, 작은 눈
금 2칸이므로 2 L 200 mL입니다.

5 (1) 3 L 500 mL = 3000 mL + 500 mL
= 3500 mL
(2) 6200 mL = 6000 mL + 200 mL
= 6 L 200 mL

6 L 단위의 수끼리, mL 단위의 수끼리 계산합니다.

7 무게가 1 t보다 무거운 것은 비행기입니다.

8 kg 단위의 수끼리, g 단위의 수끼리 계산합니다.

9 1 t = 1000 kg, 1 kg = 1000 g임을 생각하며 물건
의 무게에 알맞은 단위를 알아봅니다.

10 3 kg 5 g = 3000 g + 5 g = 3005 g
3 kg 500 g = 3000 g + 500 g = 3500 g
3 kg 50 g = 3000 g + 50 g = 3050 g

11 색연필은 바둑돌 4개, 풀은 바둑돌 6개의 무게와 같으므
로 풀이 바둑돌 2개만큼 더 무겁습니다.

12 ㉡ 3 L 50 mL = 3050 mL
㉣ 3 L 200 mL = 3200 mL
➡ 3500 mL > 3200 mL > 3050 mL > 3040 mL
이므로 들이가 많은 것부터 차례로 기호를 쓰면
㉢, ㉣, ㉡, ㉠입니다.

13 실제 들이와 어림한 들이의 차가 진영이는 200 mL, 현
주는 400 mL입니다. 차가 더 작은 진영이가 실제 들이
에 더 가깝게 어림하였습니다.

14 파인애플을 담은 바구니의 무게는 5 kg 400 g이고 파
인애플만의 무게는 3 kg 800 g입니다.
따라서 빈 바구니의 무게는
5 kg 400 g − 3 kg 800 g = 1 kg 600 g입니다.

15 귤과 자두 중 1개의 무게가 더 무거운 것은 귤이고 바나
나와 귤 중 1개의 무게가 더 무거운 것은 바나나입니다.
따라서 1개의 무게가 무거운 것부터 차례로 쓰면 바나
나, 귤, 자두입니다.

16 들이가 많을수록 적은 횟수만큼 붓게 되므로 부은 횟수
가 가장 적은 다 컵의 들이가 가장 많습니다.

17 ● 5개의 무게가 1 kg = 1000 g이므로 ● 1개의 무게는 200 g입니다. ●●●● = 1 kg 400 g이므로
● = 1 kg 400 g − 600 g = 800 g입니다.
따라서 ● 2개의 무게는
800 g + 800 g = 1600 g(= 1 kg 600 g)입니다.

18 2 L 500 mL + 2 L 500 mL + 1 L 200 mL
= 5 L + 1 L 200 mL
= 6 L 200 mL

서술형
19 ⓔ 8 kg = 8000 g, 1 kg 800 g = 1800 g이므로 가장 무거운 무게는 8100 g, 가장 가벼운 무게는 1 kg 800 g입니다.
따라서 무게의 차는
8100 g − 1 kg 800 g
= 8 kg 100 g − 1 kg 800 g
= 6 kg 300 g입니다.

평가 기준	배점
가장 무거운 무게와 가장 가벼운 무게를 찾았나요?	3점
무게의 차를 구했나요?	2점

서술형
20 ⓔ (영웅이가 마신 우유의 양)
= 3 L 200 mL − 1 L 300 mL = 1 L 900 mL
(지연이가 마신 우유의 양) + (영웅이가 마신 우유의 양)
= 3 L 200 mL + 1 L 900 mL = 5 L 100 mL

평가 기준	배점
영웅이가 마신 우유의 양을 구했나요?	3점
두 사람이 마신 우유의 양을 구했나요?	2점

사고력이 반짝   149쪽

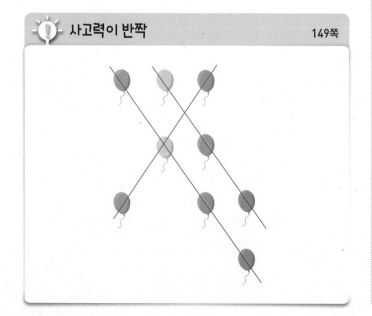

---

6 자료의 정리

우리가 쉽게 접하는 인터넷, 텔레비전, 신문 등의 매체는 하루도 빠짐없이 통계적 정보를 쏟아내고 있습니다. 일기 예보, 여론 조사, 물가 오름세, 취미, 건강 정보 등 광범위한 주제가 다양한 통계적 과정을 거쳐 우리에게 소개되고 있습니다. 따라서 통계를 바르게 이해하고 합리적으로 사용할 수 있는 힘을 기르는 것은 정보화 사회에 적응하기 위해 대단히 중요하며, 미래 사회를 대비하는 지혜이기도 합니다. 통계는 처리하는 절차나 방법에 따라 결과가 달라지기 때문에 통계의 비전문가라 해도 자료의 수집, 정리, 표현, 해석 등과 같은 통계의 전 과정을 이해하는 것은 합리적 의사 결정을 위해 매우 중요합니다. 따라서 이 단원은 자료 표현의 기본이 되는 표와 그림그래프를 통해 간단한 방법으로 통계가 무엇인지 경험할 수 있도록 합니다.

교과서 개념 이해
1 표로 나타내면 각 항목별 자료의 수와 합계를 알기 쉬워.   152~153쪽

1 ⑴ 6, 5, 4, 6   ⑵ 6, 5, 4, 6, 21 / 표에 ○표

2 ⑴ 4, 12, 8, 6, 30   ⑵ 30명

3 8, 10, 6, 9, 33 / 피자, 햄버거

1 표로 나타내면 각 항목별 자료의 수와 합계를 쉽게 알 수 있습니다.

2 ⑵ 표에서 합계를 보면 조사한 학생은 모두 30명입니다.

3 음식별로 학생 수를 세어 보면 김밥은 8명, 피자는 10명, 햄버거는 6명, 떡꼬치는 9명입니다.
표에서 학생 수가 가장 많은 음식은 피자이고, 가장 적은 음식은 햄버거입니다.

교과서 개념 이해
2 그림그래프는 그림의 크기로 수량을 나타내.   154~155쪽

1 ⑴ 붙임딱지 수   ⑵ 10, 1   ⑶ 그림그래프에 ○표

2 ⑴ ○   ⑵ ×   ⑶ ○

3 ⑴ 420, 260, 310, 340   ⑵ 가 마을, 나 마을

2 ⑵ 큰 그림은 10명, 작은 그림은 1명을 나타냅니다.

3 ⑵ 큰 그림의 수가 가장 많은 가 마을의 고구마 수확량이 가장 많고, 작은 그림의 수가 가장 적은 나 마을의 고구마 수확량이 가장 적습니다.

3 그림그래프에서 그림은 자료의 특징을 나타낼 수 있는 것으로 정해.   156~157쪽

1 좋아하는 운동별 학생 수

운동	학생 수
농구	☺☺☺☺☺☺
축구	☺☺☺☺☺☺
야구	☺☺☺☺☺

☺ 10명
☺ 1명

4, 2 / 3, 3

2 ⑴ 다 마을, 🍠🍠🍠🍠🍠

  ⑵ 가 마을, 🍠🍠🍠🍠🍠🍠🍠🍠🍠

3 ⑴ 2개, 3개

  ⑵ 좋아하는 민속놀이별 학생 수

민속놀이	학생 수
윷놀이	◎◎◯◯◯
제기차기	◎◯◯◯◯◯◯
연날리기	◎◎◎◯◯◯◯◯◯

◎ 10명
◯ 1명

2 ⑴ 그림그래프에서 다 마을이 빠졌으므로 다 마을의 수확량을 그림으로 나타내어 봅니다.

  ⑵ 가 마을은 큰 그림 4개, 작은 그림 5개로 나타내야 합니다.

3 ⑴ 윷놀이는 23명이므로 ◎ 2개, ◯ 3개로 니타냅니다.

4 그림그래프에서 여러 가지 사실을 알 수 있어.   158~159쪽

1 ⑴ 34, 45, 24, 34, 31   ⑵ 나, 다   ⑶ 라   ⑷ 11

2 ⑴ ◯   ⑵ ×   ⑶ ×

3 ⑴ 49켤레   ⑵ 흰색

1 ⑵ 큰 그림의 수가 가장 많은 마을은 나 마을이고 큰 그림의 수가 가장 적은 마을은 다 마을입니다.

  ⑷ 45 − 34 = 11(대)

2 ⑴ 푸른 농장: 320통, 햇살 농장: 160통
하늘 농장: 310통, 바다 농장: 230통

  ⑵ 320 + 230 = 550(통)

  ⑶ 햇살 농장의 생산량이 160통이므로 생산량이 160통의 2배인 320통인 농장은 푸른 농장입니다.

3 ⑴ 흰색: 32켤레, 빨간색: 17켤레
➡ 32 + 17 = 49(켤레)

  ⑵ 흰색 운동화가 가장 많이 팔렸으므로 흰색 운동화를 가장 많이 준비하는 것이 좋습니다.

1 자료 정리하기   160~161쪽

1 12, 9, 15, 20, 56   **2** 7, 4, 8, 6, 25

3 가을, 봄, 겨울, 여름   **4** 표

5 (위에서부터) 4, 6, 3, 2, 15 / 3, 3, 5, 4, 15

6 3명

7 ⓔ 프랑스에 가고 싶어 하는 남학생 수와 이탈리아에 가고 싶어 하는 여학생 수는 같습니다.

 5 / 2 / 20

2 (합계) = 7 + 4 + 8 + 6 = 25(명)

3 봄: 7명, 여름: 4명, 가을: 8명, 겨울: 6명이므로 학생들이 많이 태어난 계절부터 차례로 쓰면 가을, 봄, 겨울, 여름입니다.

4 표에서 합계를 보면 조사한 전체 학생 수를 알기 쉽습니다.

6 미국에 가고 싶어하는 학생 수: 9명
이탈리아에 가고 싶어하는 학생 수: 6명
➡ 9 − 6 = 3(명)

😊내가 만드는 문제
7 여러 가지로 답할 수 있습니다.

개념 적용 2 그림그래프 알아보기

162~163쪽

8 운동 ➕ 9

9 32, 25, 43, 100

10 113마리

11 예 나무 모양이 한 가지가 아니라 각 마을의 나무 수를 정확하게 비교할 수 없습니다.

🎓 (왼쪽에서부터) 23, 140, 100

8 214명은 ◎◎△○○○○이므로 운동입니다.

9 큰 그림은 10마리, 작은 그림은 1마리를 나타내므로 가는 32마리, 나는 25마리, 다는 43마리입니다.
(합계) = 32 + 25 + 43 = 100(마리)

10 양념치킨: 31마리, 프라이드치킨: 44마리
마늘치킨: 15마리, 간장치킨: 23마리
➡ 31 + 44 + 15 + 23 = 113(마리)

😊 내가 만드는 문제
11 '그림을 잘못 나타냈습니다.', '그림을 한 가지로 나타내야 하는데 여러 가지로 나타냈습니다.' 등 여러 가지 답변이 나올 수 있습니다.

개념 적용 3 그림그래프로 나타내기

164~165쪽

12 22, 20, 31, 13, 86

13 예
좋아하는 동물별 학생 수

동물	토끼	고양이	강아지	기린
학생 수	◎◎○○	◎◎	◎◎◎○	◎○○○

◎ 10명 ○ 1명

14
식품별 카페인 함량

식품	카페인 함량
커피믹스 1봉	★★★★★★★★★★★★
캔커피 1캔	★★★★★★★★★★
커피 우유 1개	★★★★★★★★★★

★ 10 mg ★ 1 mg

😊
15 예
봉사활동을 한 장소별 학생 수

장소	학생 수
복지관	◎◎◎○○○○
경로당	◎○○○○○○○
요양원	◎○○○○○○○

◎ 10명 ○ 1명

예
봉사활동을 한 장소별 학생 수

장소	학생 수	
복지관	□□□○○○○	
경로당	□□△○○	□ 10명
요양원	□△○○○○	△ 5명 ○ 1명

🐢
반별 우유 급식을 신청한 학생 수	
반	학생 수
1반	◎◎○○○○
2반	◎○○○○○○○
3반	◎◎○○○○○○

◎ 10명 ○ 1명

반별 우유 급식을 신청한 학생 수		
반	학생 수	
1반	◎◎△	
2반	◎△○○○	◎ 10명
3반	◎◎△○○	△ 5명 ○ 1명

12 (합계) = 22 + 20 + 31 + 13 = 86(명)

😊 내가 만드는 문제
15 자유롭게 그림을 정하고 학생 수에 맞게 그림을 그렸는지 확인합니다.

개념 적용 4 그림그래프 이용하기

166~167쪽

16 42, 36, 24, 15, 117 / 12

17 은호 /
예 다 농장의 생산량은 가 농장의 생산량의 2배입니다.

18 35개

😊
19 예 초코 아이스크림을 가장 많이 준비하면 좋겠습니다.
이유 예 일주일 동안 가장 많이 팔린 아이스크림이 초코 아이스크림이므로 다음 주에는 초코 아이스크림을 가장 많이 준비하는 것이 좋겠습니다.

🎓 (왼쪽에서부터) 31, 42, 96 / 동화책, 만화책

16 (합계) = 42 + 36 + 24 + 15 = 117(명)
피아노: 36명, 드럼: 24명 ➡ 36 − 24 = 12(명)

17 가 농장: 270 kg, 나 농장: 360 kg, 다 농장: 540 kg입니다.

18 바닐라: 26개, 초코: 52개, 호두: 17개입니다.
26 + 52 + 17 = 95(개)이므로 딸기 아이스크림은
130 − 95 = 35(개) 팔렸습니다.

😊 내가 만드는 문제
19 예 호두 아이스크림을 가장 적게 준비하면 좋겠습니다.
이유 예 일주일 동안 가장 적게 팔린 아이스크림이 호두 아이스크림이므로 다음 주에는 호두 아이스크림을 가장 적게 준비하는 것이 좋겠습니다.

1 6학년 **2** 3학년

3 17명 **4** 8명 / 12명

5 26명

6 예

좋아하는 계절별 학생 수

계절	학생 수
봄	☺☺
여름	☺☺☺☺☺☺
가을	☺☺ ☺☺☺☺
겨울	☺☺☺☺☺

☺10명 ☺1명

7 148상자 **8** 52상자

9 예

월별 필통 생산량

월	생산량
2월	▱▱▱▱ ◿◿◿◿◿◿
3월	▱▱▱▱▱ ◿◿
4월	▱ ◿◿◿◿◿◿◿
5월	▱▱▱ ◿◿◿

▱10상자 ◿1상자

10 25명

11 25, 100 /

마을별 초등학생 수

마을	학생 수
가	☺☺☺☺☺
나	☺☺☺☺☺
다	☺☺☺☺☺☺

☺10명 ☺1명

12 220, 920 /

농장별 당근 수확량

농장	수확량
하늘	🥕🥕🥕🥕
다래	🥕🥕🥕🥕
호수	🥕🥕🥕🥕🥕
풀잎	🥕🥕🥕🥕🥕🥕

🥕100상자 🥕10상자

13 33명 / 29명 / 31명 / 27명

14 120명 **15** 360자루

16 12개 / 31개

17

체육관에 있는 공의 수

종류	공의 수
배구공	◎○○
농구공	◎◎○○○○○○
축구공	◎◎◎○

◎10개 ○1개

18

반별로 모은 빈병의 수

반	빈병의 수
1반	🍾🍼🍼🍾
2반	🍾🍼🍾🍾🍾🍾
3반	🍾🍼🍼🍼🍼🍼

🍾50병
🍼10병
🍼1병

1 큰 그림의 수가 가장 많은 학년은 6학년입니다.

2 큰 그림의 수가 적은 학년은 3학년과 5학년이고, 두 학년 중 작은 그림의 수가 더 적은 학년은 3학년입니다.

3 동생이 있는 학생이 가장 많은 학년은 6학년으로 62명이고, 가장 적은 학년은 3학년으로 45명입니다.
➡ $62 - 45 = 17$(명)

4 표를 보면 봄을 좋아하는 남학생은 8명, 여학생은 12명입니다.

5 표를 보면 여름을 좋아하는 남학생은 18명, 여학생은 8명이므로 모두 $18 + 8 = 26$(명)입니다.

6 봄: $8 + 12 = 20$(명), 여름: $18 + 8 = 26$(명)
가을: $13 + 20 = 33$(명), 겨울: $7 + 8 = 15$(명)

7 표에서 합계를 보면 148이므로 2월부터 5월까지 생산한 필통은 모두 148상자입니다.

8 (3월의 필통 생산량) $= 148 - 46 - 17 - 33$
$= 52$(상자)

10 큰 그림이 2개, 작은 그림이 5개이므로 25명입니다.

11 다 마을에는 큰 그림 4개, 작은 그림 2개를 그립니다.
합계: $33 + 25 + 42 = 100$(명)

12 하늘 농장의 수확량은 큰 그림 2개, 작은 그림 2개이므로 220상자입니다.
(합계) $= 220 + 310 + 150 + 240 = 920$(상자)
다래 농장의 수확량은 310상자이므로 큰 그림 3개와 작은 그림 1개로 나타내고, 풀잎 농장의 수확량은 240상자이므로 큰 그림 2개와 작은 그림 4개로 나타냅니다.

13 큰 그림은 10명, 작은 그림은 1명을 나타내므로 1반은 33명, 2반은 29명, 3반은 31명, 4반은 27명입니다.

14 1반: 33명, 2반: 29명, 3반: 31명, 4반: 27명
➡ 33 + 29 + 31 + 27 = 120(명)

15 정연이네 학교 3학년 학생은 모두 120명이므로 연필은 적어도 120 × 3 = 360(자루) 준비해야 합니다.

16 배구공은 12개, 축구공은 31개입니다.

17 (배구공) + (축구공) = 12 + 31 = 43(개)
➡ (농구공) = 69 − 43 = 26(개)이므로
◎을 2개, ○을 6개 그립니다.

18 2반: 114병, 3반: 56병 ➡ 114 + 56 = 170(병)
1반: 233 − 170 = 63(병)
따라서 큰 그림 1개, 중간 그림 1개, 작은 그림 3개를 그립니다.

6단원 단원 평가

171~173쪽

1 7명
2 7, 6, 4, 6, 23
3 사과
4 표
5 10그루, 1그루
6 32그루
7 가은
8 12개
9 90 kg

10

농장별 우유 생산량

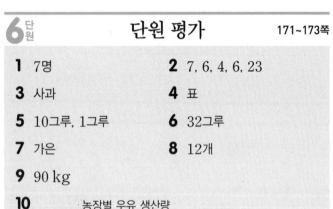

농장	생산량
가	◎◎○○○○○○○
나	◎◎◎○○○○○
다	◎◎○○○○○○○○

◎10 kg ○1 kg

11

농장별 우유 생산량

농장	생산량
가	◎◎◎△○○
나	◎◎◎△
다	◎◎△○○○

◎10 kg △5 kg ○1 kg

12 나, 다, 가
13 20, 25, 34, 12, 91
14 가을

---

15 17, 12 /

월별 맑은 날수

월	날수
9월	☀ ☀☀☀☀☀☀
10월	☀ ☀
11월	☀ ☀☀

☀10일 ☀1일

16

좋아하는 꽃별 학생 수

꽃	학생 수
장미	✿✿✿✿✿ ❀❀
국화	✿✿ ❀❀❀❀❀
튤립	✿✿✿ ❀❀❀❀❀❀
백합	✿ ❀❀❀❀❀❀❀❀❀

✿10명 ❀1명

17 장미
18 468개

19 예 다 농장의 감자 생산량이 가장 많습니다.

20 49회

1 ●의 수를 세어 보면 7명입니다.

3 학생 수가 가장 많은 과일은 사과입니다.

4 표의 합계를 보면 조사한 학생 수를 쉽게 알 수 있습니다.

5 큰 그림은 10그루를 나타내고, 작은 그림은 1그루를 나타냅니다.

6 큰 그림이 3개, 작은 그림이 2개이므로 32그루입니다.

7 큰 그림의 수가 가장 많은 학생은 가은입니다.

8 지윤: 36개, 세희: 24개
➡ 36 − 24 = 12(개)

9 27 + 35 + 28 = 90(kg)

12 ◎ 그림의 수를 먼저 비교하고, ○ 그림의 수를 비교합니다.

14 여름보다 큰 그림의 수가 더 많은 계절은 가을입니다.

15 9월은 그림그래프에서 17일이고 10월은 표에서 20일입니다.
11월: 49 − 17 − 20 = 12(일)

16 장미: 52명, 국화: 25명, 백합: 19명이므로
(튤립을 좋아하는 학생 수)
= 132 − 52 − 25 − 19 = 36(명)입니다.
➡ 큰 그림 3개, 작은 그림 6개를 그립니다.

17 장미를 좋아하는 학생 수가 가장 많으므로 장미를 가장 많이 준비하는 것이 좋겠습니다.

18 1반: 26명, 2반: 28명, 3반: 31명, 4반: 32명
➡ $26 + 28 + 31 + 32 = 117$(명)
따라서 사탕은 적어도 $117 \times 4 = 468$(개) 준비해야 합니다.

서술형
19 예 나 농장의 감자 생산량이 가장 적습니다. 가와 나 농장의 감자 생산량의 합은 56 kg입니다. 등 여러 가지로 쓸 수 있습니다.

평가 기준	배점
알 수 있는 사실을 바르게 썼나요?	5점

서술형
20 예 진호: 134회, 민아: 125회, 영주: 103회, 지혜: 152회
➡ 줄넘기 횟수가 가장 많은 학생은 지혜이고, 가장 적은 학생은 영주입니다.
따라서 횟수의 차는 $152 - 103 = 49$(회)입니다.

평가 기준	배점
줄넘기 횟수가 가장 많은 학생과 가장 적은 학생을 구했나요?	3점
줄넘기 횟수의 차를 구했나요?	2점

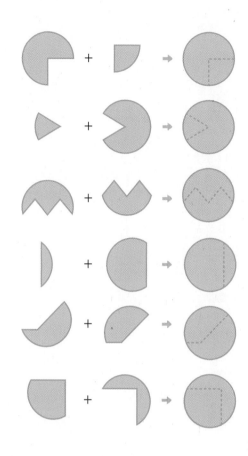

🔆 사고력이 반짝 174쪽

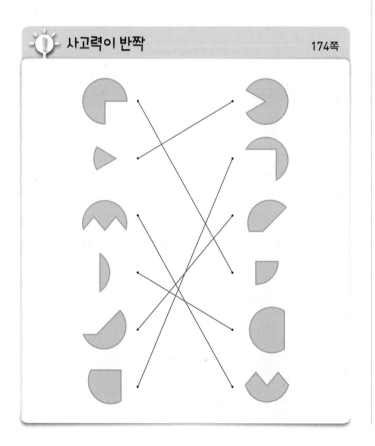

🔆 사고력이 반짝 175쪽

채영, 유진

시은이네 집에서 친구들의 집까지 ▢와 ╱의 칸의 수를 세어 공통인 칸(▢ 4칸, ╱ 1칸) 수를 지우고 남은 거리를 비교해 봅니다.

채영: ▢ 5칸, ╱ 1칸 ➡ ▢ 1칸
준호: ▢ 6칸, ╱ 1칸 ➡ ▢ 2칸
태희: ▢ 4칸, ╱ 2칸 ➡ ╱ 1칸
유진: ▢ 5칸, ╱ 2칸 ➡ ▢ 1칸, ╱ 1칸

▢은 ╱의 길이보다 더 짧으므로 길의 길이가 가장 짧은 친구는 채영이고, 가장 긴 친구는 유진입니다.

주의 | ▢은 ╱의 길이보다 더 짧으므로 전체 칸 수를 비교하지 않고 ▢와 ╱를 구분하여 비교합니다.

1 곱셈

➕ 개념 적용
2쪽

1

▲ = 100, ■ = 10, ● = 1을 나타낼 때 다음을 계산해 보세요.

$$\begin{array}{c}▲\ ■\ ● \\ ▲\ ■\ ● \end{array} \times\ ●\ ●\ ●$$

어떻게 풀었니?

먼저 모양이 나타내는 수를 각각 알아보자!

왼쪽 상자에는 ▲가 3개, ■가 2개, ●가 2개 있어. 즉, 100이 $\boxed{3}$ 개, 10이 $\boxed{2}$ 개, 1이 $\boxed{2}$ 개인 수이니까 $\boxed{322}$ 을/를 나타내.

오른쪽 상자에는 ●가 3개 있어. 즉, 1이 $\boxed{3}$ 개인 수이니까 $\boxed{3}$ 을/를 나타내.

두 상자 사이에 곱셈 기호가 있으니까 상자 안에 있는 모양이 각각 나타내는 두 수를 곱하면 돼.

$$\boxed{322} \times \boxed{3} = \boxed{966}$$

아~ 주어진 식을 계산하면 $\boxed{966}$ (이)구나!

2 824　　　**3** 884

4

□ 안에 알맞은 수를 써넣으세요.

$$751 \times 2 + 751 = 751 \times \boxed{}$$
$$751 \times 3 + 751 = 751 \times \boxed{}$$
$$751 \times 4 + 751 = 751 \times \boxed{}$$

어떻게 풀었니?

식을 그림으로 나타내어 보자!

751×2는 751씩 2묶음이고, 여기에 751 한 묶음을 더하면 751씩 3묶음이 돼.

$$751 + 751 + 751 = 751 + 751 + 751$$
$$\underbrace{751 \times 2}\quad + \quad 751 \quad = \quad 751 \times \boxed{3}$$

이와 같이 덧셈 기호 양쪽에 있는 묶음의 수를 세어서 곱셈으로 나타낼 수 있어.

그럼, $751 \times 3 + 751$은 751씩 3묶음에 751 한 묶음을 더한 것과 같으니까 전체 묶음의 수는 $3 + 1 = \boxed{4}$ (개)가 되지.

➡ $751 \times 3 + 751 = \underset{751 \times 3}{\underline{751 + 751 + 751}} + 751 = 751 \times \boxed{4}$

마찬가지로 $751 \times 4 + 751$은 751씩 4묶음에 751 한 묶음을 더한 것과 같으니까 전체 묶음의 수는 $4 + 1 = \boxed{5}$ (개)가 돼.

➡ $751 \times 4 + 751 = \underset{751 \times 4}{\underline{751 + 751 + 751 + 751}} + 751 = 751 \times \boxed{5}$

아~ □ 안에 $\boxed{3}$, $\boxed{4}$, $\boxed{5}$ 을/를 차례로 써넣으면 되는구나!

5 (1) 5, 6, 7　(2) 3, 4, 5

6

규칙에 맞게 빈칸에 알맞은 수를 써넣으세요.

| 3 | 45 | 4 | 60 | 5 | | 6 | |

어떻게 풀었니?

먼저 규칙을 찾아보자!

색칠된 칸에 있는 수들이 1씩 커지고 있으니까 두 칸씩 나눠서 앞의 수와 뒤의 수에 어떤 관계가 있는지 알아보자.

3에서 45로, 4에서 60으로 수가 커졌으니까 앞의 수에 어떤 수를 더하거나 곱해서 뒤의 수가 나오는 규칙이라고 예상할 수 있어.

먼저, 더하는 규칙이라고 예상하면 $3 + \boxed{42} = 45$, $4 + \boxed{56} = 60$이니까 둘 사이에 규칙을 찾을 수 없어.

이번에는 곱하는 규칙이라고 예상하면 $3 \times \boxed{15} = 45$, $4 \times \boxed{15} = 60$이니까 앞의 수에 $\boxed{15}$ 을/를 곱하면 뒤의 수가 나오는 규칙이라는 걸 알 수 있지.

규칙에 따라 5에 $\boxed{15}$ 을/를 곱하면 $\boxed{75}$ 이/가 되고, 6에 $\boxed{15}$ 을/를 곱하면 $\boxed{90}$ 이/가 돼.

아~ 빈칸에 $\boxed{75}$, $\boxed{90}$ 을/를 차례로 써넣으면 되는구나!

7 144, 168　　　**8** 171, 133

9

□ 안에 알맞은 수를 써넣으세요.

$$25 \times 14 = 25 \times \boxed{} \times 7 = \boxed{} \times 7 = \boxed{}$$

어떻게 풀었니?

식을 그림으로 나타내어 보자!

25×14는 25씩 14묶음이고, 이것을 7묶음으로 묶으면 한 묶음에 2묶음씩 돼.

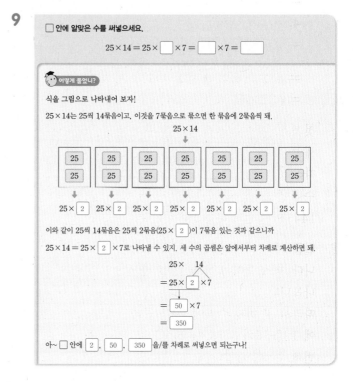

이와 같이 25씩 14묶음은 25씩 2묶음($25 \times \boxed{2}$)이 7묶음 있는 것과 같으니까

$25 \times 14 = 25 \times \boxed{2} \times 7$로 나타낼 수 있지. 세 수의 곱셈은 앞에서부터 차례로 계산하면 돼.

$$25 \times \underset{\swarrow\ \searrow}{14}$$
$$= 25 \times \boxed{2} \times 7$$
$$= \boxed{50} \times 7$$
$$= \boxed{350}$$

아~ □ 안에 $\boxed{2}$, $\boxed{50}$, $\boxed{350}$ 을/를 차례로 써넣으면 되는구나!

10 5, 80, 240

---

2 100이 4개, 10이 1개, 1이 2개인 수는 412, 1이 2개인 수는 2이므로 $412 \times 2 = 824$입니다.

3 100이 2개, 10이 2개, 1이 1개인 수는 221, 1이 4개인 수는 4이므로 $221 \times 4 = 884$입니다.

5 (1) $683 \times 4 + 683$
$= \underset{683 \times 4}{\underline{683 + 683 + 683 + 683}} + 683$
$= 683 \times 5$
$683 \times 5 + 683$
$= \underset{683 \times 5}{\underline{683 + 683 + 683 + 683 + 683}} + 683$
$= 683 \times 6$
$683 \times 6 + 683$
$= \underset{683 \times 6}{\underline{683 + 683 + \cdots + 683}} + 683$
$= 683 \times 7$

(2) $432 \times 4 - 432$

$= \underbrace{432 + 432 + 432 + 432}_{432 \times 4} - 432$

$= 432 + 432 + 432$

$= 432 \times 3$

$432 \times 5 - 432$

$= \underbrace{432 + 432 + 432 + 432 + 432}_{432 \times 5} - 432$

$= 432 + 432 + 432 + 432$

$= 432 \times 4$

$432 \times 6 - 432$

$= \underbrace{432 + 432 + \cdots + 432}_{432 \times 6} - 432$

$= 432 + 432 + 432 + 432 + 432$

$= 432 \times 5$

7 첫 번째 수 4에 24를 곱하면 두 번째 수 96이 나옵니다. 세 번째 수 5에 24를 곱하면 네 번째 수 120이 나옵니다. 따라서 다섯 번째 수 6에 24를 곱하면 144, 일곱 번째 수 7에 24를 곱하면 168이 나오므로 여섯 번째 수는 144, 여덟 번째 수는 168입니다.

8 일곱 번째 수 3에 19를 곱하면 여덟 번째 수 57이 나옵니다. 다섯 번째 수 5에 19를 곱하면 여섯 번째 수 95가 나옵니다.
따라서 첫 번째 수 9에 19를 곱하면 171, 세 번째 수 7에 19를 곱하면 133이 나오므로 두 번째 수는 171, 네 번째 수는 133입니다.

10 $16 \times \overset{\triangle}{15}$

$= \underbrace{16 \times 5}_{} \times 3$

$= 80 \times 3 = 240$

● 쓰기 쉬운 서술형
6쪽

1 7, 125, 7, 875, 875 / 875번

1-1 960번　　　　　　**1-2** 159명

1-3 귤, 14개

2 146, 292, 438, 584, 730, 1, 2, 3, 4, 4 / 4개

2-1 3개　　　　　　**2-2** 6

2-3 30

3 9, 327, 327, 2943 / 2943

3-1 2090

4 6, 5, 53, 52, 53, 3286, 52, 3276, 3286 / 3286

4-1 1175

1-1 예 4월은 30일까지 있으므로
(4월 한 달 동안 한 윗몸 말아 올리기 횟수)
$= 32 \times 30$ ···· ❶
$= 960$(번)
따라서 4월 한 달 동안에는 윗몸 말아 올리기를 모두 960번 했습니다. ···· ❷

단계	문제 해결 과정
①	윗몸 말아 올리기를 모두 몇 번 했는지 구하는 과정을 썼나요?
②	윗몸 말아 올리기를 모두 몇 번 했는지 구했나요?

1-2 예 (운동장에 줄 서 있는 학생 수)
$= 24 \times 13$
$= 312$(명) ···· ❶
따라서 남학생은 $312 - 153 = 159$(명)입니다. ···· ❷

단계	문제 해결 과정
①	운동장에 줄 서 있는 학생 수를 구했나요?
②	남학생 수를 구했나요?

1-3 예 (사과 수) $= 6 \times 27 = 162$(개) ···· ❶
(귤 수) $= 8 \times 22 = 176$(개) ···· ❷
따라서 귤이 사과보다 $176 - 162 = 14$(개) 더 많습니다. ···· ❸

단계	문제 해결 과정
①	사과 수를 구했나요?
②	귤 수를 구했나요?
③	어느 것이 몇 개 더 많은지 구했나요?

2-1 예 $587 \times 9 = 5283$, $587 \times 8 = 4696$,
$587 \times 7 = 4109$, $587 \times 6 = 3522 \cdots$입니다. ···· ❶
따라서 □ 안에 들어갈 수 있는 자연수는 7, 8, 9로 모두 3개입니다. ···· ❷

단계	문제 해결 과정
①	□ 안에 수를 넣어 계산했나요?
②	□ 안에 들어갈 수 있는 자연수는 모두 몇 개인지 구했나요?

2-2 예 43은 40에 가까우므로 $40 \times \Box0$이 2500에 가깝게 되는 □를 찾으면 5, 6, 7입니다. ···· ❶
$43 \times 50 = 2150$, $43 \times 60 = 2580$,
$43 \times 70 = 3010$이므로 □ 안에 들어갈 수 있는 자연수 중에서 가장 작은 수는 6입니다. ···· ❷

단계	문제 해결 과정
①	□의 값을 바르게 예상했나요?
②	□ 안에 들어갈 수 있는 가장 작은 자연수를 구했나요?

2-3 예 $167 \times 5 = 835$이므로 $27 \times \square < 835$입니다. ···· ❶
27은 30에 가까우므로 $30 \times \square$가 835에 가깝게 되는
$\square$의 십의 자리 숫자는 2 또는 3입니다. ···· ❷
$27 \times 29 = 783$, $27 \times 30 = 810$, $27 \times 31 = 837$이
므로 $\square$ 안에 들어갈 수 있는 수 중에서 가장 큰 두 자리
수는 30입니다. ···· ❸

단계	문제 해결 과정
①	167×5를 계산했나요?
②	$\square$ 안에 들어갈 수 있는 수의 십의 자리 숫자를 바르게 예상했나요?
③	$\square$ 안에 들어갈 수 있는 가장 큰 두 자리 수를 구했나요?

3-1 예 어떤 수를 $\square$라고 하면 $\square - 38 = 17$이므로
$\square = 17 + 38 = 55$입니다. ···· ❶
따라서 바르게 계산하면 $55 \times 38 = 2090$입니다. ···· ❷

단계	문제 해결 과정
①	어떤 수를 구했나요?
②	바르게 계산한 값을 구했나요?

4-1 예 십의 자리 계산이 작을수록 곱이 작으므로 곱하는 두
수의 십의 자리에 각각 2와 4를 놓아야 합니다.
➡ 25×47 또는 27×45 ···· ❶
$25 \times 47 = 1175$, $27 \times 45 = 1215$이므로 만들 수 있
는 곱셈식 중에서 가장 작은 곱은 1175입니다. ···· ❷

단계	문제 해결 과정
①	십의 자리 계산이 가장 작은 곱셈식을 구했나요?
②	만들 수 있는 곱셈식 중에서 가장 작은 곱을 구했나요?

1단원 **수행 평가** 12~13쪽

1 324, 2, 648

2 (1) 2718 (2) 476

3
$$
\begin{array}{r}
2\ 9 \\
\times\ 5\ 6 \\
\hline
1\ 7\ 4 \\
1\ 4\ 5\ 0 \\
\hline
1\ 6\ 2\ 4 \\
\end{array}
$$

4 (왼쪽에서부터) 100, 600

5 2052

6 1092쪽

7 68

8 6

9 8, 3, 4, 5312

10 1242

---

1 백 모형은 $3 \times 2 = 6$(개), 십 모형은 $2 \times 2 = 4$(개),
일 모형은 $4 \times 2 = 8$(개)이므로 $324 \times 2 = 648$입니다.

2 (1)
$$
\begin{array}{r}
3\ 1 \\
4\ 5\ 3 \\
\times\quad\ 6 \\
\hline
2\ 7\ 1\ 8 \\
\end{array}
$$
(2)
$$
\begin{array}{r}
5 \\
7 \\
\times\ 6\ 8 \\
\hline
4\ 7\ 6 \\
\end{array}
$$

3 $29 \times 5 = 145$에서 실제로 나타내는 식은
$29 \times 50 = 1450$이므로 자리를 맞추어 써야 합니다.

4 $24 = 4 \times 6$이므로 25×24는 25×4에 6을 곱한 것과
같습니다.
$$25 \times 24 = \underset{\downarrow}{25 \times 4} \times 6$$
$$= 100 \times 6$$
$$= 600$$

5 100이 3개, 10이 4개, 1이 2개인 수는 342, 1이 6개인
수는 6이므로 $342 \times 6 = 2052$입니다.

6 1주일은 7일이므로 3주는 $7 \times 3 = 21$(일)입니다.
따라서 민주가 21일 동안 읽은 동화책은 모두
$52 \times 21 = 1092$(쪽)입니다.

7 $68 \times 26 = \underset{25번}{\underline{68 + 68 + 68 + \cdots + 68}} + 68$
$= \underline{68 \times 25} + 68$

8 $394 \times 5 = 1970$, $394 \times 6 = 2364$이므로 $\square$ 안에 들
어갈 수 있는 수는 6, 7, 8…입니다.
따라서 $\square$ 안에 들어갈 수 있는 자연수 중에서 가장 작은
수는 6입니다.

9 곱을 가장 크게 하려면 십의 자리에 가장 큰 수인 8을 놓
아야 합니다.
$84 \times 63 = 5292$, $83 \times 64 = 5312$이므로 곱이 가장
큰 곱셈식은 $83 \times 64 = 5312$입니다.

서술형
10 예 어떤 수를 $\square$라고 하면 $\square + 27 = 73$이므로
$\square = 73 - 27 = 46$입니다.
따라서 바르게 계산하면 $46 \times 27 = 1242$입니다.

평가 기준	배점
어떤 수를 구했나요?	5점
바르게 계산한 값을 구했나요?	5점

2 나눗셈

➕ 개념 적용

14쪽

1 □ 안에 알맞은 수를 써넣으세요.

$$30 \div 2 = \boxed{}$$
3배 ↓ 3배
$$90 \div 2 = \boxed{}$$

어떻게 풀었니?

나누는 수가 같을 때 나누어지는 수가 3배가 되면 몫은 어떻게 변하는지 알아보자!

$30 \div 2$와 $90 \div 2$를 그림으로 그려 보면 다음과 같아.

$30 \div 2$

$90 \div 2$

한 묶음에 15개

한 묶음에 (15×3)개

이때, 한 묶음에 있는 ●의 수가 나눗셈의 몫이 되니까 $90 \div 2$의 몫은 $30 \div 2$의 몫의 3배가 된다는 걸 알 수 있어.

$30 \div 2$의 몫은 $\boxed{15}$(이)니까 $90 \div 2$의 몫은 $\boxed{15} \times 3 = \boxed{45}$이/가 되지.

아~ □ 안에 $\boxed{15}$, $\boxed{45}$을/를 차례로 써넣으면 되는구나!

2 8, 16

3 그림을 보고 단위에 주의하여 계산해 보세요.

75 cm
...
5 cm   5 cm

$$75\,\text{cm} \div 5\,\text{cm} = \boxed{}\,\text{도막}$$

어떻게 풀었니?

$75\,\text{cm} \div 5$와 $75\,\text{cm} \div 5\,\text{cm}$의 차이를 알아보자!

$75\,\text{cm} \div 5$ → 75 cm인 끈을 5도막으로 나누면 한 도막의 길이는 몇 cm일까?

$75\,\text{cm} \div 5\,\text{cm}$ → 75 cm인 끈을 5 cm씩 자르면 몇 도막이 될까?

나누는 수에 단위가 없을 때와 있을 때 구하려는 것이 완전히 달라지지? 그에 따라 몫에도 알맞은 단위를 붙여야 해.

$75 \div 5 = \boxed{15}$(이)니까 $75\,\text{cm} \div 5$와 $75\,\text{cm} \div 5\,\text{cm}$의 몫은 둘 다 $\boxed{15}$(이)지만 $75\,\text{cm} \div 5$의 몫의 단위는 (cm, 도막)이/가 되고, $75\,\text{cm} \div 5\,\text{cm}$의 몫의 단위는 (cm, 도막)이/가 되지.

아~ $75\,\text{cm} \div 5\,\text{cm} = \boxed{15}$(cm, 도막)이구나!

4 (1) 17 (2) 17

---

5 ●에 알맞은 수를 구해 보세요.

$$● \div 6 = 15 \cdots 5$$

어떻게 풀었니?

주어진 식 $● \div 6 = 15 \cdots 5$의 의미를 알아보자!

주어진 식은 ●를 6으로 나누면 몫이 15가 되고 나머지가 5라는 걸 의미해.

즉, ●를 6씩 묶으면 15묶음이 되고 5가 남는다는 거지.

[6 6 6 6 6]
[6 6 6 6 6] + [5]
[6 6 6 6 6]

6씩 15묶음을 곱셈식으로 나타내면 $6 \times 15 = \boxed{90}$(이)고, 여기에 남은 5를 더하면 $\boxed{90} + 5 = \boxed{95}$이/가 되니까 ●가 $\boxed{95}$(이)야.

즉, 나누는 수 6과 몫 15를 곱한 값에 나머지 5를 더하면 ●가 된다는 걸 알 수 있어.

아~ ●에 알맞은 수는 $\boxed{95}$(이)구나!

6 69   **7** 90

8 122에서 9씩 ■번 뺐더니 5가 남았습니다. ■에 알맞은 수를 구해 보세요.

어떻게 풀었니?

뺄셈식을 나눗셈식으로 바꾸는 방법을 알아보자!

1학기 때 뺄셈식 '$12 - 4 - 4 - 4 = 0$'을 나눗셈식 '$12 \div 4 = 3$'으로 나타낸 것 기억하니?

12에서 4씩 3번 빼면 0이 될 때, 12가 나누어지는 수, 4가 나누는 수, 빼는 횟수 3이 몫이 되었지?

그럼, 122에서 9씩 ■번 뺐더니 5가 남았다는 걸 나눗셈식으로 나타내면 $\boxed{122}$이/가 나누어지는 수, $\boxed{9}$이/가 나누는 수, 빼는 횟수 ■가 몫, 남은 수 5가 나머지가 되니까 $\boxed{122} \div \boxed{9} = ■ \cdots 5$라고 할 수 있어.

나눗셈식을 계산하면 $\boxed{122} \div \boxed{9} = \boxed{13} \cdots 5$가 되지.

아~ ■에 알맞은 수는 $\boxed{13}$(이)구나!

9 22   **10** 25

11 42

---

2 나누는 수가 같을 때 나누어지는 수가 2배가 되면 몫도 2배가 됩니다.

4 (1) 68 cm를 4도막으로 나누면 한 도막의 길이는
$68\,\text{cm} \div 4 = 17\,\text{cm}$입니다.

(2) 68 cm를 4 cm씩 자르면
$68\,\text{cm} \div 4\,\text{cm} = 17$도막이 됩니다.

6 $5 \times 13 = 65$, $65 + 4 = 69$이므로 ◆에 알맞은 수는 69입니다.

7 나머지는 나누는 수보다 항상 작으므로 ●는 7보다 작습니다. 따라서 가장 큰 수인 ●는 6이고, $7 \times 12 = 84$, $84 + 6 = 90$이므로 ★에 알맞은 수는 90입니다.

9 $\underbrace{136 - 6 - 6 - 6 - \cdots - 6}_{\text{▲번}} = 4$

➡ $136 \div 6 = 22 \cdots 4$이므로 ▲에 알맞은 수는 22입니다.

10 $205 - 8 - 8 - 8 - \cdots - 8 = 5$
　　　　　　⎣___●번___⎦

➡ $205 \div 8 = 25 \cdots 5$이므로 ●에 알맞은 수는 25입니다.

11 $641 - 3 - 3 - 3 - \cdots - 3 = 2$
　　　　　　⎣___■번___⎦

➡ $641 \div 3 = 213 \cdots 2$이므로 ■에 알맞은 수는 213입니다.

$213 - 5 - 5 - 5 - \cdots - 5 = 3$
　　　　⎣___▲번___⎦

➡ $213 \div 5 = 42 \cdots 3$이므로 ▲에 알맞은 수는 42입니다.

● 쓰기 쉬운 서술형　　18쪽

1 6, 60, 60, 15 / 15개

1-1 14쪽　　　　　　**1-2** 45개, 2개

1-3 15개

2 4, 4, 2, 72, 72, 78, 2, 8 / 2, 8

2-1 1, 4, 7

3 17, 3, 17, 68, 68, 71, 71 / 71

3-1 161　　　　　　**3-2** 89

3-3 8

4 크게에 ○표, 작게에 ○표, 86, 3, 86, 3, 28, 2, 28, 2 / 28, 2

4-1 17, 6

1-1 예 (하루에 푼 수학 문제집의 쪽수) $= 84 \div 6$ ····· ❶
　　　　　　　　　　　　　　　　$= 14$(쪽)
따라서 하루에 14쪽씩 풀었습니다. ····· ❷

단계	문제 해결 과정
①	하루에 몇 쪽씩 풀었는지 구하는 과정을 썼나요?
②	하루에 몇 쪽씩 풀었는지 구했나요?

1-2 예 (전체 귤의 수) ÷ (나누어 담을 상자 수)
　　　　　$= 362 \div 8$ ····· ❶
　　　　　$= 45 \cdots 2$
따라서 한 상자에 귤을 45개씩 담을 수 있고 2개가 남습니다. ····· ❷

단계	문제 해결 과정
①	한 상자에 담을 수 있는 귤의 수와 남는 귤의 수를 구하는 과정을 썼나요?
②	한 상자에 담을 수 있는 귤의 수와 남는 귤의 수를 구했나요?

1-3 예 (전체 구슬의 수) ÷ (한 봉지에 담을 수 있는 구슬의 수)
　　　　$= 130 \div 9$ ····· ❶
　　　　$= 14 \cdots 4$
남는 구슬 4개도 담아야 합니다. 따라서 봉지는 적어도 $14 + 1 = 15$(개) 필요합니다. ····· ❷

단계	문제 해결 과정
①	필요한 봉지 수를 구하는 과정을 썼나요?
②	필요한 봉지 수를 구했나요?

2-1 예 ♥ $= 0$이라고 하면 $50 \div 3 = 16 \cdots 2$에서 나머지가 2이므로 50보다 1 큰 수인 51은 3으로 나누어떨어집니다. ····· ❶
또, 51보다 3 큰 수인 54, 54보다 3 큰 수인 57도 3으로 나누어떨어집니다.
따라서 ♥에 알맞은 수는 1, 4, 7입니다. ····· ❷

단계	문제 해결 과정
①	가장 작은 ♥의 값을 구했나요?
②	♥에 알맞은 수를 모두 구했나요?

3-1 예 어떤 수를 □라고 하여 나눗셈식으로 나타내면 $□ \div 7 = 23$입니다. ····· ❶
따라서 $7 \times 23 = 161$이므로 어떤 수는 161입니다. ····· ❷

단계	문제 해결 과정
①	어떤 수를 □라고 하여 나눗셈식으로 나타내었나요?
②	어떤 수를 구했나요?

3-2 예 어떤 수를 □라고 하여 나눗셈식으로 나타내면 $□ \div 6 = 14 \cdots 5$입니다. ····· ❶
따라서 $6 \times 14 = 84$ ➡ $84 + 5 = 89$이므로 어떤 수는 89입니다. ····· ❷

단계	문제 해결 과정
①	어떤 수를 □라고 하여 나눗셈식으로 나타내었나요?
②	어떤 수를 구했나요?

3-3 예 어떤 수를 □라고 하여 나눗셈식으로 나타내면 $98 \div □ = 12 \cdots 2$입니다. ····· ❶
따라서 $□ \times 12 = 98 - 2$, $□ \times 12 = 96$에서 $8 \times 12 = 96$이므로 어떤 수는 8입니다. ····· ❷

단계	문제 해결 과정
①	어떤 수를 □라고 하여 나눗셈식으로 나타내었나요?
②	어떤 수를 구했나요?

4-1 예 몫이 가장 작은 나눗셈식을 만들려면 나누어지는 수는 작게, 나누는 수는 크게 해야 합니다.

➡ $125 \div 7$ ···· **❶**

따라서 $125 \div 7 = 17 \cdots 6$이므로 몫은 17, 나머지는 6 입니다. ···· **❷**

단계	문제 해결 과정
①	몫이 가장 작은 나눗셈식을 구했나요?
②	몫과 나머지를 구했나요?

2단원 수행 평가

24~25쪽

1 60, 2, 30

2 (1) 14 (2) 45

3 13, 5 / 13, 78, 78, 5, 83

4 ②, ⑤

5 (왼쪽에서부터) 70, 35

6 ⓒ

7 2, 30, 32

8 16개, 2개

9 143

10 291, 1

1 십 모형 6개를 2묶음으로 똑같이 나누면 한 묶음에 3개 씩입니다.

➡ $60 \div 2 = 30$

2 (1)
```
      1 4
   4) 5 6
      4
      1 6
      1 6
        0
```
(2)
```
      4 5
   7) 3 1 5
      2 8
        3 5
        3 5
          0
```

3
```
      1 3
   6) 8 3
      6
      2 3
      1 8
        5
```

나누는 수와 몫을 곱한 값에 나머지를 더하면 나누어지는 수가 되어야 합니다.

4 나머지는 나누는 수보다 항상 작아야 하므로 나머지가 5가 되려면 나누는 수는 5보다 커야 합니다.

5 $8 = 4 \times 2$이므로 $280 \div 8$은 280을 4로 나눈 후 그 몫을 2로 나눈 것과 같습니다.

$$280 \div 8 = \underline{280 \div 4} \div 2$$
$$= 70 \div 2$$
$$= 35$$

6 ⊙ $80 \div 6 = 13 \cdots \underline{2}$

ⓒ $147 \div 4 = 36 \cdots \underline{3}$

ⓒ $241 \div 8 = 30 \cdots \underline{1}$

나머지를 비교하면 $3 > 2 > 1$이므로 나머지가 가장 큰 것은 ⓒ $147 \div 4$입니다.

7 288은 18과 270의 합이므로 $288 \div 9$는 $18 \div 9$와 $270 \div 9$의 합과 같습니다.

8 $130 \div 8 = 16 \cdots 2$이므로 한 봉지에 16개씩 담을 수 있고 2개가 남습니다.

9 나머지는 나누는 수보다 항상 작으므로 ♥는 6보다 작습니다.

따라서 가장 큰 수인 ♥는 5이고, $6 \times 23 = 138$, $138 + 5 = 143$이므로 ◆에 알맞은 수는 143입니다.

서술형
10 예 몫이 가장 큰 나눗셈식을 만들려면 나누어지는 수는 크게, 나누는 수는 작게 해야 합니다. ➡ $874 \div 3$

따라서 $874 \div 3 = 291 \cdots 1$이므로 몫은 291, 나머지는 1입니다.

평가 기준	배점
몫이 가장 큰 나눗셈식을 구했나요?	5점
몫과 나머지를 구했나요?	5점

정답과 풀이 **49**

3 원

➕ 개념 적용
26쪽

1 반지름이 5 cm인 원입니다. 원의 중심 ○과 원 위의 두 점을 이어 그린 삼각형의 세 변의 길이의 합은 몇 cm인지 구해 보세요.

😊 어떻게 풀었니?

삼각형의 세 변의 길이를 각각 구해 보자!

원의 중심과 원 위의 한 점을 이은 선분을 $\boxed{반지름}$ (이)라고 해.

선분 $\boxed{ㅇㄱ}$ 과 선분 $\boxed{ㅇㄴ}$ 은 반지름이니까 길이는 $\boxed{5}$ cm지.

그림에서 선분 ㄱㄴ의 길이가 $\boxed{7}$ cm로 주어졌으니까

삼각형의 세 변의 길이는 $\boxed{5}$ cm, $\boxed{5}$ cm, $\boxed{7}$ cm야.

아~ 삼각형의 세 변의 길이의 합은 $\boxed{5} + \boxed{5} + \boxed{7} = \boxed{17}$ (cm)구나!

2 26 cm

3 7 cm

4 점 ㄱ, 점 ㄴ은 원의 중심입니다. 선분 ㄱㄴ의 길이는 몇 cm인지 구해 보세요.

😊 어떻게 풀었니?

선분 ㄱㄴ은 작은 원의 반지름이네. 작은 원의 반지름을 구하기 위해 작은 원의 지름을 구해 보자!

한 원에서 지름은 반지름의 $\boxed{2}$ 배라는 거 알고 있니?

작은 원의 지름은 큰 원의 반지름과 같고, 큰 원의 지름이 12 cm니까

(큰 원의 반지름) = (작은 원의 지름) = $12 \div \boxed{2} = \boxed{6}$ (cm)야.

그럼, 작은 원의 반지름은 $\boxed{6} \div 2 = \boxed{3}$ (cm)가 되지.

아~ 선분 ㄱㄴ의 길이는 $\boxed{3}$ cm구나!

5 20 cm

6 4 cm

7 주어진 선분의 길이를 반지름으로 하는 원을 그려 보세요.

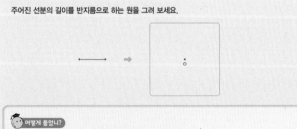

😊 어떻게 풀었니?

컴퍼스로 원을 그리기 위해 컴퍼스를 얼마만큼 벌려야 하는지 알아보자!

컴퍼스로 원을 그릴 때, 컴퍼스를 그리려는 원의 반지름만큼 벌려야 하니까

주어진 선분의 길이만큼 컴퍼스를 벌리면 돼.

자로 선분의 길이를 재어 보면 $\boxed{1.5}$ cm니까 컴퍼스를 $\boxed{1.5}$ cm만큼 벌린 다음 컴퍼스의 침을 점 ○에 꽂고 원을 그리면 되지.

선분의 길이를 꼭 자로 재어서 그려야 하는 건 아니야. 만약 자가 없다면 컴퍼스를 직접 선분의 길이만큼 벌려서 그릴 수도 있어.

선분의 한쪽 끝에 컴퍼스의 침을 꽂고, 다른 쪽 끝까지 컴퍼스를 벌리면 돼.

아~ 주어진 선분의 길이를 반지름으로 하는 원을 그리면 오른쪽과 같이 되는구나!

8

9 규칙에 따라 원을 1개 더 그려 보세요.

😊 어떻게 풀었니?

원을 그린 규칙을 살펴보자!

원을 그린 규칙을 찾을 때에는 원의 중심이 움직였는지, 원의 반지름이나 지름이 변했는지 알아보면 돼.

먼저 원의 중심의 규칙을 찾아보면 원의 중심이 왼쪽으로 $\boxed{1}$ 칸씩 옮겨 가고 있어.

이번에는 원의 반지름의 규칙을 찾아보면 반지름이 $\boxed{1}$ 칸씩 늘어나고 있지.

그러니까 마지막 원에서 원의 중심을 왼쪽으로 $\boxed{1}$ 칸 옮기고 반지름이 $\boxed{4}$ 칸인 원을 그리면 돼.

아~ 규칙에 따라 원을 1개 더 그리면 오른쪽과 같이 되는구나!

10

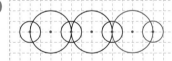

2 삼각형의 세 변의 길이의 합은 반지름 2개의 길이와 10 cm를 합한 길이입니다.

➡ $8 + 8 + 10 = 26$ (cm)

3 삼각형의 세 변의 길이의 합은 반지름 2개의 길이와 4 cm를 합한 길이입니다.

원의 반지름을 □ cm라고 하면

$\square + \square + 4 = 18$, $\square + \square = 18 - 4$,

$\square + \square = 14$이므로 $\square = 7$입니다.

5 큰 원의 반지름은 작은 원의 지름과 같으므로

$5 \times 2 = 10$ (cm)입니다.

따라서 큰 원의 지름은 $10 \times 2 = 20$ (cm)입니다.

6 작은 원의 지름은 큰 원의 반지름과 같으므로
$16 \div 2 = 8$(cm)입니다.
따라서 작은 원의 반지름은 $8 \div 2 = 4$(cm)입니다.

8 원의 반지름 1 cm만큼 컴퍼스를 벌린 다음 원의 중심이
될 점에 컴퍼스의 침을 꽂고 원을 그립니다.

10 원의 중심이 오른쪽으로 2칸씩 옮겨 가고 원의 반지름이
1칸인 원과 2칸인 원이 번갈아 놓이는 규칙입니다.

✑ 쓰기 쉬운 서술형　　　　30쪽

1 10, 12, ㉣ / ㉣

1-1 ㉠

2 , 4, , 3, 지호 / 지호

2-1 선우

3 9, 18, 6, 12, 18, 12, 30 / 30 cm

3-1 28 cm　　　　**3-2** 10 cm

3-3 48 cm

4 반지름에 ○표, 9, 9, 9, 9, 27 / 27 cm

4-1 44 cm　　　　**4-2** 32 cm

4-3 14 cm

1-1 ⑩ 원의 지름을 각각 구해 보면
㉠ 5 cm, ㉡ 8 cm, ㉢ 6 cm, ㉣ 6 cm입니다. ···· ❶
따라서 가장 작은 원은 ㉠입니다. ···· ❷

단계	문제 해결 과정
①	원의 지름을 각각 구했나요?
②	가장 작은 원을 찾았나요?

2-1 ⑩ 컴퍼스의 침을 꽂아야 할 곳에 표시하고 세어 보면

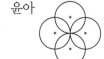
윤아

선우:

➡ 4군데, ➡ 5군데
입니다. ···· ❶

따라서 컴퍼스의 침을 꽂아야 할 곳이 더 많은 사람은
선우입니다. ···· ❷

단계	문제 해결 과정
①	컴퍼스의 침을 꽂아야 할 곳은 몇 군데인지 각각 구했나요?
②	컴퍼스의 침을 꽂아야 할 곳이 더 많은 사람을 찾았나요?

3-1 ⑩ (가운데 원의 지름) $= 8 \times 2 = 16$(cm) ···· ❶
따라서 선분 ㄱㄷ의 길이는 왼쪽 원의 반지름, 가운데
원의 지름, 오른쪽 원의 반지름의 합과 같으므로
$7 + 16 + 5 = 28$(cm)입니다. ···· ❷

단계	문제 해결 과정
①	가운데 원의 지름을 구했나요?
②	선분 ㄱㄷ의 길이를 구했나요?

3-2 ⑩ 원의 지름이 4 cm이므로 원의 반지름은
$4 \div 2 = 2$(cm)입니다. ···· ❶
따라서 선분 ㄱㄴ의 길이는 원의 반지름의 5배이므로
$2 \times 5 = 10$(cm)입니다. ···· ❷

단계	문제 해결 과정
①	원의 반지름을 구했나요?
②	선분 ㄱㄴ의 길이를 구했나요?

3-3 ⑩ 직사각형의 가로는 원의 반지름의 6배이므로
$3 \times 6 = 18$(cm)이고,
세로는 원의 반지름의 2배이므로 $3 \times 2 = 6$(cm)입니
다. ···· ❶
따라서 직사각형의 네 변의 길이의 합은
$18 + 6 + 18 + 6 = 48$(cm)입니다. ···· ❷

단계	문제 해결 과정
①	직사각형의 가로와 세로의 길이를 구했나요?
②	직사각형의 네 변의 길이의 합을 구했나요?

4-1 ⑩ 변 ㄱㄴ, 변 ㄴㄷ, 변 ㄷㄹ, 변 ㄹㄱ은 모두 원의 반지
름이므로 11 cm입니다. ···· ❶
따라서 사각형 ㄱㄴㄷㄹ의 네 변의 길이의 합은
$11 + 11 + 11 + 11 = 44$(cm)입니다. ···· ❷

단계	문제 해결 과정
①	사각형 ㄱㄴㄷㄹ의 네 변의 길이를 구했나요?
②	사각형 ㄱㄴㄷㄹ의 네 변의 길이의 합을 구했나요?

4-2 예 변 ㄱㄴ, 변 ㄴㄷ은 큰 원의 반지름이므로 10 cm이고, 변 ㄷㄹ, 변 ㄹㄱ은 작은 원의 반지름이므로 6 cm입니다. ---- ❶
따라서 사각형 ㄱㄴㄷㄹ의 네 변의 길이의 합은
$10 + 10 + 6 + 6 = 32$(cm)입니다. ---- ❷

단계	문제 해결 과정
①	사각형 ㄱㄴㄷㄹ의 네 변의 길이를 구했나요?
②	사각형 ㄱㄴㄷㄹ의 네 변의 길이의 합을 구했나요?

4-3 예 (변 ㄱㄴ) = (큰 원의 반지름) = 5 cm,
(변 ㄷㄱ) = (작은 원의 반지름) = 3 cm,
(변 ㄴㄷ) = (두 원의 반지름의 합)
$\qquad\qquad$ − (겹쳐진 부분의 길이)
$\qquad\quad = 5 + 3 - 2 = 6$(cm) ---- ❶
따라서 삼각형 ㄱㄴㄷ의 세 변의 길이의 합은
$5 + 6 + 3 = 14$(cm)입니다. ---- ❷

단계	문제 해결 과정
①	삼각형 ㄱㄴㄷ의 세 변의 길이를 구했나요?
②	삼각형 ㄱㄴㄷ의 세 변의 길이의 합을 구했나요?

3단원 수행 평가 36~37쪽

1 점 ㄷ **2** 선분 ㄱㄹ, 선분 ㄴㅁ

3 14 **4** 8 cm

5 ㉣ **6** 5군데

7
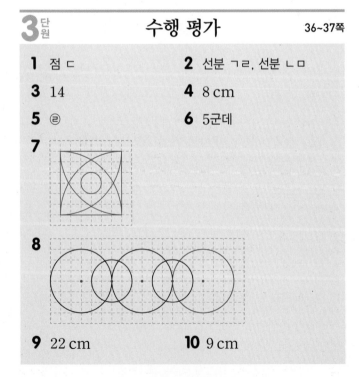

8

9 22 cm **10** 9 cm

1 원을 그릴 때 누름 못이 꽂혔던 곳을 원의 중심이라고 합니다.

2 원 위의 두 점을 이은 선분이 원의 중심 ㅇ을 지날 때, 이 선분을 원의 지름이라고 합니다.

3 원의 지름은 반지름의 2배입니다.
➡ $7 \times 2 = 14$(cm)

4 그린 원의 지름이 16 cm이므로 반지름은
$16 \div 2 = 8$(cm)입니다.

5 원의 지름을 각각 구해 보면
㉠ $4 \times 2 = 8$(cm), ㉡ 7 cm,
㉢ 9 cm, ㉣ $5 \times 2 = 10$(cm)입니다.
따라서 가장 큰 원은 ㉣입니다.

6
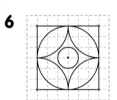

원의 중심이 되는 곳을 찾아보면 5군데입니다.

8 원의 중심이 오른쪽으로 3칸씩 옮겨 가고 반지름이 3칸인 원과 2칸인 원이 번갈아 놓이는 규칙입니다.

9 원의 반지름을 □cm라고 하면
$□ + □ + 8 = 30$, $□ + □ = 30 - 8$,
$□ + □ = 22$입니다.
$11 + 11 = 22$이므로 $□ = 11$입니다.
따라서 원의 지름은 $11 \times 2 = 22$(cm)입니다.

서술형
10 예 작은 원의 지름이 6 cm이므로 작은 원의 반지름은
$6 \div 2 = 3$(cm)입니다.
따라서 선분 ㄱㄴ의 길이는 작은 원의 반지름의 3배이므로 $3 \times 3 = 9$(cm)입니다.

평가 기준	배점
작은 원의 반지름을 구했나요?	5점
선분 ㄱㄴ의 길이를 구했나요?	5점

4 분수

➕ 개념 적용
38쪽

1 풍선을 3개씩 묶고 □ 안에 알맞은 수를 써넣으세요.

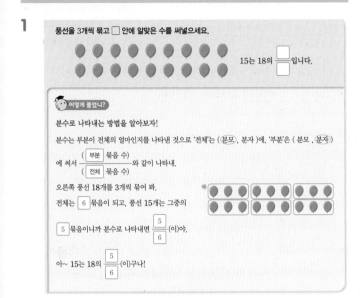

15는 18의 □/□ 입니다.

어떻게 풀었니?

분수로 나타내는 방법을 알아보자!

분수는 부분이 전체의 얼마인지를 나타낸 것으로 '전체'는 (분모 , 분자)에, '부분'은 (분모 , 분자)

에 써서 ─(부분 묶음 수)/(전체 묶음 수)─ 와 같이 나타내.

오른쪽 풍선 18개를 3개씩 묶어 봐.

전체는 6 묶음이 되고, 풍선 15개는 그중의

5 묶음이니까 분수로 나타내면 5/6 (이)야.

아~ 15는 18의 5/6 (이)구나!

2 (1) **예** 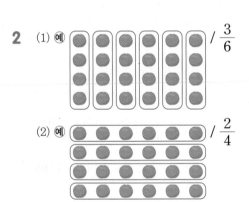 / $\frac{3}{6}$

(2) **예** / $\frac{2}{4}$

3 □ 에 알맞은 수를 구해 보세요.

◆의 $\frac{1}{7}$ 은 9입니다.

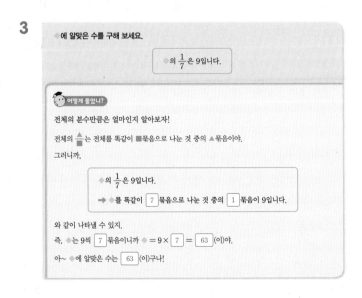

어떻게 풀었니?

전체의 분수만큼은 얼마인지 알아보자!

전체의 ▲/■ 는 전체를 똑같이 ■묶음으로 나눈 것 중의 ▲묶음이야.

그러니까,

◆의 $\frac{1}{7}$ 은 9입니다.

➡ ◆를 똑같이 7 묶음으로 나눈 것 중의 1 묶음이 9입니다.

와 같이 나타낼 수 있지.

즉, ◆는 9씩 7 묶음이니까 ◆ = 9 × 7 = 63 (이)야.

아~ ◆에 알맞은 수는 63 (이)구나!

4 56 **5** 12

6 수직선 위에 표시된 빨간색 화살표가 나타내는 분수가 얼마인지 대분수와 가분수로 나타내어 보세요.

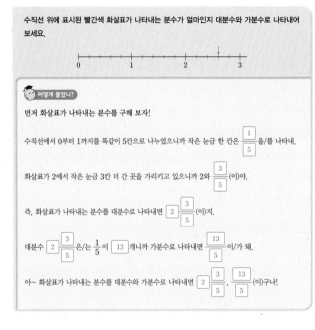

어떻게 풀었니?

먼저 화살표가 나타내는 분수를 구해 보자!

수직선에서 0부터 1까지를 똑같이 5칸으로 나누었으니까 작은 눈금 한 칸은 1/5 을/를 나타내.

화살표가 2에서 작은 눈금 3칸 더 간 곳을 가리키고 있으니까 2와 3/5 (이)야.

즉, 화살표가 나타내는 분수를 대분수로 나타내면 2 3/5 (이)지.

대분수 2 3/5 은/는 1/5 이 13 개니까 가분수로 나타내면 13/5 이/가 돼.

아~ 화살표가 나타내는 분수를 대분수와 가분수로 나타내면 2 3/5 , 13/5 (이)구나!

7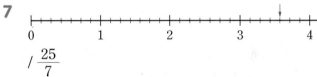

/ $\frac{25}{7}$

8 □ 안에 들어갈 수 있는 가장 큰 자연수를 구해 보세요.

$2\frac{\square}{6} < \frac{17}{6}$

어떻게 풀었니?

분모가 같은 대분수와 가분수의 크기를 비교하는 방법을 알아보자!

대분수와 가분수는 나타낸 형태가 다르니까 모두 가분수로 나타내거나 모두 대분수로 나타내어 비교해야 해.

여기서는 대분수의 분자를 모르니까 가분수를 대분수로 나타내어 비교해 봐.

$\frac{17}{6}$ 에서 $\frac{12}{6}$ 는 자연수 2 (으)로 나타내고 나머지 5/6 을/를 진분수로 하여 대분수로 나타내

면 2 5/6 (이)야. 즉,

$2\frac{\square}{6} < \frac{17}{6}$ ➡ $2\frac{\square}{6} < 2\frac{5}{6}$

에서 분자의 크기를 비교하면 □ < 5 (이)라는 걸 알 수 있어.

아~ □ 안에 들어갈 수 있는 가장 큰 자연수는 4 (이)구나!

9 24 **10** 8개

---

2 (1) 24를 4씩 묶으면 12는 6묶음 중의 3묶음이므로

24의 $\frac{3}{6}$ 입니다.

(2) 24를 6씩 묶으면 12는 4묶음 중의 2묶음이므로

24의 $\frac{2}{4}$ 입니다.

4 ♥를 똑같이 8묶음으로 나눈 것 중의 3묶음이 21이므로

1묶음은 21 ÷ 3 = 7입니다.

따라서 ♥ = 7 × 8 = 56입니다.

5 ★을 똑같이 6묶음으로 나눈 것 중의 1묶음이 8이므로 ★ $= 8 \times 6 = 48$입니다.

따라서 48의 $\frac{1}{4}$은 48을 똑같이 4묶음으로 나눈 것 중의 1묶음이므로 12입니다.

7 작은 눈금 한 칸의 크기가 $\frac{1}{7}$이므로 $3\frac{4}{7}$는 3에서 작은 눈금 4칸 더 간 곳을 가리킵니다.

$3\frac{4}{7}$에서 자연수 3을 가분수 $\frac{21}{7}$로 나타내면 $\frac{1}{7}$이 25개이므로 $3\frac{4}{7} = \frac{25}{7}$입니다.

9 $4\frac{3}{5} = \frac{23}{5}$이므로 $\frac{23}{5} < \frac{\square}{5}$에서 $\square > 23$입니다.

따라서 $\square$ 안에 들어갈 수 있는 가장 작은 자연수는 24입니다.

10 $3\frac{2}{9} = \frac{29}{9}$이므로 $\frac{20}{9} < \frac{\square}{9} < \frac{29}{9}$에서 $20 < \square < 29$입니다.

따라서 $\square$ 안에 들어갈 수 있는 자연수는 21, 22, 23…28로 모두 8개입니다.

✎ 쓰기 쉬운 서술형　　　　42쪽

1 9, 4, 12, 27, 12, 15 / 15개

1-1 35 cm　　　　**1-2** 24장

1-3 20쪽

2 13, 12, 11, 7, 12, $\frac{7}{12}$ / $\frac{7}{12}$

2-1 $\frac{14}{8}$

3 4, 4, 4, 20, 15 / 15　　**3-1** 14

4 9, <, 9, 민지 / 민지

4-1 예진　　　　**4-2** 서점

4-3 경하, 유성, 민호

1-1 예 56 cm의 $\frac{3}{8}$은 56 cm를 똑같이 8로 나눈 것 중의 3이므로 사용한 리본 끈은 21 cm입니다. ···· ❶

따라서 남은 리본 끈은 $56 - 21 = 35$(cm)입니다. ···· ❷

단계	문제 해결 과정
①	사용한 리본 끈의 길이를 구했나요?
②	남은 리본 끈의 길이를 구했나요?

1-2 예 42장의 $\frac{1}{7}$은 42장을 똑같이 7묶음으로 나눈 것 중의 1묶음이므로 윤아에게 준 색종이는 6장입니다. ···· ❶

42장의 $\frac{2}{7}$는 42장을 똑같이 7묶음으로 나눈 것 중의 2묶음이므로 지후에게 준 색종이는 12장입니다. ···· ❷

따라서 남은 색종이는 $42 - 6 - 12 = 24$(장)입니다. ···· ❸

단계	문제 해결 과정
①	윤아에게 준 색종이의 수를 구했나요?
②	지후에게 준 색종이의 수를 구했나요?
③	남은 색종이의 수를 구했나요?

1-3 예 54쪽의 $\frac{2}{6}$는 54쪽을 똑같이 6으로 나눈 것 중의 2이므로 어제 읽은 동화책은 18쪽입니다. ···· ❶

어제 읽고 남은 동화책은 $54 - 18 = 36$(쪽)입니다. ···· ❷

따라서 36쪽의 $\frac{5}{9}$는 36쪽을 똑같이 9로 나눈 것 중의 5이므로 오늘 읽은 동화책은 20쪽입니다. ···· ❸

단계	문제 해결 과정
①	어제 읽은 동화책의 쪽수를 구했나요?
②	어제 읽고 남은 동화책의 쪽수를 구했나요?
③	오늘 읽은 동화책의 쪽수를 구했나요?

2-1 예 합이 22가 되는 두 수를 알아보면

22	…	5	6	7	8	…
	…	17	16	15	14	…

➡ 차가 6인 두 수는 8과 14입니다. ···· ❶

따라서 조건을 만족하는 분수는 가분수이므로 $\frac{14}{8}$입니다. ···· ❷

단계	문제 해결 과정
①	합이 22이고 차가 6인 두 수를 구했나요?
②	조건을 만족하는 분수를 구했나요?

3-1 예 어떤 수의 $\frac{3}{7}$이 27이므로 어떤 수의 $\frac{1}{7}$은 9입니다.

어떤 수를 똑같이 7묶음으로 나눈 것 중의 1묶음이 9이므로 어떤 수는 $9 \times 7 = 63$입니다. ···· ❶

따라서 어떤 수의 $\frac{2}{9}$는 14입니다. ···· ❷

단계	문제 해결 과정
①	어떤 수를 구했나요?
②	어떤 수의 $\frac{2}{9}$는 얼마인지 구했나요?

4-1 예 예진이가 마신 우유의 양을 대분수로 나타내면

$\dfrac{13}{8} = 1\dfrac{5}{8}$(L)입니다. ···· **❶**

따라서 $1\dfrac{3}{8} < 1\dfrac{5}{8}$이므로 예진이가 우유를 더 많이 마셨습니다. ···· **❷**

단계	문제 해결 과정
①	예진이가 마신 우유의 양을 대분수로 나타내었나요?
②	누가 우유를 더 많이 마셨는지 구했나요?

4-2 예 학교에서 은행까지의 거리를 가분수로 나타내면

$2\dfrac{2}{7} = \dfrac{16}{7}$(km)입니다. ···· **❶**

따라서 $\dfrac{15}{7} < \dfrac{16}{7} < \dfrac{20}{7}$이므로 학교에서 가장 가까운 곳은 서점입니다. ···· **❷**

단계	문제 해결 과정
①	학교에서 은행까지의 거리를 가분수로 나타내었나요?
②	학교에서 가장 가까운 곳은 어디인지 구했나요?

4-3 예 유성이가 피아노 연습을 한 시간을 대분수로 나타내면 $\dfrac{9}{6} = 1\dfrac{3}{6}$(시간)입니다. ···· **❶**

따라서 $1\dfrac{4}{6} > 1\dfrac{3}{6} > 1\dfrac{1}{6}$이므로 피아노 연습을 많이 한 사람부터 차례로 쓰면 경하, 유성, 민호입니다. ···· **❷**

단계	문제 해결 과정
①	유성이가 피아노 연습을 한 시간을 대분수로 나타내었나요?
②	피아노 연습을 많이 한 사람부터 차례로 썼나요?

4단원 수행 평가

48~49쪽

1 예 / $\dfrac{2}{5}$

2 12

3 $\dfrac{15}{9}$, $\dfrac{4}{4}$, $\dfrac{13}{11}$에 ○표

4 (1) 60　(2) 50

5 (1) $3\dfrac{5}{8}$　(2) $\dfrac{31}{4}$

6 >

7 진우

8 40

9 6개

10 20자루

---

1 15를 3씩 묶으면 5묶음이고 6은 전체 5묶음 중의 2묶음이므로 15의 $\dfrac{2}{5}$입니다.

2 28의 $\dfrac{3}{7}$은 28을 똑같이 7묶음으로 나눈 것 중의 3묶음이므로 12입니다.

3 가분수는 분자가 분모와 같거나 분모보다 큰 분수이므로 $\dfrac{15}{9}$, $\dfrac{4}{4}$, $\dfrac{13}{11}$입니다.

4 (1) 1 m의 $\dfrac{3}{5}$은 1 m = 100 cm를 똑같이 5로 나눈 것 중의 3이므로 60 cm입니다.

(2) 1시간의 $\dfrac{5}{6}$는 1시간 = 60분을 똑같이 6으로 나눈 것 중의 5이므로 50분입니다.

5 (1) $\dfrac{29}{8}$는 $\dfrac{24}{8}(=3)$와 $\dfrac{5}{8}$이므로 $3\dfrac{5}{8}$입니다.

(2) $7\dfrac{3}{4}$은 $7(=\dfrac{28}{4})$과 $\dfrac{3}{4}$이므로 $\dfrac{31}{4}$입니다.

6 $3\dfrac{7}{9} = \dfrac{34}{9}$이므로 $\dfrac{35}{9} > 3\dfrac{7}{9}$입니다.

7 진우가 도서관에 있었던 시간은 $\dfrac{7}{4} = 1\dfrac{3}{4}$(시간)입니다.

따라서 $1\dfrac{3}{4} > 1\dfrac{2}{4} > 1\dfrac{1}{4}$이므로 도서관에 가장 오래 있었던 사람은 진우입니다.

8 어떤 수를 똑같이 8묶음으로 나눈 것 중의 7묶음이 35이므로 8묶음으로 나눈 것 중의 1묶음은 35÷7 = 5입니다.
따라서 어떤 수는 5×8 = 40입니다.

9 · 분모가 3인 가분수: $\dfrac{5}{3}$, $\dfrac{7}{3}$, $\dfrac{8}{3}$

· 분모가 5인 가분수: $\dfrac{7}{5}$, $\dfrac{8}{5}$

· 분모가 7인 가분수: $\dfrac{8}{7}$

따라서 만들 수 있는 가분수는 모두 6개입니다.

서술형
10 예 35자루의 $\dfrac{3}{7}$은 35자루를 똑같이 7묶음으로 나눈 것 중의 3묶음이므로 나누어 준 연필은 15자루입니다.
따라서 남은 연필은 35 − 15 = 20(자루)입니다.

평가 기준	배점
친구들에게 나누어 준 연필 수를 구했나요?	5점
남은 연필 수를 구했나요?	5점

5 들이와 무게

⊕ 개념 적용
50쪽

1 같은 주전자에 물을 가득 채우려면 가 컵으로 3번, 나 컵으로 6번 물을 부어야 합니다. 바르게 말한 사람은 누구인지 이름을 써 보세요.

> 지윤: 가 컵과 나 컵 중 들이가 더 많은 컵은 가 컵이야.
> 유진: 나 컵의 들이는 가 컵의 들이의 2배야.

어떻게 풀었니?

주전자와 가 컵, 나 컵의 들이를 비교해 보자!

주전자에 물을 가득 채울 때 가 컵으로 3번 부어야 하니까

(주전자의 들이) = (가 컵 [3] 개의 들이)

이고, 나 컵으로 6번 부어야 하니까

(주전자의 들이) = (나 컵 [6] 개의 들이)

이지. 즉, (주전자의 들이) = (가 컵 [3] 개의 들이) = (나 컵 [6] 개의 들이)니까 그림으로 그려 보면 다음과 같아.

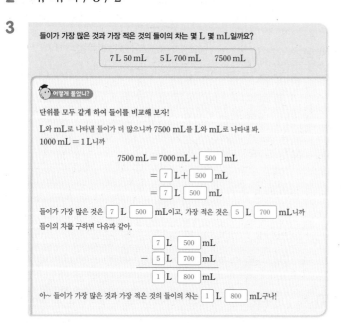

그림을 보면 가 컵과 나 컵 중 들이가 더 많은 컵은 [가] 컵이고, [가] 컵의 들이는 [나] 컵의 들이의 2배라는 걸 알 수 있지.

아~ 바르게 말한 사람은 [지윤] 이구나!

2 가, 다, 나 / 3 / 2

3 들이가 가장 많은 것과 가장 적은 것의 들이의 차는 몇 L 몇 mL일까요?

> 7 L 50 mL   5 L 700 mL   7500 mL

어떻게 풀었니?

단위를 모두 같게 하여 들이를 비교해 보자!

L와 mL로 나타낸 들이가 더 많으니까 7500 mL를 L와 mL로 나타내 봐.
1000 mL = 1 L니까

$$7500 \text{ mL} = 7000 \text{ mL} + \boxed{500} \text{ mL}$$
$$= \boxed{7} \text{ L} + \boxed{500} \text{ mL}$$
$$= \boxed{7} \text{ L} \ \boxed{500} \text{ mL}$$

들이가 가장 많은 것은 [7] L [500] mL이고, 가장 적은 것은 [5] L [700] mL니까 들이의 차를 구하면 다음과 같아.

$$\begin{array}{r} \boxed{7} \text{ L} \ \boxed{500} \text{ mL} \\ - \ \boxed{5} \text{ L} \ \boxed{700} \text{ mL} \\ \hline \boxed{1} \text{ L} \ \boxed{800} \text{ mL} \end{array}$$

아~ 들이가 가장 많은 것과 가장 적은 것의 들이의 차는 [1] L [800] mL구나!

4 11 L 100 mL   **5** 1900 mL

6 파프리카, 고추, 양파의 무게를 비교한 것입니다. 같은 채소끼리의 무게가 각각 같을 때 1개의 무게가 무거운 채소부터 차례로 써 보세요.

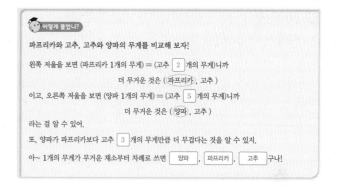

어떻게 풀었니?

파프리카와 고추, 고추와 양파의 무게를 비교해 보자!

왼쪽 저울을 보면 (파프리카 1개의 무게) = (고추 [2] 개의 무게)니까
더 무거운 것은 (파프리카), 고추)

이고, 오른쪽 저울을 보면 (양파 1개의 무게) = (고추 [5] 개의 무게)니까
더 무거운 것은 (양파), 고추)

라는 걸 알 수 있어.

또, 양파가 파프리카보다 고추 [3] 개의 무게만큼 더 무겁다는 것을 알 수 있지.

아~ 1개의 무게가 무거운 채소부터 차례로 쓰면 [양파], [파프리카], [고추] 구나!

7 풀, 필통, 계산기

8 장기간의 여행을 하면서 조리와 숙박이 가능하도록 만든 자동차를 캠핑카라고 합니다. 무게가 2 t인 캠핑카에 한 개의 무게가 200 kg인 상자를 10개 실었습니다. 상자를 실은 캠핑카의 무게는 모두 몇 t일까요?

어떻게 풀었니?

캠핑카에 실은 상자의 무게를 구해 보자!

한 개의 무게가 200 kg인 상자 10개의 무게는 200 kg의 10배니까 [2000] kg이야.
1000 kg = 1 t이니까 상자 10개의 무게를 t 단위로 바꿔 보면 [2000] kg = [2] t이지.

캠핑카의 무게는 2 t이니까 상자를 실은 캠핑카의 무게는 캠핑카의 무게에 실은 상자의 무게를 더해서 구할 수 있어.

(상자를 실은 캠핑카의 무게) = (캠핑카의 무게) + (실은 상자의 무게)
$$= 2 \text{ t} + \boxed{2} \text{ t}$$
$$= \boxed{4} \text{ t}$$

아~ 상자를 실은 캠핑카의 무게는 모두 [4] t이구나!

9 8 t   **10** 2 t

---

2 부은 횟수가 적을수록 그릇의 들이가 많습니다.

4 4600 mL = 4 L 600 mL이므로 들이가 가장 많은 것은 6 L 500 mL, 가장 적은 것은 4600 mL입니다.
➡ 6 L 500 mL + 4600 mL
= 6 L 500 mL + 4 L 600 mL
= 11 L 100 mL

5 4 L 70 mL = 4070 mL,
2 L 800 mL = 2800 mL이므로
들이가 가장 많은 것은 4700 mL, 가장 적은 것은 2 L 800 mL입니다.
➡ 4700 mL − 2 L 800 mL
= 4700 mL − 2800 mL
= 1900 mL

7 필통 1개의 무게가 풀 3개의 무게와 같고, 계산기 1개의 무게가 풀 5개의 무게와 같으므로 계산기가 필통보다 풀 2개만큼 더 무겁습니다.

9 300 kg인 철근 10묶음의 무게는 3000 kg = 3 t입니다. 따라서 철근을 실은 트럭의 무게는 5 t + 3 t = 8 t입니다.

10 $100\,\mathrm{kg}$인 상자 10개의 무게는 $1000\,\mathrm{kg} = 1\,\mathrm{t}$입니다. 따라서 더 실을 수 있는 무게는 $3\,\mathrm{t} - 1\,\mathrm{t} = 2\,\mathrm{t}$입니다.

🖋 쓰기 쉬운 서술형　　　　　54쪽

1 3500, 4000, 4000, 3800, 3500, ㉢, ㉡, ㉠
／㉣, ㉢, ㉡, ㉠

1-1 ㉢, ㉡, ㉣, ㉠　　　　**1-2** 포도 주스

1-3 재규어

2 100, 40, 50, 혜림 / 혜림

2-1 서아

3 3, 4, 복숭아, 사과, 토마토 / 복숭아, 사과, 토마토

3-1 풀, 가위, 지우개

4 2, 500, 1, 300, 5, 200, 1, 300, 3, 900, 3, 900
／ $3\,\mathrm{L}\ 900\,\mathrm{mL}$

4-1 $1\,\mathrm{L}\ 700\,\mathrm{mL}$　　　　**4-2** $5\,\mathrm{kg}\ 750\,\mathrm{g}$

4-3 $550\,\mathrm{g}$

1-1 예 ㉡ $6\,\mathrm{kg}\ 900\,\mathrm{g} = 6900\,\mathrm{g}$, ㉣ $7\,\mathrm{kg} = 7000\,\mathrm{g}$입니다. …… ❶

따라서 $6200\,\mathrm{g} < 6900\,\mathrm{g} < 7000\,\mathrm{g} < 7800\,\mathrm{g}$이므로 무게가 가벼운 것부터 차례로 기호를 쓰면 ㉢, ㉡, ㉣, ㉠입니다. …… ❷

단계	문제 해결 과정
①	단위를 통일하여 나타내었나요?
②	무게가 가벼운 것부터 차례로 기호를 썼나요?

1-2 예 $1550\,\mathrm{mL} = 1\,\mathrm{L}\ 550\,\mathrm{mL}$이므로 $1\,\mathrm{L}\ 550\,\mathrm{mL} > 1\,\mathrm{L}\ 300\,\mathrm{mL} > 1\,\mathrm{L}\ 90\,\mathrm{mL}$입니다. …… ❶

따라서 가장 많이 있는 주스는 포도 주스입니다. …… ❷

단계	문제 해결 과정
①	단위를 통일하여 들이를 비교했나요?
②	가장 많이 있는 주스를 구했나요?

1-3 예 $65300\,\mathrm{g} = 65\,\mathrm{kg}\ 300\,\mathrm{g}$이므로 $69\,\mathrm{kg}\ 280\,\mathrm{g} > 65\,\mathrm{kg}\ 300\,\mathrm{g} > 62\,\mathrm{kg}\ 450\,\mathrm{g}$입니다. …… ❶

따라서 가장 무거운 동물은 재규어입니다. …… ❷

단계	문제 해결 과정
①	단위를 통일하여 무게를 비교했나요?
②	가장 무거운 동물을 구했나요?

2-1 예 어림한 무게와 실제 무게의 차를 구하면 서아: $50\,\mathrm{g}$, 준수: $300\,\mathrm{g}$, 은우: $100\,\mathrm{g}$입니다. …… ❶

따라서 가장 가깝게 어림한 사람은 서아입니다. …… ❷

단계	문제 해결 과정
①	어림한 무게와 실제 무게의 차를 구했나요?
②	가장 가깝게 어림한 사람을 썼나요?

3-1 예 가위 3개의 무게는 풀 2개, 지우개 9개의 무게와 같습니다. …… ❶

따라서 무게가 무거운 것부터 차례로 쓰면 풀, 가위, 지우개입니다. …… ❷

단계	문제 해결 과정
①	가위 3개의 무게와 풀, 지우개의 무게를 비교했나요?
②	무게가 무거운 것부터 차례로 썼나요?

4-1 예 (더 부어야 하는 물의 양)
$= 5\,\mathrm{L} - 1\,\mathrm{L}\ 400\,\mathrm{mL} - 1\,\mathrm{L}\ 900\,\mathrm{mL}$ …… ❶
$= 3\,\mathrm{L}\ 600\,\mathrm{mL} - 1\,\mathrm{L}\ 900\,\mathrm{mL}$
$= 1\,\mathrm{L}\ 700\,\mathrm{mL}$

따라서 $1\,\mathrm{L}\ 700\,\mathrm{mL}$의 물을 더 부어야 합니다. …… ❷

단계	문제 해결 과정
①	더 부어야 하는 물의 양을 구하는 과정을 썼나요?
②	더 부어야 하는 물의 양을 구했나요?

4-2 예 (남은 고구마의 양)
$= 4\,\mathrm{kg}\ 300\,\mathrm{g} + 5\,\mathrm{kg}\ 250\,\mathrm{g} - 3\,\mathrm{kg}\ 800\,\mathrm{g}$ …… ❶
$= 9\,\mathrm{kg}\ 550\,\mathrm{g} - 3\,\mathrm{kg}\ 800\,\mathrm{g}$
$= 5\,\mathrm{kg}\ 750\,\mathrm{g}$

따라서 남은 고구마는 $5\,\mathrm{kg}\ 750\,\mathrm{g}$입니다. …… ❷

단계	문제 해결 과정
①	남은 고구마의 양을 구하는 과정을 썼나요?
②	남은 고구마의 양을 구했나요?

4-3 예 (상자만의 무게)
$= 8\,\mathrm{kg}\ 650\,\mathrm{g} - 3\,\mathrm{kg}\ 500\,\mathrm{g} - 4\,\mathrm{kg}\ 600\,\mathrm{g}$ …… ❶
$= 5\,\mathrm{kg}\ 150\,\mathrm{g} - 4\,\mathrm{kg}\ 600\,\mathrm{g}$
$= 550\,\mathrm{g}$

따라서 상자만의 무게는 $550\,\mathrm{g}$입니다. …… ❷

단계	문제 해결 과정
①	상자만의 무게를 구하는 과정을 썼나요?
②	상자만의 무게를 구했나요?

5단원 수행 평가 60~61쪽

1 주전자

2 필통, 3개

3 (1) 5070 (2) 4, 820

4 (1) mL (2) L (3) t (4) kg

5 <

6 ㉡, ㉢, ㉠, ㉤

7 다, 가, 나

8 민경

9 6 L 100 mL

10 주아, 1 kg 700 g

---

1 주전자: 컵 8개, 물병: 컵 6개
➡ 주전자의 들이가 더 많습니다.

2 필통은 바둑돌 12개, 공책은 바둑돌 9개의 무게와 같으므로 필통이 바둑돌 3개만큼 더 무겁습니다.

3 (1) 5 L 70 mL = 5000 mL + 70 mL = 5070 mL
(2) 4820 g = 4000 g + 820 g = 4 kg 820 g

4 1 L = 1000 mL, 1 t = 1000 kg, 1 kg = 1000 g
임을 생각하며 물건의 들이와 무게에 알맞은 단위를 알아봅니다.

5 2060 g = 2000 g + 60 g = 2 kg 60 g
➡ 2 kg 60 g < 2 kg 250 g

6 ㉠ 6 L 300 mL = 6300 mL
㉤ 7 L 90 mL = 7090 mL
➡ 7450 mL > 7090 mL > 6300 mL > 6080 mL

7 부은 횟수가 적을수록 컵의 들이가 많습니다.

8 어림한 무게와 실제 무게의 차를 구하면
현수: 100 g, 윤지: 150 g, 민경: 50 g입니다.
따라서 가장 가깝게 어림한 사람은 민경입니다.

9 3 L 400 mL + 2 L 700 mL = 6 L 100 mL

서술형
10 예 34 kg 200 g > 32 kg 500 g이므로
주아가 34 kg 200 g − 32 kg 500 g = 1 kg 700 g
더 무겁습니다.

평가 기준	배점
누가 얼마나 더 무거운지 구하는 과정을 썼나요?	5점
누가 얼마나 더 무거운지 구했나요?	5점

---

6 자료의 정리

➕ 개념 적용 62쪽

1

소희네 반 학생들이 여행 가고 싶은 나라를 조사하여 나타낸 표입니다. 미국에 가고 싶은 학생은 이탈리아에 가고 싶은 학생보다 몇 명 더 많을까요?

여행 가고 싶은 나라별 학생 수

나라	프랑스	미국	스위스	이탈리아	합계
남학생 수(명)	4	6	3	2	15
여학생 수(명)	3	3	5	4	15

 어떻게 풀었니?

미국과 이탈리아에 가고 싶은 학생 수를 각각 구해 보자!
학생들이 여행 가고 싶은 나라를 남학생과 여학생으로 나누어 조사하였으니까
각 나라에 가고 싶은 학생 수는 남학생 수와 여학생 수를 더하면 돼.
미국에 가고 싶은 남학생은 6 명, 여학생은 3 명이니까 모두 9 명이고,
이탈리아에 가고 싶은 남학생은 2 명, 여학생은 4 명이니까 모두 6 명이야.
아~ 미국에 가고 싶은 학생은 이탈리아에 가고 싶은 학생보다
9 − 6 = 3 (명) 더 많구나!

2 2명

3

그해의 더위를 물리친다 하여 복날에는 영양식인 닭 요리를 주로 먹습니다. 어느 치킨 가게에서 초복에 하루 동안 팔린 치킨의 수를 조사하여 나타낸 그림그래프입니다. 하루 동안 팔린 치킨은 모두 몇 마리일까요?

하루 동안 팔린 치킨의 수

종류	치킨의 수
양념치킨	
프라이드치킨	
마늘치킨	
간장치킨	

10마리
1마리

 어떻게 풀었니?

하루 동안 팔린 종류별 치킨의 수를 각각 구해 보자!
🍗는 10마리를, 🍗는 1마리를 나타내고, 양념치킨은 🍗 3개, 🍗 1개니까 31 마리, 프라이드치킨은 🍗 4개, 🍗 4개니까 44 마리, 마늘치킨은 🍗 1개, 🍗 5개니까 15 마리, 간장치킨은 🍗 2개, 🍗 3개니까 23 마리 팔린 거야.
하루 동안 팔린 종류별 치킨의 수를 모두 더하면
31 + 44 + 15 + 23 = 113 (마리)야.
아~ 하루 동안 팔린 치킨은 모두 113 마리구나!

4 176컵

5

천택이네 학교 학생들이 좋아하는 동물을 조사하여 나타낸 표입니다. 표를 보고 그림그래프로 나타내어 보세요.

좋아하는 동물별 학생 수

동물	토끼	고양이	강아지	기린	합계
학생 수(명)	22	20	31	13	86

 어떻게 풀었니?

그림그래프에서 그림의 종류가 몇 가지인지, 어떤 그림으로 나타내었는지 먼저 살펴보자!

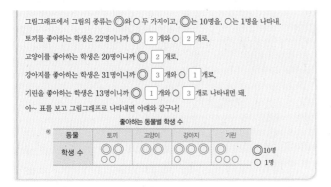

그림그래프에서 그림의 종류는 ◎와 ○ 두 가지이고, ◎는 10명을, ○는 1명을 나타내.

토끼를 좋아하는 학생은 22명이니까 ◎ 2 개와 ○ 2 개로,

고양이를 좋아하는 학생은 20명이니까 ◎ 2 개로,

강아지를 좋아하는 학생은 31명이니까 ◎ 3 개와 ○ 1 개로,

기린을 좋아하는 학생은 13명이니까 ◎ 1 개와 ○ 3 개로 나타내면 돼.

아~ 표를 보고 그림그래프로 나타내면 아래와 같구나!

좋아하는 동물별 학생 수

동물	토끼	고양이	강아지	기린

6 예   좋아하는 운동별 학생 수

운동	학생 수
축구	◎ ◎ △
피구	◎ ◎ △ ○ ○ ○
발야구	◎ ◎ ◎
배구	◎ △ ○ ○ ○ ○ ○

◎ 10명
△ 5명
○ 1명

7

준희네 마트에서 일주일 동안 팔린 아이스크림 수를 조사하여 나타낸 그림그래프입니다. 일주일 동안 팔린 아이스크림이 모두 130개일 때, 딸기 아이스크림은 몇 개 팔렸나요?

일주일 동안 팔린 아이스크림 수

아이스크림	아이스크림 수
바닐라	◎ ◎ ○ ○ ○ ○ ○ ○
딸기	
초코	◎ ◎ ◎ ◎ ◎ ○ ○
호두	◎ ○ ○ ○ ○ ○ ○ ○

◎ 10개
○ 1개

어떻게 풀었니?

먼저 딸기 아이스크림을 제외한 나머지 아이스크림이 일주일 동안 팔린 개수를 구해 보자!

◎는 10개를, ○는 1개를 나타내고,

바닐라 아이스크림은 ◎ 2개, ○ 6개니까 26 개, 초코 아이스크림은 ◎ 5개, ○ 2개니까

52 개, 호두 아이스크림은 ◎ 1개, ○ 7개니까 17 개 팔렸어.

일주일 동안 팔린 전체 아이스크림 수에서 바닐라, 초코, 호두 아이스크림이 팔린 개수를 빼면 딸기 아이스크림이 팔린 개수를 구할 수 있지.

(팔린 딸기 아이스크림 수) = 130 − 26 − 52 − 17 = 35 (개)

아~ 딸기 아이스크림은 35 개 팔렸구나!

8 51마리

2 떡볶이를 좋아하는 학생 수: $3 + 5 = 8$(명),
라면을 좋아하는 학생 수: $4 + 2 = 6$(명)
따라서 떡볶이를 좋아하는 학생은 라면을 좋아하는 학생보다 $8 - 6 = 2$(명) 더 많습니다.

4 딸기 주스: 63컵, 키위 주스: 35컵, 바나나 주스: 42컵,
수박 주스: 36컵
➡ $63 + 35 + 42 + 36 = 176$(컵)

6 10명 그림, 5명 그림, 1명 그림을 차례로 그립니다.

8 가 마을: 35마리, 다 마을: 44마리, 라 마을: 27마리
➡ 나 마을: $157 - 35 - 44 - 27 = 51$(마리)

🔵 쓰기 쉬운 서술형
66쪽

1 동화책, 위인전

1-1 예 가장 많은 학생들이 배우고 싶은 악기는 바이올린입니다. ···· ❶
가장 적은 학생들이 배우고 싶은 악기는 플루트입니다. ···· ❷

2 53, 35, 53, 35, 18 / 18명

2-1 50명   **2-2** 튤립, 7명

2-3 55 kg

3 크로켓, 크로켓

3-1 예 일주일 동안 가장 많이 팔린 음식은 짜장면입니다. ···· ❶
따라서 다음 주에는 짜장면을 더 많이 준비하면 좋겠습니다. ···· ❷

4 1160, 270, 310 /

과수원별 사과 생산량

과수원	생산량
싱싱	◎ ◎ ○ ○ ○ ○
푸른	◎ ◎ ◎
햇살	◎ ◎ ◎ ○ ○ ○
금빛	◎ ◎ ◎ ○ ○ ○ ○ ○ ○ ○

◎ 100상자
○ 10상자

4-1 반별 학생 수

반	학생 수
1반	☺ ☺ ☺ ☺ ☺ ☺
2반	☺ ☺ ☺ ☺ ☺ ☺ ☺
3반	☺ ☺ ☺ ☺
4반	☺ ☺ ☺

☺10명 ☺1명 ···· ❷

4-2 키우고 싶은 반려동물별 학생 수

동물	학생 수
강아지	☺ ☺ ☺ ☺ ☺ ☺
고양이	☺ ☺ ☺ ☺
햄스터	☺ ☺ ☺
토끼	☺ ☺

☺10명 ☺1명 ···· ❷

1-1

단계	문제 해결 과정
①	그림그래프를 보고 알 수 있는 내용 1가지를 썼나요?
②	그림그래프를 보고 알 수 있는 내용 다른 1가지를 썼나요?

2-1 예 신발을 받고 싶은 학생은 24명, 책을 받고 싶은 학생
은 26명입니다. ···· ❶

따라서 신발을 받고 싶은 학생과 책을 받고 싶은 학생은
모두 24 + 26 = 50(명)입니다. ···· ❷

단계	문제 해결 과정
①	신발과 책을 받고 싶은 학생 수를 각각 구했나요?
②	신발과 책을 받고 싶은 학생 수의 합을 구했나요?

2-2 예 장미를 좋아하는 학생은 45명, 튤립을 좋아하는 학생
은 52명입니다. ···· ❶

따라서 튤립을 좋아하는 학생이 장미를 좋아하는 학생
보다 52 − 45 = 7(명) 더 많습니다. ···· ❷

단계	문제 해결 과정
①	장미와 튤립을 좋아하는 학생 수를 각각 구했나요?
②	장미와 튤립 중 어느 꽃을 좋아하는 학생이 몇 명 더 많은지 구했나요?

2-3 예 우유 생산량이 가장 많은 목장은 라 목장이고, 가장
적은 목장은 가 목장입니다. ···· ❶

우유 생산량을 알아보면
라 목장: 32 kg, 가 목장: 23 kg입니다.
따라서 두 목장의 우유 생산량의 합은
32 + 23 = 55(kg)입니다. ···· ❷

단계	문제 해결 과정
①	우유 생산량이 가장 많은 목장과 가장 적은 목장을 구했나요?
②	우유 생산량이 가장 많은 목장과 가장 적은 목장의 우유 생산량의 합을 구했나요?

3-1

단계	문제 해결 과정
①	일주일 동안 가장 많이 팔린 음식을 구했나요?
②	어떤 음식을 더 많이 준비하면 좋을지 설명했나요?

4-1 예 (4반 학생 수) = 98 − 24 − 26 − 25 = 23(명)
···· ❶

단계	문제 해결 과정
①	4반 학생 수를 구했나요?
②	그림그래프로 나타내었나요?

4-2 예 그림그래프에서 고양이를 키우고 싶은 학생은 31명
이므로
(햄스터를 키우고 싶은 학생 수)
= 109 − 34 − 31 − 20 = 24(명)입니다. ···· ❶

단계	문제 해결 과정
①	고양이와 햄스터를 키우고 싶은 학생 수를 각각 구했나요?
②	그림그래프를 완성했나요?

6단원 수행 평가 72~73쪽

1 22, 14, 31, 19, 86

2

태어난 계절별 학생 수

계절	학생 수
봄	◎ ◎ ○ ○
여름	◎ ○ ○ ○ ○
가을	◎ ◎ ◎ ○
겨울	◎ ○ ○ ○ ○ ○ ○ ○ ○ ○

◎10명 ○1명

3 그림그래프   **4** 340상자   **5** 150상자

6 라 과수원, 가 과수원, 다 과수원, 나 과수원

7 35명

8

가고 싶은 체험학습 장소별 학생 수

장소	학생 수
놀이공원	◎ ◎ ◎ △
박물관	◎ △ ○
과학관	◎ ◎ △ ○ ○ ○ ○
동물원	◎ ◎ ◎

◎10명 △5명 ○1명

9 42마리

10 예 일주일 동안 가장 많이 팔린 우유는 바나나 우유입니
다. 따라서 바나나 우유를 더 많이 준비하면 좋겠습니다.

3 표: 항목별 수와 전체 자료의 수를 알기 쉽습니다.
그림그래프: 항목의 수량이 많고 적음을 한눈에 비교하
기 쉽습니다.

4 100상자 그림이 3개, 10상자 그림이 4개이므로 340상
자입니다.

5 라 과수원: 410상자, 나 과수원: 260상자
➡ 410 − 260 = 150(상자)

6 100상자 그림이 많을수록 귤 생산량이 많습니다.

7 (놀이공원에 가고 싶은 학생 수)
= 110 − 16 − 29 − 30 = 35(명)

9 가 농장: 43마리, 나 농장: 52마리, 라 농장: 38마리
➡ 다 농장: 175 − 43 − 52 − 38 = 42(마리)

서술형
10

평가 기준	배점
일주일 동안 가장 많이 팔린 우유를 구했나요?	5점
어떤 우유를 더 많이 준비하면 좋을지 설명했나요?	5점

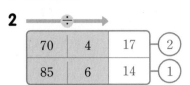

1~6단원 총괄 평가 74~77쪽

1 96, 2400

2

÷			
70	4	17	②
85	6	14	①

3 ⓛ, ⓒ, ⓔ, ⓖ

4 다 농장, 가 농장, 나 농장, 라 농장

5 80 kg   **6** ②, ⑤

7 13, 3 / 13, 91, 91, 3, 94

8 복숭아   **9** ③

10 5군데   **11** 675분

12 나 컵   **13** 11 kg 200 g

14 8개

15 16, 17, 77 /

좋아하는 계절별 학생 수

계절	학생 수
봄	◎◎○○○
여름	◎○○○○○○
가을	◎○○○○○○○
겨울	◎◎○

◎10명 ○1명

16 28   **17** 32 cm

18 17개   **19** 11, 5

20 9 L 100 mL

---

1 $8 \times 12 = 96$, $96 \times 25 = 2400$

2 • $70 \div 4 = 17 \cdots 2$

• $85 \div 6 = 14 \cdots 1$

3 ⓛ $\dfrac{13}{9}$ ⓒ $1\dfrac{7}{9} = \dfrac{16}{9}$

ⓔ $\dfrac{15}{9}$ ⓖ $1\dfrac{5}{9} = \dfrac{14}{9}$

➡ $\dfrac{16}{9} > \dfrac{15}{9} > \dfrac{14}{9} > \dfrac{13}{9}$

4 100 kg 그림의 수와 10 kg 그림의 수를 차례로 비교합니다.

5 가 농장: 430 kg, 다 농장: 510 kg

➡ $510\ kg - 430\ kg = 80\ kg$

6 ② 한 원에서 지름은 반지름의 2배입니다.

⑤ 원 안에 그을 수 있는 가장 긴 선분은 원의 지름입니다.

7

$$
\begin{array}{r}
1\ 3 \\
7\ \overline{\smash{\big)}\ 9\ 4} \\
7 \\
\hline
2\ 4 \\
2\ 1 \\
\hline
3
\end{array}
$$

나누는 수와 몫을 곱한 값에 나머지를 더하면 나누어지는 수가 되어야 합니다.

8 저울이 내려간 쪽이 더 무거우므로

사과 > 감, 복숭아 > 사과입니다.

따라서 복숭아 > 사과 > 감이므로 가장 무거운 과일은 복숭아입니다.

9 ① $185 \times 6 = 1110$ ② $20 \times 40 = 800$

③ $51 \times 30 = 1530$ ④ $43 \times 17 = 731$

⑤ $28 \times 54 = 1512$

10

컴퍼스의 침을 꽂아야 할 곳은 모두 5군데입니다.

11 (준영이가 책을 읽은 시간)

= (하루에 책을 읽은 시간) × (읽은 날수)

= $45 \times 15 = 675$(분)

12 들이가 많을수록 적은 횟수만큼 붓게 되므로 부은 횟수가 가장 적은 나 컵의 들이가 가장 많습니다.

13 7500 g = 7 kg 500 g이므로

7 kg 500 g > 7 kg > 3 kg 700 g입니다.

➡ 7 kg 500 g + 3 kg 700 g = 11 kg 200 g

14 가분수는 분자가 분모와 같거나 분모보다 큰 분수이므로 ☐는 8과 같거나 8보다 작습니다.

따라서 ☐ 안에 들어갈 수 있는 자연수는 1부터 8까지의 자연수이므로 모두 8개입니다.

15 표에서 봄을 좋아하는 학생은 23명이므로 10명 그림 2개와 1명 그림 3개로 나타내고, 겨울을 좋아하는 학생은 21명이므로 10명 그림 2개와 1명 그림 1개로 나타냅니다.

그림그래프에서 여름을 좋아하는 학생은 16명, 가을을 좋아하는 학생은 17명입니다.

➡ (전체 학생 수) = 23 + 16 + 17 + 21 = 77(명)

16 · 30을 똑같이 5묶음로 나눈 것 중의 4묶음은 24이므로

30의 $\dfrac{4}{5}$ 는 24입니다. ➡ ㉠ $=24$

· 7이 1묶음이므로 28을 7씩 묶으면 4묶음입니다.

따라서 7은 28의 $\dfrac{1}{4}$ 입니다. ➡ ㉡ $=4$

➡ ㉠ $+$ ㉡ $=24+4=28$

17 변 ㄱㄴ, 변 ㄴㄷ, 변 ㄷㄹ, 변 ㄹㄱ은 모두 원의 반지름
이고, 지름이 $16\,\text{cm}$이므로 반지름은 $16\div2=8(\text{cm})$
입니다.

따라서 사각형 ㄱㄴㄷㄹ의 네 변의 길이의 합은
$8+8+8+8=32(\text{cm})$입니다.

18 $150\div9=16\cdots6$이므로 한 상자에 배를 9개씩 16상자
에 담으면 6개 남습니다.

남은 배 6개도 상자에 담아야 하므로 상자는 적어도
$16+1=17(\text{개})$ 필요합니다.

^{서술형}
19 ㉠ 어떤 수를 □라고 하면 $\square\div6=15\cdots3$입니다.

$6\times15=90$ ➡ $90+3=93$이므로 □ $=93$입니다.

$93\div8=11\cdots5$이므로 바르게 계산한 나눗셈의 몫은
11, 나머지는 5입니다.

평가 기준	배점
어떤 수를 구했나요?	3점
바르게 계산한 나눗셈의 몫과 나머지를 구했나요?	2점

^{서술형}
20 ㉠ (민주가 마신 물의 양)

$=5\,\text{L}\ 300\,\text{mL}-1\,\text{L}\ 500\,\text{mL}$

$=3\,\text{L}\ 800\,\text{mL}$

(성호와 민주가 마신 물의 양)

$=5\,\text{L}\ 300\,\text{mL}+3\,\text{L}\ 800\,\text{mL}$

$=9\,\text{L}\ 100\,\text{mL}$

평가 기준	배점
민주가 마신 물의 양을 구했나요?	3점
성호와 민주가 마신 물의 양을 구했나요?	2점

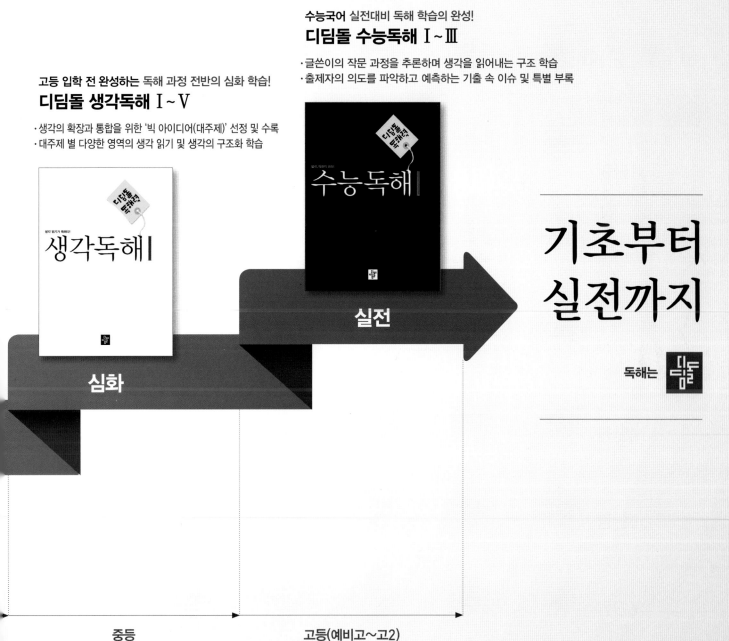

고등 입학 전 완성하는 독해 과정 전반의 심화 학습!
디딤돌 생각독해 Ⅰ~Ⅴ

· 생각의 확장과 통합을 위한 '빅 아이디어(대주제)' 선정 및 수록
· 대주제 별 다양한 영역의 생각 읽기 및 생각의 구조화 학습

수능국어 실전대비 독해 학습의 완성!
디딤돌 수능독해 Ⅰ~Ⅲ

· 글쓴이의 작문 과정을 추론하며 생각을 읽어내는 구조 학습
· 출제자의 의도를 파악하고 예측하는 기출 속 이슈 및 특별 부록

생각독해 Ⅰ

수능독해 Ⅰ

심화

실전

기초부터
실전까지

독해는 디딤돌

중등

고등(예비고~고2)

다음에는 뭐 풀지?

다음에 공부할 책을 고르기 어려우시다면, 현재 성취도를 먼저 체크해 보세요.
최상위로 가는 맞춤 학습 플랜만 있다면 내 실력에 꼭 맞는 교재를 선택할 수 있어요!
단계에 따라 내 실력을 진단해 보고, 다음 학습도 야무지게 준비해 봐요!

첫 번째, 단원평가의 맞힌 문제 수 또는 점수를 모두 더해 보세요.

단원	맞힌 문제 수	OR	점수 (문항당 5점)
1단원			
2단원			
3단원			
4단원			
5단원			
6단원			
합계			

※ 단원평가는 각 단원의 마지막 코너에 있는 20문항 문제지입니다.